《爱上单片机》姊妹篇

爱上面包板

电子制作入门

杜洋 著

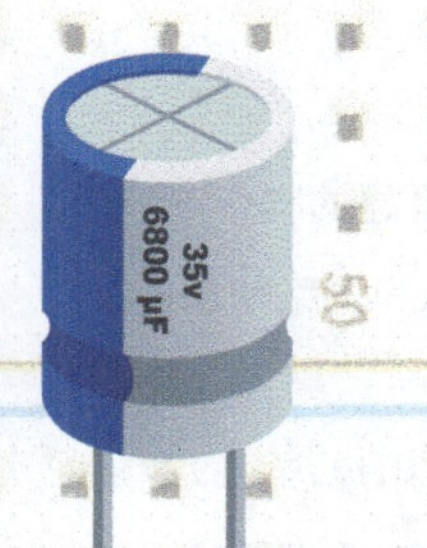

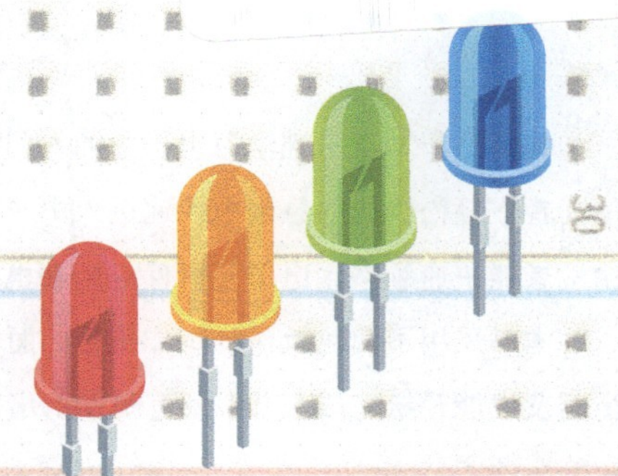

电子电路
轻松入门

玩转面包板
电子设计

发现电路
设计之妙

相关程序可在云存储平台下载

人民邮电出版社
北京

图书在版编目（CIP）数据

爱上面包板 ： 电子制作入门 / 杜洋著. -- 北京 ：
人民邮电出版社, 2020.4
（i创客）
ISBN 978-7-115-52921-3

Ⅰ. ①爱… Ⅱ. ①杜… Ⅲ. ①电子器件一制作 Ⅳ.
①TN6

中国版本图书馆CIP数据核字(2020)第002669号

内 容 提 要

本书是一本零基础学习电子学的入门书籍，通过生动的语言、直观的实物图片和简单有趣的制作项目，使读者在轻松愉快的氛围中快速进入电子技术的世界，掌握最基础但最有用的元器件知识和电路知识，让初学者能快速领略到电子元器件应用和电路设计的美妙，并能举一反三，学以致用。

本书采用了面包板作为制作平台，面包板制作最大特点是制作速度快、修改方便、不用焊接，即使是小朋友也能轻松完成。书中所有制作都出自一盒包装好的套件，只要备齐这盒元器件，就不需要另外增加别的东西了。

本书适合电子学初学者阅读，也适合对国内新兴的创客项目有兴趣的入门者阅读，还适合作为青少年学习物理学中电学知识部分的课外读物。

◆ 著　　　杜 洋
责任编辑　韩 蕊
责任印制　彭志环
◆ 人民邮电出版社出版发行　　北京市丰台区成寿寺路 11 号
邮编 100164　电子邮件 315@ptpress.com.cn
网址 http://www.ptpress.com.cn
固安县铭成印刷有限公司印刷
◆ 开本：787×1092 1/16
印张：10　　　2020 年 4 月第 1 版
字数：260 千字　　　2025 年 4 月河北第 16 次印刷

定价：79.00 元

读者服务热线：(010)53913866　印装质量热线：(010)81055316
反盗版热线：(010)81055315

序

【为兴趣而生】

这是我写的第2本书。我写的第1本书是《爱上单片机》，出版后得到了读者的好评。但还是有些人的评论让我这个处女座的完美主义者很不开心。有人说:《爱上单片机》写得不够深入，仅适合初学者。我要说：这就是专为初学者写的书呀，重点是让初次接触单片机的朋友产生兴趣、建立信心。如果一上来就讲高深的理论，初学者都吓跑了，谁还有兴趣学习！要知道产生兴趣是第一位的，其次是学到知识。为了防止同类事情再次发生，在本书一开篇，我就要说明白，这本《爱上面包板》不是一本枯燥无聊的技术理论教程，不是技术程度艰深的技术研发指南，这是一本能不断激发你的兴趣和好奇心、用通俗易懂的语言让你建立学习信心的入门书。本书会用巧妙幽默的讲解，令你享受到电路设计之美。最后用精美的图片和生动的文字，让你完全陷入电子DIY的乐趣之中。读完本书，若你真的爱上了电子制作，我也就算胜利了。到时候别忘了到时给我点个赞！

【章节分工】

本书动手项目仅以一盒元器件为基础，由此拓展出丰富而妙趣的实验。这些都是最常用、最容易得到的元器件，通过电路图设计上的不断变化、创新，把每个元器件的性能发挥到极致，让你不仅能学到电子技术，还能欣赏到电路设计的美感。

第一章：零基础。从空白出发，带着好奇心探索元器件的奥秘。传统的电子技术入门书，开篇第一章最喜欢下定义、说公式，一条一条列出什么是电阻，什么是电容。其实初学者根本看不懂这些定义，也没有兴趣。这种死板的教学会把读者拒于千里之外，让读者没有再看下去的兴趣，我也曾深受其害。所以本书第一章先放弃那些死板的教条，不理那些前辈的经验，放下一切知识，用最纯真的心态把玩元器件。可以随心所欲地玩，只要开心就好。在不断地把玩中，我们会发现一些有趣的现象，了解元器件的特性。就好像和小伙伴玩耍一样，首先要玩得开心，再在玩中建立友情，了解他们的脾气，和他们成为好朋友。

第二章：初相识。在开心地玩耍之后，也许你想更全面地了解你的元器件朋友，就好像追星族会更关注明星的一切一样。第二章中，我们拿到了前辈们总结的知识和经验，全面学习每种元器件的性能、参数和应用实例。这时每学一样东西，你都会联想到第一章把玩的经历，就好像考试之后对照标准答案。做对了高兴，做错了改正。

第三章：巧制作。熟悉了元器件，就要想法利用它们完成各种有趣的电路设计。就好像热恋中的情侣都喜欢逛街、看电影，用各种形式让双方都感到快乐。电子制作的快乐在于发现有趣制作的好奇、开始制作的期待、对美好成果的向往、制作过程中的热情、解决问题的快感和成功之后的成就感。第三章不仅能让你得到如上的乐趣，还能让你发现更多电路设计的创新可能。以上3章内容带你轻松学习、快乐制作。

第四章：单片机。本章将介绍电子制作中重要的一大领域——单片机。这一章是本书改版后的新增内容，随着电子技术的发展，电子电路已经跳出了硬件的局限，进入微控制器、微处理器的新纪元。数模电路虽然有趣、简单，但已经无法满足现代电子DIY爱好者的需求了，加入单片机的教学势在必行。这一章的部分内容是从我的另一本单片机专著《爱上单片机》的第一章摘录并新编的。我希望能把两本书有机地衔接起来，让学完数模电路之后还有兴趣的朋友去看《爱上单片机》继续学习，尽量让语言及教学风格无缝对接。即使不想深入学习单片机的朋友，了解一下单片机的功能和作用也大会开眼界。

第五章：善问答。我们在完成第三章中的制作时，或多或少会遇见超出我们预想的问题。如果没能出现想象中的效果，我们要如何检查并修改？即使制作成功还可能会对某些知识产生疑问，比如电路中的元器件参数是如何计算出来的？学会了电子DIY之后还要学习什么？我把DIY过程中产生的问题在第五章里统一给大家作解答，无论你是否遇见困难和阻碍，在第五章中都能找到有用的知识和方法。随着本书的不断再版，第五章的内容也会与时俱进、不断更新。这是你我共同完成的篇章，欢迎大家把你遇见的问题告诉给我，你的一个小问题也许会给别人莫大的帮助。

【创新之作】

本书采用面包板作为制作平台，面包板制作的最大特点是制作速度快、修改方便、不用焊接，即使是小朋友也能轻松完成。另外，为了初学者的安全考虑，我们使用的是电流输出较小的纽扣电池，这种电池小巧耐用，而且就算电池短路也不会有危险，更不会在制作过程中损坏元器件，好像是为初学者量身定做的电池一样。书中所有制作都出自一盒包装好的套件，只要备齐这盒元器件，再也不需要另外增加别的东西了。

本书的写作是独立完成的，一字一句都是经过深思熟虑。在讲解中，我尽量不用专业术语，用生活中的事情来形象比喻，比如把电流比作水流，把三极管比作水龙头。目的是让读者更轻松地理解技术，让小学生都能自学成才。为了让读者欣赏电路设计之美，我把传统的黑白原理图重新绘制，彩色的图纸更生动、醒目。我在每张电路原理图下边都加上了元器件外观的对照图，让实物与元器件符号一一对应。每一张电路原理图我都亲自制作检验，确保电路正确可用，保证你能做出和我一样的效果。一部分电路还配上了实物照片，方便大家参照制作。

【感谢词】

本书能够出版，首先要感谢《无线电》杂志的主编房桦老师，她总是特别认真、耐心，帮了我很多忙，也对我经常拖延交稿时间的恶行给予宽容。房老师放心吧，我会继续努力与您合作，在未来继续拖稿，争取拿到“最佳拖稿奖”。另外，还要感谢我的父母，虽然他们并不知道我写的是什么，可总算是把我照顾得好好的，让我不为生活烦恼，专心于写作。当然必须感谢各位亲爱的读者，是你们用辛苦赚来的钱购买我的书，让我可以不断出版新书，为电子爱好者们服务。最后要感谢曾经帮助和支持我的好朋友们，你们辛苦了！

读者朋友们，书是死的，人是活的。如果遇到书中不能解决的困难，欢迎联系我本人。也希望大家登录我的工作室网站了解更多的教学与制作内容。祝大家能够学有所成，玩有所乐！

杜洋

2019年10月24日修订

目录

本书配套程序请扫描二维码获取：

下载地址：box.ptpress.com.cn/y/52921

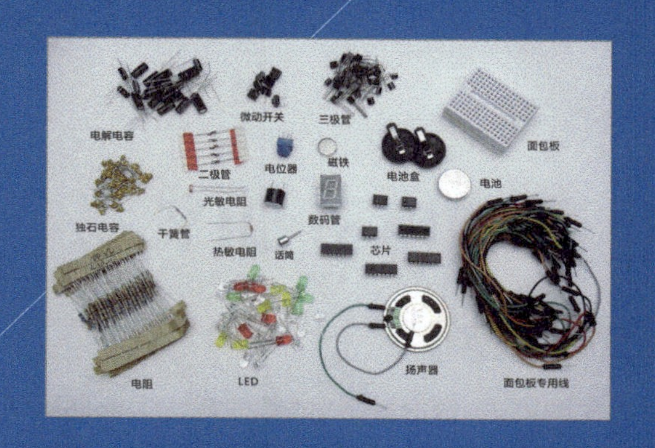

第一章　零基础

俗话说，书是最好的老师，通过看书学习电子制作，你会有更多的思考，有事半功倍的效果。而在学习上我认为，玩是最好的学习。如果为了学习而学习，学习就会失去乐趣和动力。我相信能够阅读本书的你一定是一位充满热情的电子爱好者，希望通过自己的智慧与双手来发明、创新，做出好玩的东西让生活更美好。我们的热情和好奇在玩的过程中会得到最大的发挥，我在入门的时候就是抱着玩的心态，从没想研究什么理论，也没想背下什么公式。只是单纯地把玩，在玩耍中发现更多有趣的事。所以本书第一章不是告诉你什么是电子、什么是电路，我不会把我知道的告诉你。我想让你自己去探索，自己在这个过程中发现乐趣，我的文字只是给出引导和帮助。所以在本章中你不用抱有任何目的，不用严肃认真地学习。我们只有一个目标：玩得开心！

1-1 我和电子DIY

【假如爱有天意】

已经3个晚上了，我努力尝试各种方法但依然听不到声音。本想照着《无线电》上的文章制作一支无线调频话筒，好不容易凑齐了元器件，挤时间焊好了电路，却没能得到想要的结果。收音机里传出“哗哗”的噪声，并没有收到无线话筒的声音。这可怎么办？杂志上只给出一张黑白的电路原理图和一段话筒的工作原理，并没有讲如何调试。已经是深夜时分，明天还要准备初二下学期的期末考试，今晚是我最后的机会。也不知过了多久，排查了多少可能出错的部分，只记得突然一声尖锐的高音从收音机中传出，好似一声惊雷预示着希望。我激动坏了，马上微调频道，把嘴巴凑近话筒：“喂……喂……”收音机里传出自己的声音。哈哈！成功了！自信和热情一下子附体，我又满血复活了。电子制作总是在关键时刻给我找麻烦，也多亏了麻烦让我学会了排查问题的技巧，锻炼了坚持不懈的毅力。在成功的那一刻感受到无比强烈的成就感，这可能就是我爱上电子DIY的原因吧。

多年之后，在我开始电子DIY教学时，当年那种纯真的感情还记忆犹新，真希望你也能和我一样，感受到电子DIY的独特乐趣。我生在东北的一座小山村，爸爸在山区的采石场工作，妈妈在村里开了家小卖部。小卖部里玩具多，村里的小伙伴们都喜欢来我家买玩具。因为我家有一项特殊的售后服务——玩具坏了我能免费修理。比如电池装错了、导线断了，我都能修好。玩具车上的电机不转了，我会拆开清理异物。看似没什么了不起的修理却在村中口口相传。要知道那时我还只是个小学生，后来有小家伙的家长找我修手电筒、收音机、录音机、电视机什么的，甚至还有来修手机的。爸爸总是担心我把人家的东西弄坏了，可一次又一次的成功让他和我都胆子大了起来。我也从家电维修中学到了好多，实践经验越来越丰富，在村中的人气也越来越高。照这样下去，高中毕业后我就应该能在家乡开一家电器修理部了，而且我当时最大的爱好和理想也是修理家电。好像一切都在朝着好的方向发展，忽然有一天，一个偶然的机会，我发现爸爸的同事赵叔叔家里竟然有一套名叫《无线电》的杂志。问了才知道，原来赵叔叔也喜欢家电维修，但工作很忙，只给自家亲友修理，名气自然没我大。真没想到本乡本土的，竟然能遇到前辈。我向他借来几十本杂志，每天做完作业就躺在炕上看。

【奇妙新世界】

这一看不得了，我发现了一个奇妙的新世界。从前我就知道把坏的电器修好，以为这就是最强的技术水平了，万万没想到，杂志上竟有一些人单枪匹马地在设计、制作电子产品。天呀！制作电子产品不是大工厂的事吗？一般人怎么能做到呢？巨大的无知和好奇把我猛力推进杂志之中，不能自拔。哦！原来世界上还有这么一帮人，他们不喜欢工厂批量生产出来的千篇一律的电子产品，他们喜欢学科学、钻研技术。他们要凭着自己的专业知识和动手能力制作出个性与独特。他们自称电子DIY爱好者，DIY就是Do it by yourself（自己做）的意思。当然，在我入门很多年后的今天，这个群体又被赋予了一个时代感很强的名字——创客。电子DIY爱好者分散在世界各地，有着不同年纪、不同职业。他们购买专业书籍，订阅杂志，到大城市里才有的电子市场中购买元器件。他们都有一块属于自己的工作区，小到一张桌子，大到一个房间，都是他们创作的小天地。他们懂得电子电路的原理，熟练元器件的焊接，能根据自己的想法制作门铃、话筒、收音机、感应灯、密码锁，甚至更复杂的电器。他们还会在现有的电器上做改装，给电器加入前所未有的功能。比如给电风扇加上温度开关，天热时自动吹风；给鱼缸加装自动喂食装置，每天按时喂鱼。诸如此类的自动化装置还有很多。

近年来从国外传入一股新的DIY文化风，这种DIY文化风不仅带来了制作项目，还促使制作者们组织活动与分享技能，提供超出作品的更多知识和经验，这就是创客文化，参与其中的人自称为创客（Maker）。新入门的小家伙不用区别自己是DIY爱好者还是创客，二者在本质上没什么区别，大家都是爱好电子DIY的一群人，从制作和分享中得到快乐才是我们热爱它的本质和源动力。

当我了解到这些之后，我才突然发觉我找到了组织。原来我从小到大一直梦想成为的是一名电子DIY爱好者。从那时起，我暗暗立下目标，并一步一步为之努力。虽然热爱电子技术，可我在高中的学习上是个没天分的孩子，考试成绩非常稳定地排在倒数第二（倒数第一是我同桌）。因为成绩不好，老师也不怎么关注我，这反而让我有时间偷偷看些技术书，在寝室做些小实验。全班同学都对我很好，因为我能帮他们修录音机。后来我很自然地考入了一所不太好的专科学院（这么说我母校，她会不高兴吧），报了我最喜欢的电子应用技术专业。有一次，我发现我们的系主任也是位电子DIY爱好者，有时我会问他一些技术问题，系主任还帮了我不少忙。在大学里的我有了更多了解电子技术的机会，虽然专业课也讲了很多，但那些我在高中时已经学过了。我渴望更深入而实用的技术，于是在不误学业的前提下，我选择自学。在学校旁边的学府书城，我找到了一条自学之路。电子技术不同于其他学科，不需要昂贵的设备和较高的学历。无论你是小学生还是大学生，都能自学成才。只需要你有一盒元器件、几件常用工具和一颗热切的心。在书店里有很多自学的图书，我都会反复翻看，有适合我的全数买下。虽然大学时的生活费不多，但买书是一种投资，它可能换来的是人生的转变，所以我买书从不心疼，幸好我的父母也很支持我。

自学类电子技术的书一般有两种，最常见的是“电子技术入门教程”这类，书中从基础理论开始讲起，套用大量定义和公式。章节设计得有条理又系统，但看完了你都不知道三极管长什么样子，这是完全脱离实际的教材。还有一种是“电子制作500例”一类，这种书虽说有500例，但并不厚重，每一个例子只占一两页，都是给出一张黑白的电路原理图，再用简单几段话介绍一下电路原理。对于初学者来说，电路图上有的元器件不认识，有的不能和实物对应，有的元器件上没有标参数，若想照图制作非常困难。这类书虽然看上去很实用，但和真实还有距离。当时的我就是看着这两类书学习的，费了很大劲。如果能有一本既介绍基础理论又关注真实的制作、图纸标注清晰、原理介绍生动易懂的书，我可能会少走很多弯路。如今，这一愿望也成了我创作本书的源动力。

大学毕业之前，我已经学了不少技术，做出了许多小制作，用在我的寝室和家里。我还帮同学做了很多好玩的东西，给朋友的生日礼物也是我特别DIY的作品。我在电子DIY的过程中获得了极大的快乐和成就感。我得到了知识、经验、成功、自信、喜悦和人生的意义。我知道我的制作并无特别，可在灯泡都不会换的外行看来，我的小制作就像发明创造一般，同学们都叫我“大发明家”呢。电子DIY让我的大学生活变得五彩缤纷。后来，还是在学府书城，我邂逅了伴随我至今的单片机技术。花心的我慢慢移情别恋，很少制作纯电子电路的作品了，但无论是学单片机还是更尖端的技术，只要是涉及硬件电路的，我都会用到电子电路的知识和经验。也正是有了电路设计的稳固基础，才有了我后来的快速进步和创新。基础决定上层建筑，在电子爱好者的世界里，电子DIY依然是如今最基础、最易学的必修课程。通过它打开兴趣之门，你的未来已成功一半。不管你是谁，有着怎样不同的情境、环境和学历，都不会成为你入门电子DIY的阻力。只要你肯用心学习、动手实践，都会成功。

【你和电子DIY】

我与电子DIY的故事没什么特别的，之所以分享出来是希望大家能真切地体会到我对它的喜爱和执着。如今轮到你来打开我的书，轮到你踏入电子DIY的奇妙新世界了。接下来的章节中，我会尽量帮助你排除阻碍，创建兴趣和信心，引出你的好奇心去继续学习。我帮你做的越多并不证明你要做的越少。人类的发展总是踩在前人的肩膀上突破创新，学到我的水平只是一个开始，在未来，你要能超越我们这一代人，达到一个更高的技术层次。朋友，准备好了吗？现在开始书写你的故事吧！拿出恋爱的热情，爱上电子DIY！

学习中有什么问题可以通过以下方式联系我，我会尽量帮助答疑：

网站：www.doyoung.net
电邮：346551200@qq.com
微信公众号：杜洋工作室

1-2　打开元件盒

好了，现在开始我们的探索之旅。下面我都会以最简单、最朴实的语言来讲解技术，无论你的年纪几何、学历高低、有无经验，保证让零基础的你能轻松看懂、学会。不过，不论我怎么努力，都需要你的认真和实践。要知道，学习电子技术不像是学其他学科，掌握电路原理需要对电子电路本身有零距离的体验。按照书上的电路图一步一步动手制作是必不可少的，实践会带给你真切的感觉，带给你快乐和成就感。我不希望大家是为了学习而学习的，那样的学习是痛苦的开始。我当年的学习是由强烈的好奇心和爱好驱使的，学习的过程是如此快乐，每学到一点点知识、做出一个简单的电路，我都会欢天喜地、奔走相告。我真的希望你也能够体验到这种快乐和美好，所以请相信我，按照我的方法做吧，在看书的同时，把书上的每一款电路用相应的元器件在面包板上组装出来，亲自体验。不过要知道，如果我们的动手能力不强，加上实践时不够认真，都会导致做成的电路不能正常工作。这是学习当中普遍存在的问题，没有什么大不了的，所有人在初学的时候都会遇到。就好像当初读书识字的时候，肯定会有写错字的时候。初学嘛，错了又有什么关系，错了就去找原因嘛。发现问题，改正问题。查找和改正的过程也是一种学习，而且这种学习是没有出错的同学所无法学到的新知识。人们都说福祸相依，遇见了问题是老天额外给你的机会，“劳其筋骨”之后，你会更有收获。所以尽量试着自己解决问题，我们书中所涉及的元器件都是最常用、最可靠的产品，极少有因质量问题而自身损坏的，至少我用了这么多年还没有遇见过，遇见问题时先去相信元器件是正常的。书中的电路都会由我亲自实践、检查验证，只要你看懂、照做，都不会有问题。余下的唯一能导致问题的就是你自己了，去回顾制作的过程中忽略了什么，尽量用排除法找到问题。但是如果实在发现不了问题，可以拆掉重新做。或者先跳过这一节，制作后面的电路。总之，遇见问题是好事，但千万不能让问题打击你的学习兴趣。实在不行了，你还可以联系我，让我在线帮你解决问题。好了，下面我把学习之前要注意的重要问题总结一下，请认真记下。

- ▶ 本书适合8~88岁的小学及以上学历的爱好者学习，零基础也没有问题。
- ▶ 动手实践可以增加经验，带来快乐和成就感。要把书上的每一个电路做出来。
- ▶ 动手制作的电路有问题是很正常的，所有初学者都会遇到，这不是坏事。
- ▶ 遇见问题反而能锻炼我们解决问题的能力，带来额外的经验收益。
- ▶ 要相信元器件的质量，相信书上的电路没有问题，不到万不得已不要怀疑。
- ▶ 试着发现自己在制作过程中可能忽略的问题，用排除法缩小问题的范围。
- ▶ 无论如何不能让学习当中的问题影响到你对电子制作的兴趣和热情。
- ▶ 实在解决不了的问题可以暂时跳过，继续学习下面的内容。

我一直都说：万事开头难，好的开始是成功的一半。认真做好学习前的心理准备，我们就能更了解敌人（学习过程中所遇见的困难和问题），更有策略和信心取得胜利。我作为一个过来人，可以很负责地告诉你，电子制作非常简单、非常好玩，你内心中感觉到的困难（甚至恐惧）来自你对它的不了解。从现在开始，我就是你的靠山和引路人，请相信我，相信我会用前所未见的通俗语言，带你行至成功的彼岸。路漫漫需要陪伴，我们一路同行！

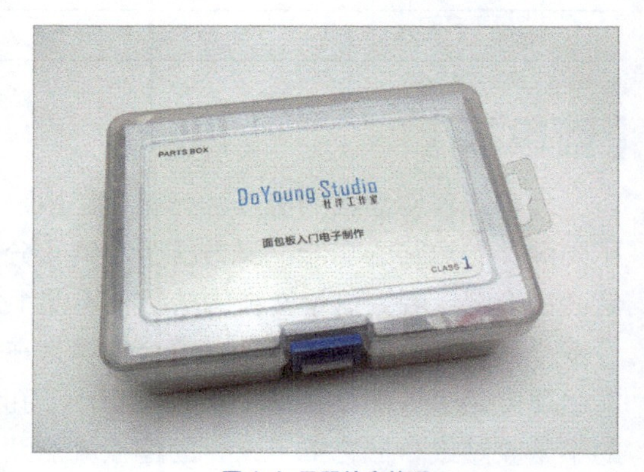

图 1.1 元器件盒外观

为了让大家更好地完成实践，我设计了一个元器件盒（见图1.1），里面装满各种常用的元器件，在本书的学习过程中都要用到它们。你可以在《无线电》杂志的微店里找到现成的元器件盒（另外还附有配套的教学视频），也可以按照表1.1自己到电子市场上购买，总之这是必不可少的。为了让大家能更快地产生兴趣，我们先不讲抽象的理论知识，而是从具体的元器件出发，看看元器件盒中都有哪些元器件，它们的外观是什么样子、有什么功能、如何使用。在此我假设你手边已经有了和我一样的元器件盒，接下来就让我们一起打开它，一同发现其中的奥秘吧！

表1.1　　元器件盒中的元器件清单

序号	品　名	数量	序号	品　名	数量
1	6格塑料盒	1	20	LED（草帽绿）	1
2	白色小面包板	2	21	LED（草帽蓝）	1
3	面包板线	1	22	CD4069	1
4	5547光敏电阻	1	23	CD4017	1
5	5V有源蜂鸣器	1	24	LM386	各10个
6	扬声器	1	25	NE555	1
7	8050	5	26	CD4011	5
8	8550	5	27	CD4026	5
9	9013	5	28	LG5011ASR数码管	5
10	9012	5	29	话筒	5
11	1N4148	10	30	干簧管	5
12	电阻1/4W（100Ω、470Ω、1kΩ、4.7kΩ、10kΩ、20kΩ、47kΩ、100kΩ、200kΩ、510kΩ、1MΩ）	各10个	31	独石电容（0.01μF、0.047μF、0.1μF、0.47μF、1μF）	5
13	磁铁	5	32	电解电容（4.7μF、10μF、47μF、100μF、220μF）	各5个
14	LED（红）	5	33	热敏电阻	1
15	LED（绿）	1	34	电池2032	2
16	LED（黄）	1	35	电池座	2
17	LED（白发白）	1	36	2脚按键	5
18	LED（草帽白）	2	37	手调电位器	1
19	LED（草帽红）	1	38	元器件清单/说明书	1

【面包板】

六格元器件盒里的每几种元器件都由一个自封袋（可以重复封口的塑料袋）包装着，既起到了防潮、防短路的功能，又方便了收纳和分类。初看上去东西众多，不知从何说起。我们先来看看面包板吧，因为这是套件的核心（见图1.2）。盒子里有两块白色、小巧的面包板，它的正面有许多小孔，孔里面有金属片，每个金属片在内部是按顺序连接的。把元器件插到小孔洞里面，就能组建电路了。下文会做个实验，测一下孔洞的连接关系是怎样的。在面包板的背面是一个黄色的不干胶贴纸，把它揭下来，面包板就能贴在塑料板、木板上面。把多个面包板贴在一起即形成更大的面包板。不过让面包板独立更利于我们的制作。这就是面包板，本书后面的所有制作都会基于面包板完成。

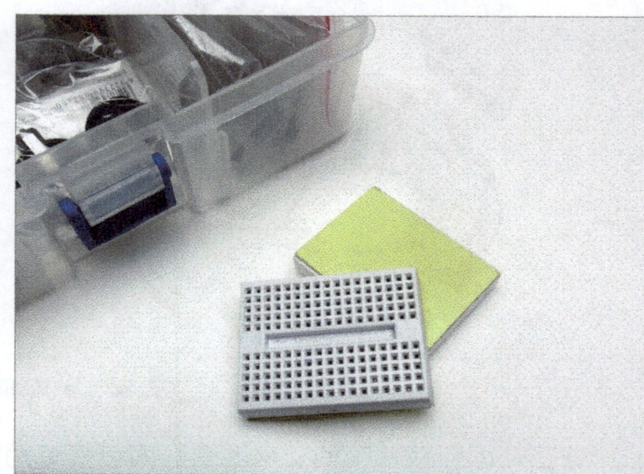

图 1.2 元器件盒与面包板

【电池和电池座】

这里采用CR2032纽扣电池和与之配套的电池座（见图1.3）。纽扣电池的输出电流小，即使短路也不会出现发热和爆炸的危险，学习起来更安全。一片电池的电压是3V，2片串联就可以提供6V电压。6V电源非常常用，可为套件中任何一款电路供电。开始学习之前要把纽扣电池装入电池座中，但我们先不这样做，因为接下来的几个实验需要用电池独立完成。

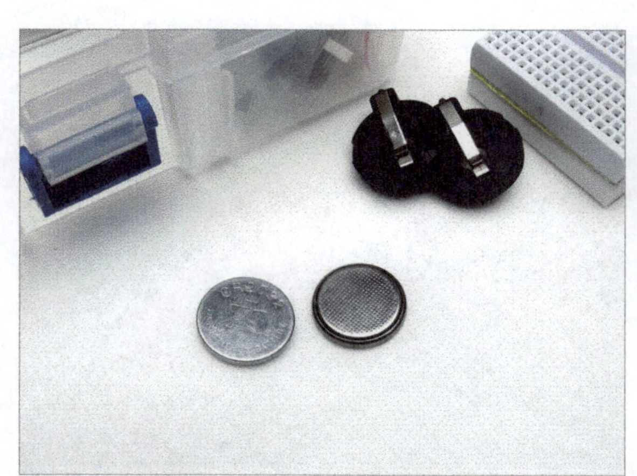
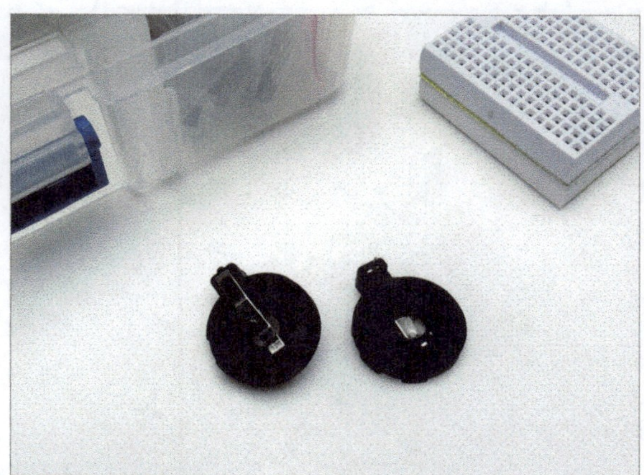

图 1.3 电池与电池座

【面包板专用线】

面包板专用线就是连接各元器件的导线，线的两端有一定长度的金属针，正好可以插到面包板的孔里，与面包板内的金属片连接，就好像把电器插头插到墙壁上的电源插座中一样（见图1.4）。

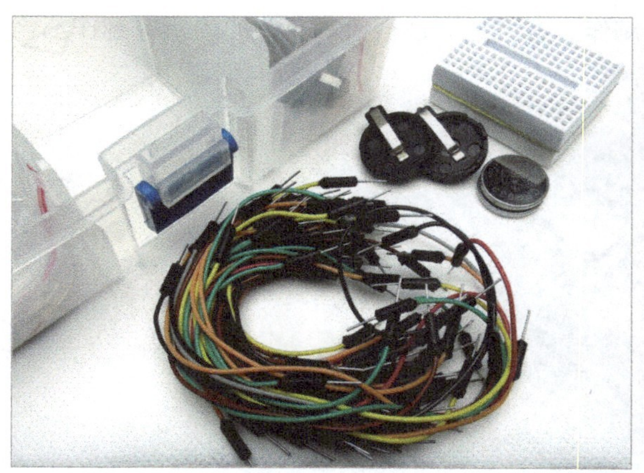
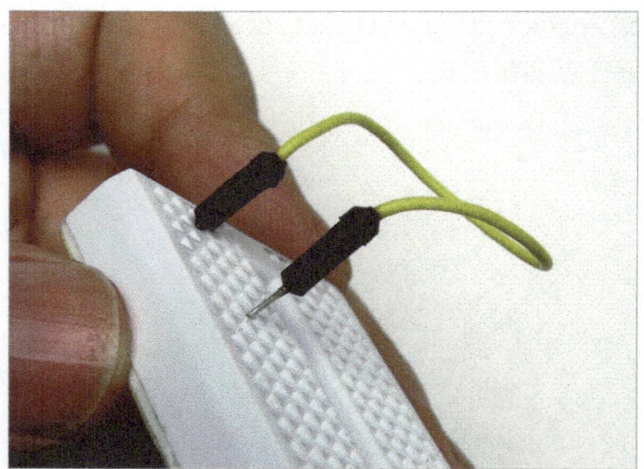

图 1.4 插接面包板专用线

好了，面包板、电池、电池盒、面包板专用线，这4样东西构成了套件的核心部件。接下来看看LED，这个小袋子里五彩斑斓的东西就是LED，中文名字是“发光二极管”，大家还是习惯叫它LED。通电后能发出白、蓝、绿、红、黄等各色光。其中发出红、绿、黄色光的LED从外壳的颜色就能判断，但发出蓝、白色光的LED外壳是透明的，只有通电才能判断。取出一个黄色的LED，把LED较长的引脚放在电池正极上，较短的引脚接在电池负极上，这时LED就会点亮（见图1.5）。电池正极就是面积较大的一面，上面写着电池的型号、电压和一个大大的“+”号，没有文字的一面即是负极。现在你可以拿出所有颜色的LED，通通点亮测试，看看它们点亮的效果如何。

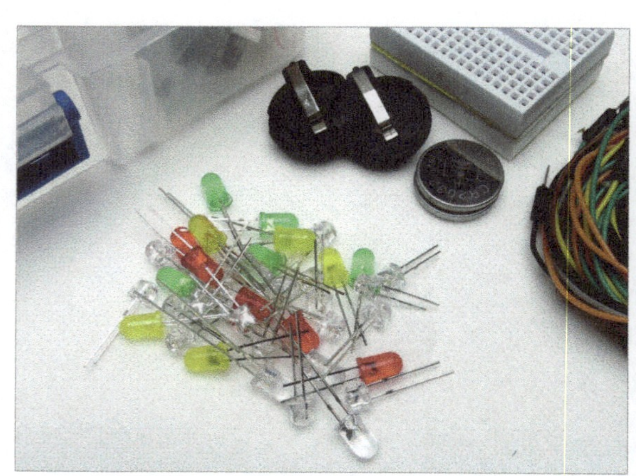
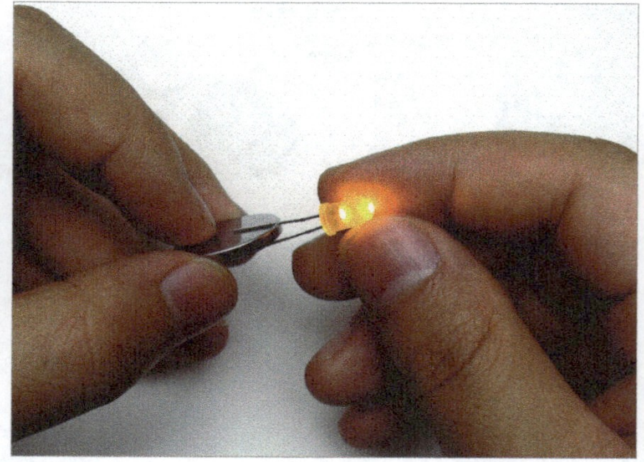

图 1.5 LED 测试

【数码管和芯片】

数码管是一个用来显示数字的显示屏，数码管内部是按规则排列的条形LED，我们也可以用电池点亮它。把电池的侧面放到数码管引脚上，使电池的正、负极可以同时接触到其中的2个引脚，逐一尝试你会发现，当电池放在其中某两个相邻的引脚上时，会有一段LED点亮（见图1.6）。后面的学习中会讲到，通过CD4026芯片控制数码管上多个LED段的组合，就能显示0到9十个数字，还能显示部分英文字母。在电子表、电梯楼层显示屏上都能看到数码管的身影。接下来看看芯片，芯片也叫“集成电路块”，芯片内部是一套复杂的电路，每种芯片能实现不同的功能，比如让LED自动闪烁。通过芯片与外围电路的组合，我们可以制作报警器、密码锁、计数器等有趣的DIY作品。芯片是如何工作的？每款芯片都有什么作用？后文将着重介绍。

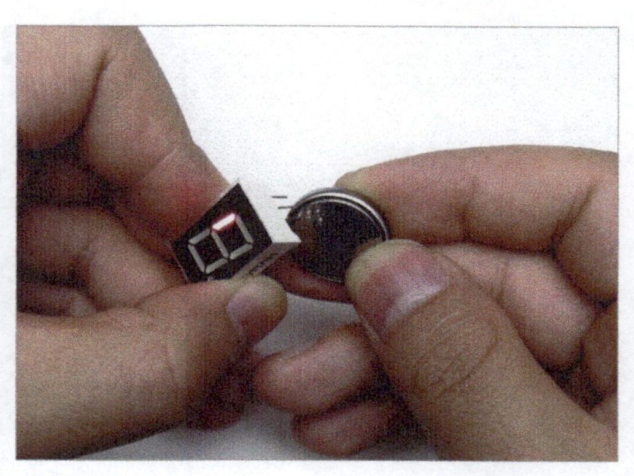

图 1.6 数码管测试

【扬声器】

扬声器俗称喇叭，它和多媒体音箱中的扬声器是一样的东西，只是这款扬声器的体积小了一些。扬声器上面的两条引线可以插在面包板上。我们用电池试一下，看它能不能响。把两个引线分别连在电池正、负极上，扬声器发出“啪啪”声，当导线在电池上滑动时会发出“哗哗”声（见图1.7）。这款扬声器在后文的制作当中与LM386组合就能制作音频功率放大器了。

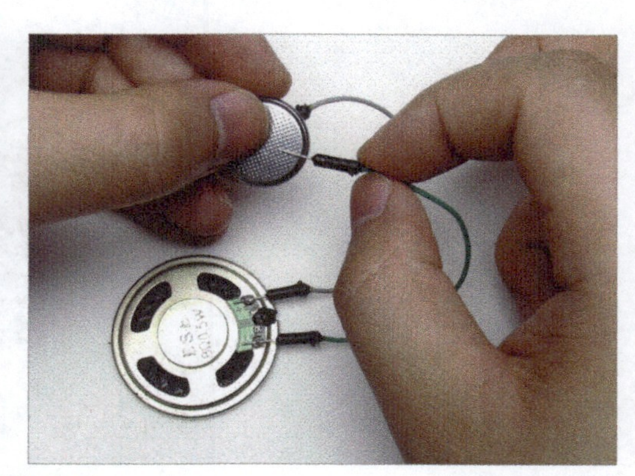

图 1.7 扬声器测试

【电阻】

电阻包是把各种常见阻值的电阻包在一起。阻值从100Ω到1MΩ，一共11种，每种10

只。电阻的功能是阻止电流通过。有朋友会问了：为什么要阻止电流通过呢？全部通过不是更好吗？在我刚入门电子制作的时候也会有这样的疑问。直到半年后，我才真正明白是怎么回事儿，但你不需要等这么久，很快我会讲到电阻在电路中的用途和意义。接下来看看磁铁，磁铁的作用大家再熟悉不过了。在套件里磁铁的作用是和干簧管配合制作磁性开关。不过它也能当“吸铁石”用。比如把LED的引脚夹在纽扣电池上，再把磁铁吸在电池上，把它贴到冰箱或者微波炉外壳上，作为会发光的小装饰（见图1.8）。

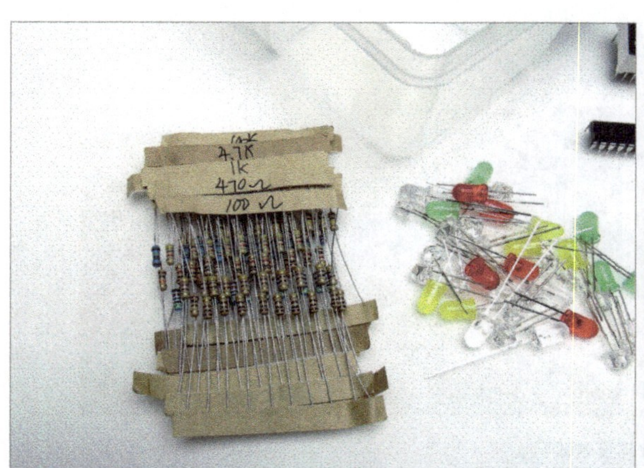
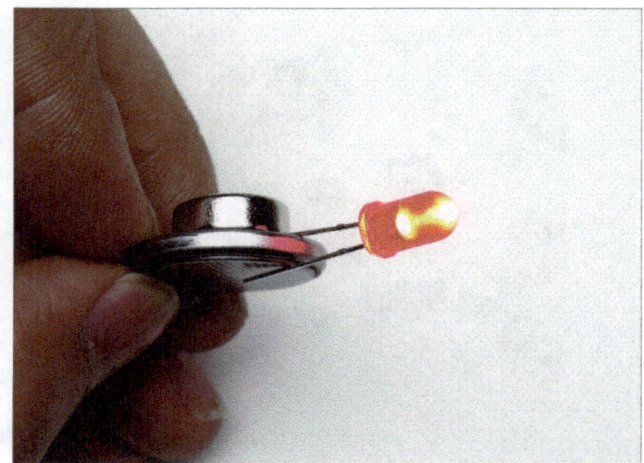

图1.8 电阻与磁铁

【电容】

电容就是容纳电荷的元器件，根据容量的大小可分成多种型号。套件中黑色圆柱形的电容叫电解电容，黄色小片状的是独石电容（见图1.9）。它们的内部结构不同，所以名字不同。通常体积较大的电容，容量也大。

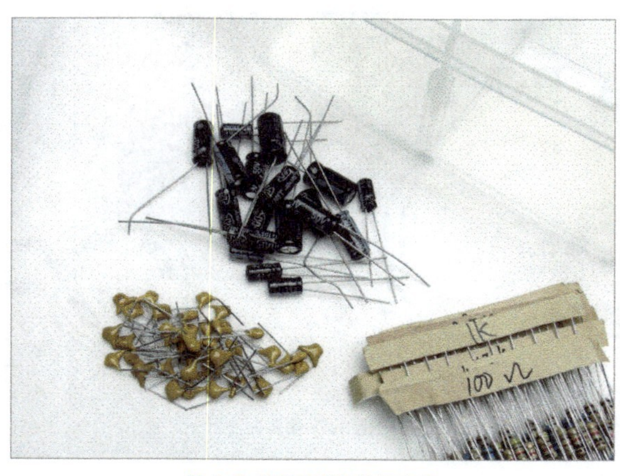

图1.9 电解电容与独石电容

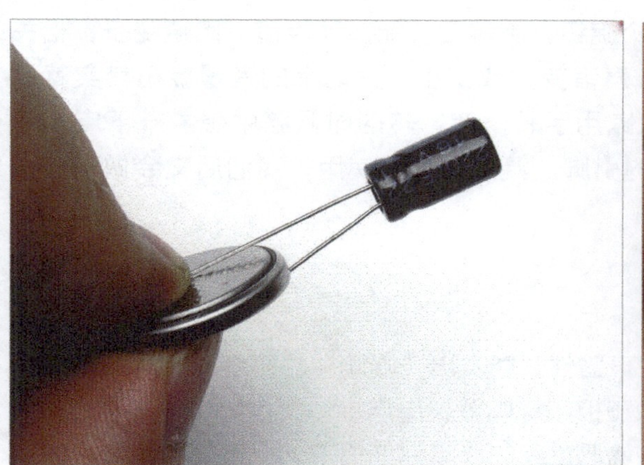

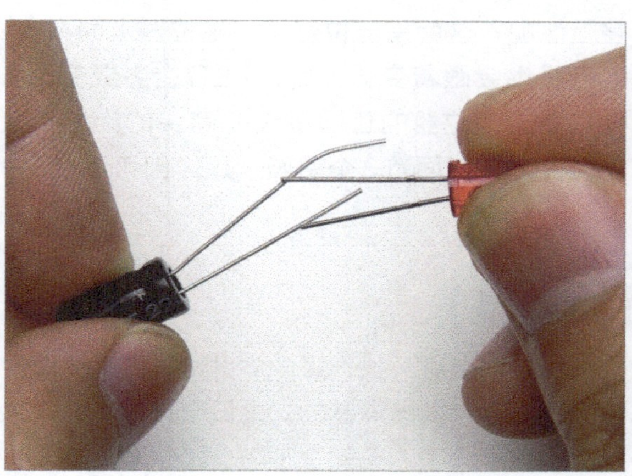

图 1.10 电容充放电

我们都见过照相机上面的闪光灯（氙气闪光灯），它就用电容放电产生闪光。来做个有趣的小实验吧，拿出一个型号是16V/220μF的电解电容（在电容上有对应文字），长脚是电容的正极，短脚是负极。这个实验需要3个器件：电池、电容和LED。先把220μF的电容正、负极对应地接在纽扣电池正、负极上，保持几秒钟，目的是给电容充电。然后断开电池，把电容的正、负极和LED的正、负极连接（见图1.10）。接触的一瞬间，LED发出闪光。电容中的电能被释放，点亮了LED，因为电量太少，所以只有一瞬间的闪光。请你再试一下47μF的、10μF的、4.7μF的电容，还有黄色小片的独石电容，看看它们可不可以存电，看看它们有什么区别。

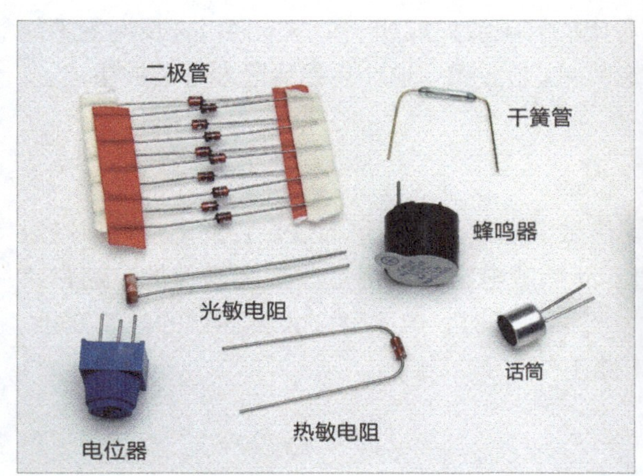

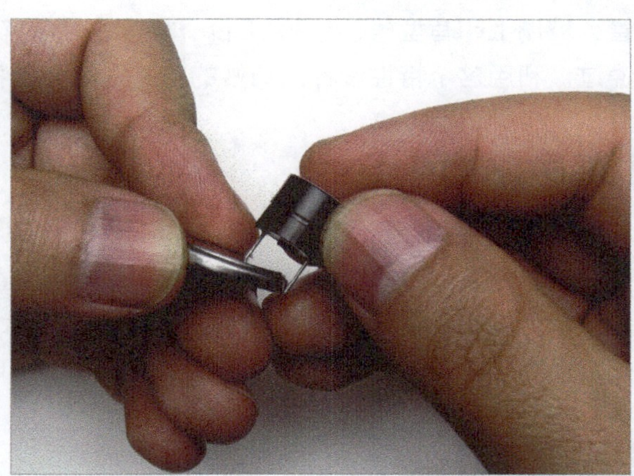

图 1.11 核心组件和蜂鸣器测试

【电位器】

下面介绍一些不常用但非常重要的元器件，它们是蜂鸣器、电位器、话筒、干簧管、热敏电阻二极管和光敏电阻（见图1.11）。电位器说白了就是可调节的电阻。上文介绍的电阻中，每一只电阻都有固定的阻值，想调整阻值只能拆下更换。有没有一种电阻可不用拆换而直接调整阻值呢？这就是电位器了。电位器上面有一个旋钮，旋转它就能变动阻值。阻值变了，相关的电路也会跟着变化。比如LED变亮或变暗，声音变大或变小。音响上的音量旋钮其实就是电位器。电位器的正面是带有箭头的旋钮，大家用手转一转，转的时候脑中想象一下电阻值在变化。其背面有3个引脚，是内部可调电阻的引脚。具体要如何使用，我们后文会做实验来说明。

【蜂鸣器】

蜂鸣器上有一长一短2个引脚。它是一个发声器件，能发出“嘀嘀”的声音。家里的电子闹钟就是用它来发出声音的。来做个试验吧，电池正极和蜂鸣器长脚连接，负极和短脚连接。这时就会听到声音了（见图1.11）。如果声音不大，就把正面的薄膜贴纸揭下来。后文会用它来制作报警器之类的发声电路。

【话筒】

这里用的话筒是用于计算机耳麦或者电话机话筒上的，用来收音。 话筒上有2个引脚，后文会用它来做声控闪灯和是拍手开关灯的电路。

【二极管】

二极管是很常用的元器件，我们这里选的型号是1N4148，它的外壳是一只半透明的玻璃管，玻璃上印有型号。它和LED一样，也是单向导电的，电流只能朝一个方向通过，反向则不能通过。利用这个特性设计出巧妙的电路，能产生特殊的实验效果。这个也是后面要介绍的重点。

【热敏电阻】

热敏电阻和二极管外观相似，也叫温度电阻。热敏电阻上没有型号标注。它的阻值可以随温度变化。刚才说过的电位器通过旋钮调节电阻值，而热敏电阻是随温度改变电阻值的。通常来讲，当温度高时，电阻值变小，通过的电流变大；当温度低时，电阻值变大，通过的电流变小。把它作为电路中的传感器，便能用温度变化触发电路工作了。

【干簧管】

一个绿色的小玻璃管，两端有两根金黄色的引脚，很漂亮，这就是之前提到的干簧管。把磁铁靠近干簧管，便可使干簧管内部的两根引脚导通，磁铁远离时引脚断开。它的内部有两个很小的弹片，大家可以仔细看一下。但是要注意玻璃管易碎，弯折引脚时要小心，轻拿轻放，不要用力过猛。

【光敏电阻】

有很长的引脚，主体上有类似两只手交叉的图形，这就是光敏电阻。它的电阻值会随着光线的强弱而改变，光线强时电阻值变小，光线弱时电阻值变大。用它来检测光线，能制作各种光控开关电路，后文会有实例介绍。

【微动开关】

微动开关正面是一个圆形的按钮，背后是两个引脚（见图1.12）。按下按钮，两个引脚导通，松开后引脚断开。我们可以把它串联在LED上，按下它，LED亮起；松开它，LED熄灭。后文会大量使用微动开关来设计电路，因为开关属于人手操作的传感器，可以把手的按压变成开和关的状态。不过大家太熟悉开关了，所以会觉得它很普通。

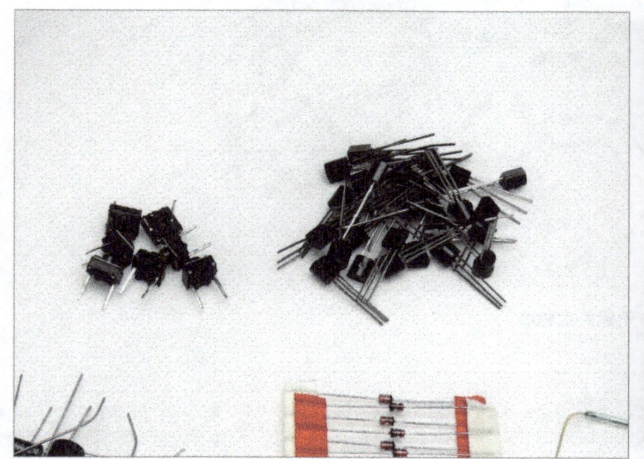

图1.12 微动开关

【三极管】

最后是4种三极管，型号分别是8050、8550、9012、9013。三极管有3个引脚，在电路中具有放大和开关的作用，也就是说它能把话筒的声音放大，用扬声器传出；它还能当开关使用，控制电路的导通和断开。后文会详细介绍这两个功能，因为三极管实在太重要了。4种型号的三极管功能有别，后面我会一一解释。

【所有元器件】

大家有没有发现，我们介绍了感光、感磁、感温、感声、感应手按、感应手旋等各种传感器，它们都能使输出引脚有电阻值或电气通断的改变，从而让电路知道我们的操作或者周围环境的变化。正是利用这些变化，我们才能在后文中制作出各种超好玩的电路来。上面的介绍文字非常简单，只是想让大家认识一下元器件，知道它们叫什么名字、干什么用。本书第二章还会把它们详细地再介绍一遍。所以这里不懂没关系，后面我会让你想不懂都不行。在第三章里，我会逐步引导你了解元器件在电路当中的应用，介绍经典电路设计，提高你的电路设计能力。同时我还会教大家绘制电路原理图，在电路中分析元器件的作用。好啦！“元器件见面会”就到这里吧。请大家抱着对电子制作的热情与期待，继续阅读下面的文章吧。图 1.13 所示是所有元器件实物图，图 1.14 所示是所有元器件外观示意图。

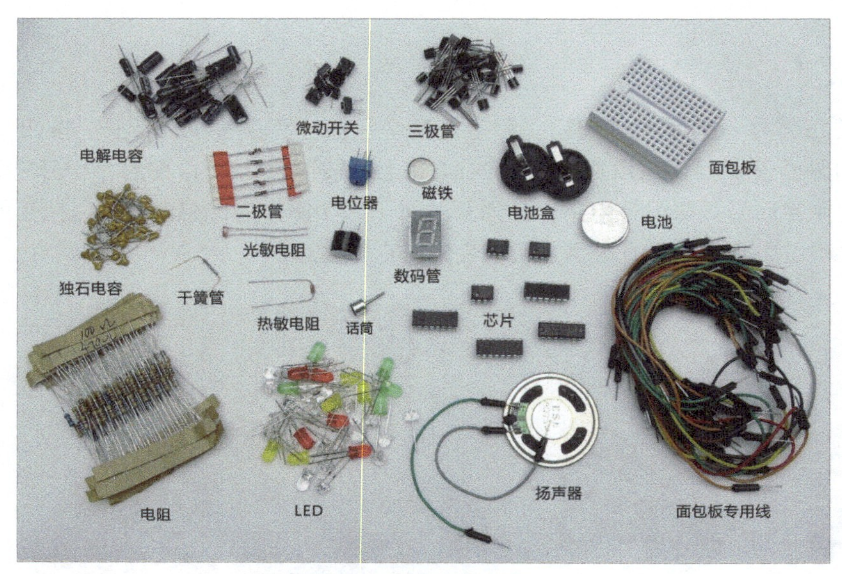

图 1.13 所有元器件实物图

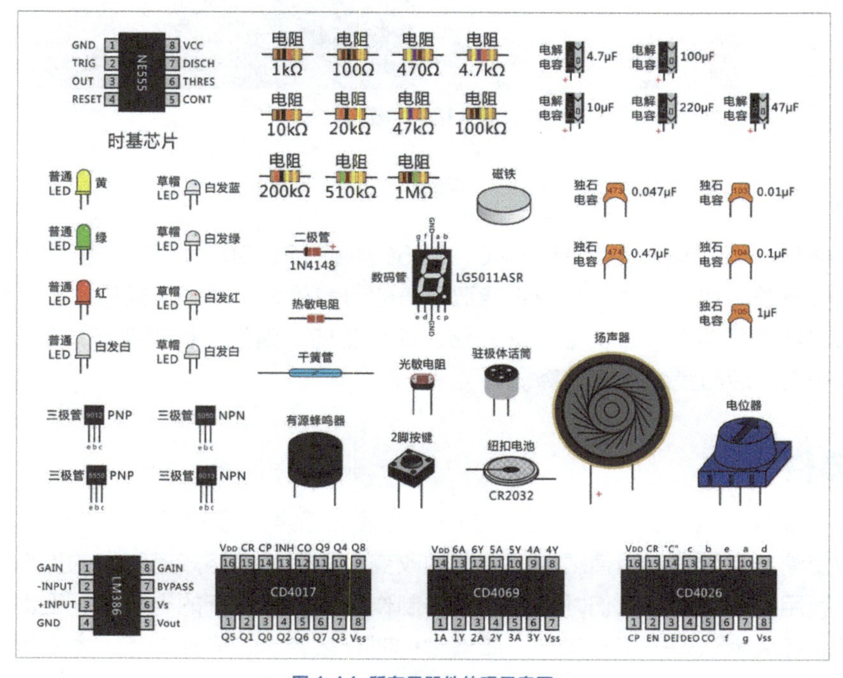

图 1.14 所有元器件外观示意图

1-3 认识面包板

上一节我们知道了每种元器件的名字和作用，接下来我们要仔细研究它们。掌握每件东西的性能，才能善加利用，让电子制作更有趣。要知道，电路就是把元器件的引脚连接起来，按我们的要求形成电流回路。通常的电路制作是把所有元器件焊接在一块印制电路板（PCB）上，但是这需要设计PCB并用电烙铁焊接，耗时费力，不利于入门。我当年就是从焊接PCB开始的，走了许多弯路。为了不让大家重蹈覆辙，我选用面包板来连接电路。面包板就好像家用的电源插座，能把各种电器的插头插到上面。电源插头有两脚的、三脚的，有圆头的、有方头的，但不论怎样都能插进插座。面包板也一样，它上面有很多孔洞，孔洞的内部是金属触片。触片按照一定规律连接，只要把元器件的引脚按规律插到孔洞里，就能完成电路的连接。如此看来，使用面包板就像使用电源插座一样简单，而且拆装或修改电路也不需要辅助工具。

面包板虽好，可它的内部到底是按什么规律连接的呢？我先不告诉你，希望你和我一同思考，用实验证明它的内部结构。这种探索的过程会增加你的参与感，激发你的好奇心。要知道思考与好奇心是推动你快乐学习的源动力。现在，做个“测试器”，测试面包板内部的连接关系。需要准备的东西有纽扣电池、电池座、插接面包板专用线、LED和待测的面包板如图1.15所示。

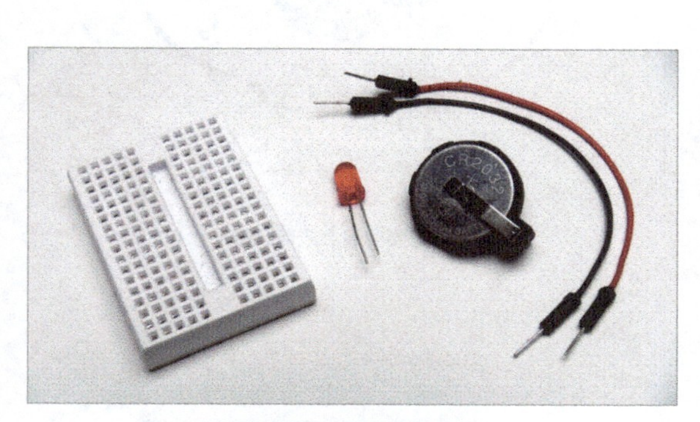

图 1.15 测试面包板所用的元器件

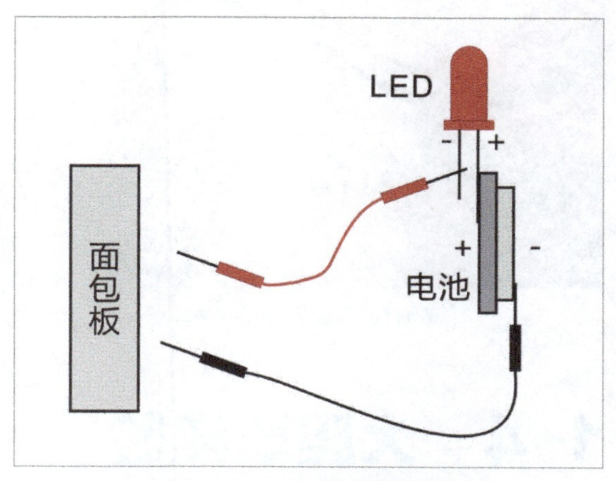

图 1.16 测试电路连接示意图

先把电池插入电池座当中，把电池的正极（标有+号和型号的一面）朝上，从侧面插入电池座。“咔”的一声，电池就位。接下来取一只LED，先把LED正极向外弯到电池座的外壳上，然后取一条黑色的面包板专用线，将线头夹在电池负极上。用手将另外一条线的一头与LED负极按压在外壳上，LED正极夹到电池正极的金属弹片上。这样就得到了用两条线相碰来判断电路通断的测试器，电路连接如图1.16所示，实物连接如图1.17所示。如果两条线的引出端碰在一起，LED就会点亮。那么把这两根线端插入面包板的孔洞里，通过LED点亮与否便可判断是否有电路连接。现在我们来试试。先把一条线端随便插到面包板的一个孔里，然后用另一条线端来尝试，看看插到横行的另一边会怎样。唉，没有亮！我们插近点，也没有亮！那再插到纵向上看看。哎！亮了！LED点亮即说明两条导线所插入的孔是连通的。再往下换一个孔，又亮了。再往下插，又亮了。哦，原来面包板上纵向的一排是连在一起的。这说明面包板的每一纵列是连通的。对吗？你也亲自动手试试，看是不是这样。

图 1.17 测试面包板的连接关系

面包板的内部结构是这样的：中间是一个凹槽，两边的每一纵列的5个孔是连通的，如图1.18所示。接下来把电池座按照测试出来的规则插到面包板上。电池座插好了，按照之前分析的每一纵列的5个孔是连通的，那么最上面和最下面的孔就分别是电池的正、负极了。人们习惯用红线表示正极（可能因为红色比较醒目，正极很重要嘛），用黑线表示负极。LED较长的引脚接红线，较短的引脚接黑线，如图1.19所示。哦，LED亮了，实验成功了，好开心！我们完成了面包板上的第一个电路制作，接下来就在此基础上放入其他元器件，看看它们都有什么特性吧。

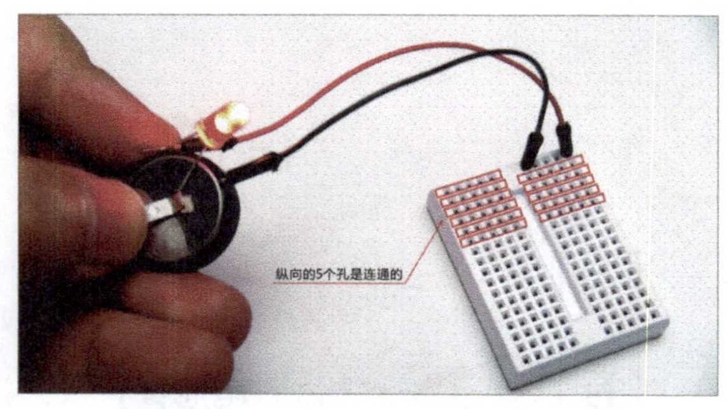

图 1.18 面包板内部连接关系

图 1.19 在面包板上搭建的第一个电路

1-4 大胆地实验

学会了面包板的使用，我们离入门更近了一步。在开始学习之前，先给大家一段自由时间，可以漫无目的的玩，不为成功，不问对错，尽管按你的想法去做。套件在设计时已考虑过安全，不会损坏，也不会伤到你，请放心大胆地实验吧。怕大家会拘谨，我先带头做几个实验，你可以照做，也可以自己设计。总之，一定要玩起来，开心起来，让好奇产生兴趣，让兴趣带领你探索未知！别以为这一节的内容不重要而略过，相信我，大胆的实验能让你更好地学习后面的内容。

【开关】

上一节我们在面包板上点亮了LED，现在我们来把更多的元器件插到面包板上。套件中最容易认识的就是微动开关了。方形的底座上有一个圆形的按键，下面有两个引脚，按下开关时这两个引脚会导通吗？把微动开关两个引脚分别插在面包板的两个纵列中，一个引脚用面包板线连接LED负极，另一个引脚连接电池座负极，如图1.20所示。LED正极用面包线连接电池正极。连好后按下按钮，LED亮；松开按钮，LED灭。

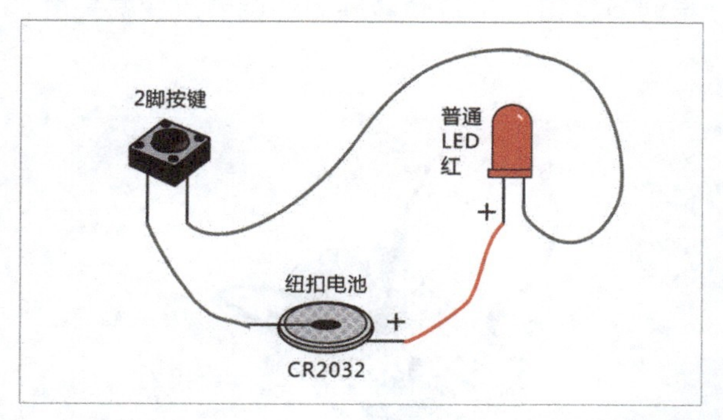

图 1.20 按键控制 LED 的电路

【电阻】

接下来玩电阻吧。电阻有各种阻值的标识，每一种电阻上都有一些不同颜色的圈圈，它们是干什么用的呢？先取出一只100Ω的电阻，将两个引脚分别插在面包板的两个纵列中，一个引脚连接LED负极，另一个引脚连接电池负极。LED正极连接电池正极（串联），电路如图1.21所示。连通后LED亮了，亮度较高。接下来换成4.7kΩ的电阻（接法与100Ω的电阻相同）。4.7kΩ的电阻插上后，LED亮度明显降低。换成510kΩ的电阻则几乎不亮了，看来电阻值越大，LED亮度越低。这个实验让我无端地想起了中学课本上的一个公式：$I=U/R$。这么多电阻值在电路设计中到底要怎么选择，电阻上各种颜色的环有什么作用呢？后面我们会讲。

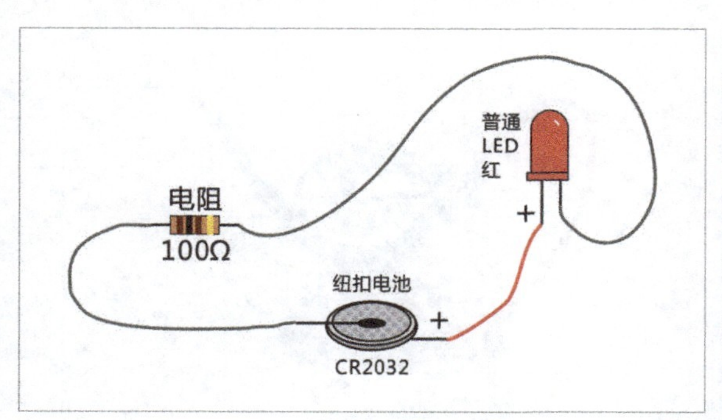

图 1.21 普通电阻改变 LED 亮度的电路

【电位器】

电位器可以通过旋钮来调节电阻值。那么可否通过它调节LED亮度呢？电位器有3个引脚，成三角形排列，它们的作用是什么呢？到底哪个引脚能用来调亮度呢？先试着把最外边的两个引脚连到一起，看看效果。把电位器最外侧两个引脚分别插在面包板的两个纵列中，一个引脚用面包板线连接LED负极，另一个引脚连接电池负极。LED正极连接电池正极。插好后，LED微微地亮。试着转动电位器上的旋钮，LED亮度并没有变化，说明能调节电阻值的不是这两个引脚。我们把连接LED负极的线从电位器这一端拔下来，插到电位器中间引脚所在的面包板纵列上，电路如图1.22所示。此时，LED好像亮了一些，再调节旋钮，LED随着旋钮的调节改变着亮度，逆时针旋转，亮度减小；顺时针旋转，亮度增大。

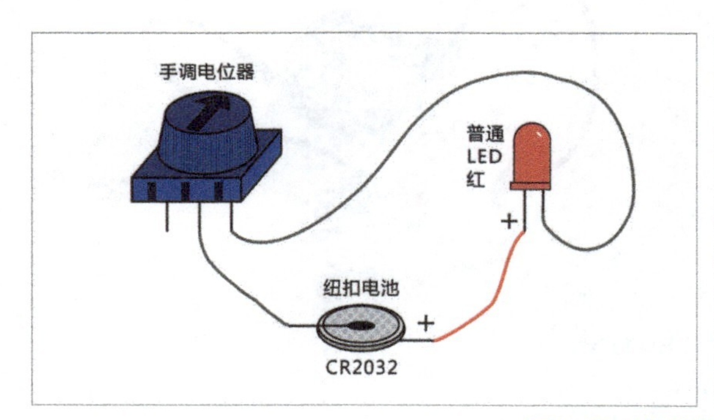

图1.22 电位器控制LED亮度的电路

【话筒】

接下来玩玩话筒，把话筒两个引脚分别插在面包板的两个纵列中。一个引脚用面包板线连接LED负极，另一个引脚连接电池负极。LED的正极连接电池正极。之前说过，话筒能接收声波，我们对着它吹气看看，好像没有反应。正、负极是不是接反了？颠倒过来试试。当把话筒引脚反转之后再对着它吹气，LED亮度有微弱的变化。太好了，这说明话筒在收到声波后，作用到电声元件上产生电压，使LED亮度变化，电路如图1.23所示。后面我们会给它加上放大电路，到时LED就能随着声音闪烁，非常漂亮。

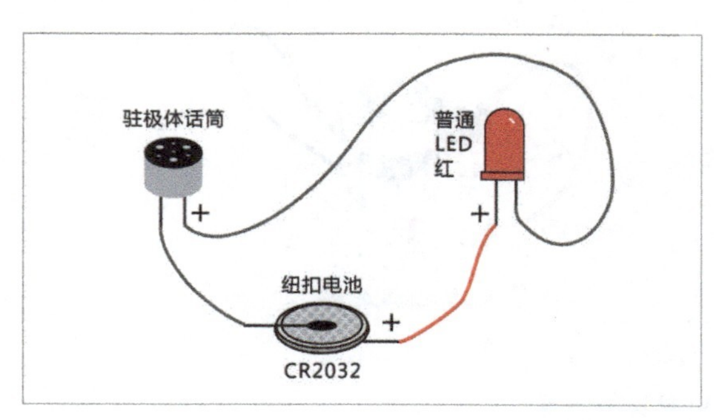

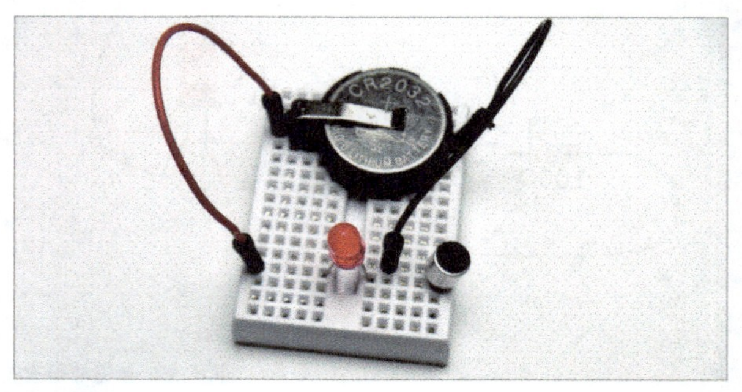

图1.23 话筒与LED的实验

【光敏电阻】

再来看看光敏电阻，将光敏电阻两个引脚分别插在面包板的两个纵列中，一个引脚连接

LED负极，另一个引脚连接电池负极，LED正极连接电池正极（串联），电路如图1.24所示。当我用手挡住光敏电阻表面时，LED就灭了。我挪开手，灯亮了，但亮度不高。我将手电筒的光照在光敏电阻上，LED突然变得非常亮；移开手电筒，LED又变暗。看来光敏电阻能通过光照强弱来控制自身阻值，从而控制LED亮度。光线强度与LED亮度成正比。就好像周星驰的电影《国产凌凌漆》里面一位科学家设计的太阳能手电筒，有光时亮，无光时不亮。想让它晚上亮怎么办？那就用另一支手电筒照着它嘛。哈哈，我们终于实现了电影里的伟大发明。不过我后面还是会介绍夜里自动点亮的LED夜灯电路，那才能在生活中实际应用。

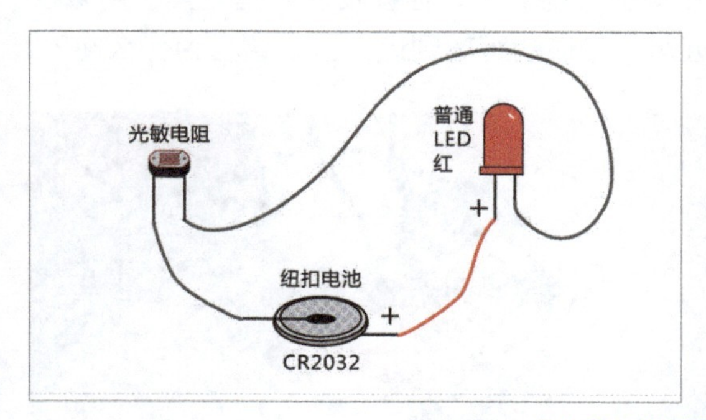

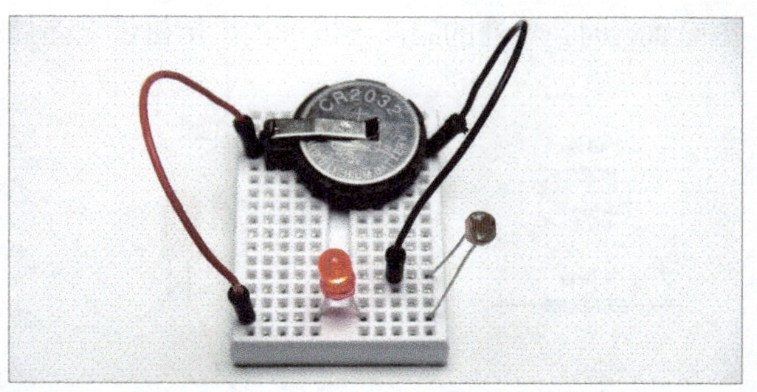

图 1.24 光线强弱控制 LED 亮度的电路

【电容】

把电容的两个引脚分别插在面包板的两个纵列中，一个引脚连接LED负极，另一个脚连接电池负极。LED正极连接电池正极（串联）。在接通电路的一瞬间，LED闪一下就熄灭了，电路如图1.25所示。断开再插一次却不闪了。在上一节中，我们了解到电容有存电的功能，若把电容正、负极反转再接入电路会怎样呢？结果是LED又闪了一下。再反转，又闪一下。哦，只要反转连接这个电容，LED就会闪来闪去。这是为什么呢？这种100μF的电容为什么会有这种效果呢？再试试小体积的电容吧。把标有474字样的独石电容换上，LED没有闪；把它的正、负极反转，闪了一下，但亮度不高。这是不是说明小电容的容量小呢？电容表面写的“474”是什么意思？大家先思考一下，后文给你答案。

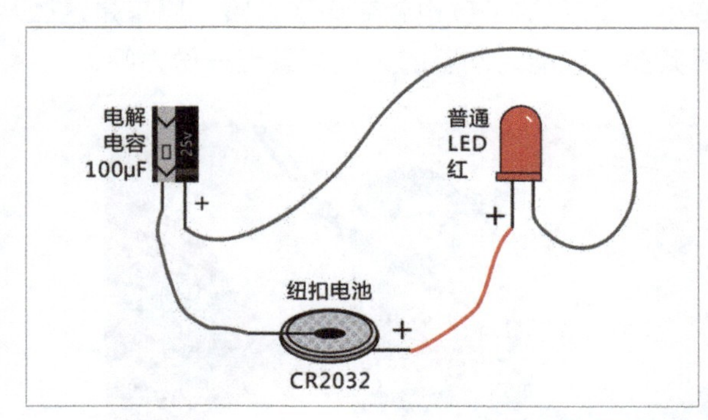

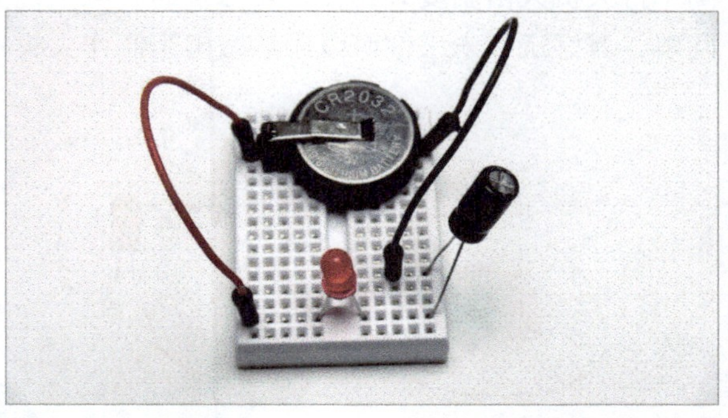

图 1.25 电容反转连接会让 LED 闪光的电路

【干簧管】

接下来玩玩干簧管。干簧管的外壳是玻璃材质，很容易破碎，所以你在实验时要尽量轻拿轻放。首先轻轻地把两个引脚朝一个方向掰弯90°，这样才方便插到面包板上。将干簧管两个引脚分别插在面包板的两个纵列中，一个引脚连接LED负极，另一个引脚连接电池负极，LED正极连接电池正极（串联）。干簧管的引脚不分正、负极，插好后LED是灭的。下面让磁铁靠近干簧管，当它们距离1cm左右时，LED亮了（见图1.26）。看来干簧管真是名不虚传，能通过磁性开关电路，非接触式控制通断。试试用磁铁的正面和侧面分别靠近，你会发现一些差异。用磁铁正面靠近时，导通的距离会近一些；用磁铁侧面靠近时，导通的距离则远一些，这是为什么呢？

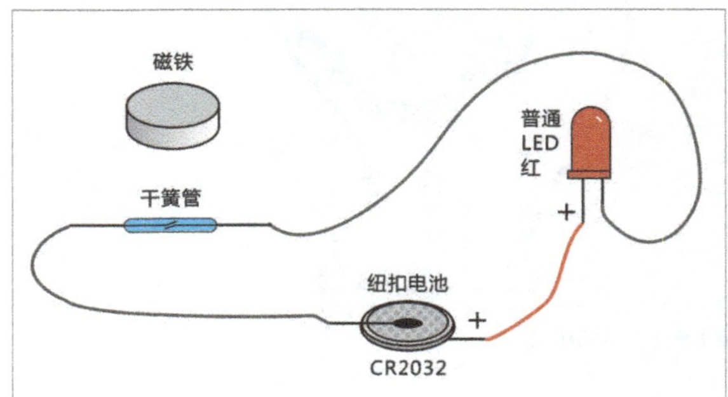

图 1.26 用磁铁靠近干簧管可以点亮 LED

【热敏电阻】

再来玩玩热敏电阻，将热敏电阻两个引脚分别插在面包板的两个纵列中，一个引脚连接LED负极，另一个引脚连接电池负极，LED正极连接电池正极（串联）。热敏电阻不分正、负极。接通后，LED很暗淡地亮了。根据使用光敏电阻的经验推测，热敏电阻肯定是随温度的变化而改变阻值了，需要加热或变冷才能看到效果，最简单的办法是用打火机加热（加热时小心不要烫到手和其他元器件，年纪小的爱好者请在家长陪同下实验），加热热敏电阻的玻璃管。加热过程中你会发现LED亮度渐渐升高。停止加热，LED又慢慢变暗了，电路如图1.27所示。看来当温度升高（打火机火苗温度大约在600℃）时，电阻值变小，串联的LED也就变亮了。哦，原来是这么回事，真好玩。未来你可以用热敏电阻制作火灾报警器，还能为家里的火灾预警出一份力呢。

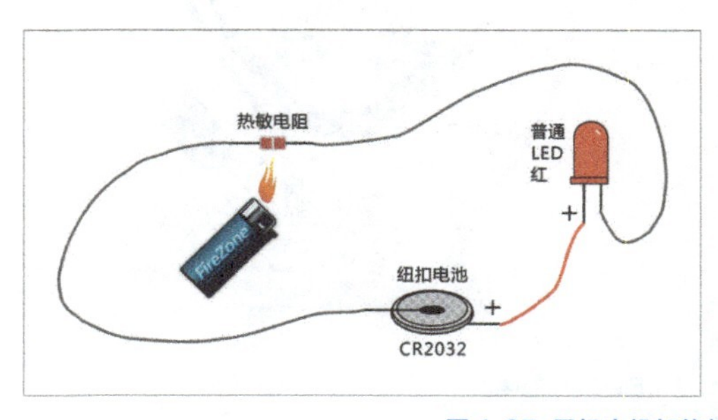

图 1.27 用打火机加热热敏电阻可以让 LED 变亮

【话筒和扬声器】

最后我突发奇想，想再做一个实验，看能不能把话筒和扬声器串联，话筒和扬声器各自悬空一个引脚，连接到电池正、负极。看看对着话筒说话，扬声器能不能发出声音。如果真能发出声音就好玩了。按图1.28接好电路，对着话筒吹气，同时听扬声器里的动静。哦，没听到什么，看来这样直接连接不行。我们需要进一步制作音频放大电路，用三极管或芯片放大音频信号，话筒才可以推动扬声器出声。别着急，很快就会讲到了。

好了，我能尝试的部分先到这里，下面请你发挥创意来搜索吧。试着把多个元器件串联或并联，还可以把A和B串联后再和C并联，想怎么玩就怎么玩。希望你能在我的实验基础上有所发挥，比我玩得更酷、更巧，发现元器件的更多特性。做这一节大胆的实验，并不为学到正统知识，而是让大家有实践的体验。在体验之后，你就有了最基本的电子技术的经验和思维，这些能帮助你更快地学习后面的内容。

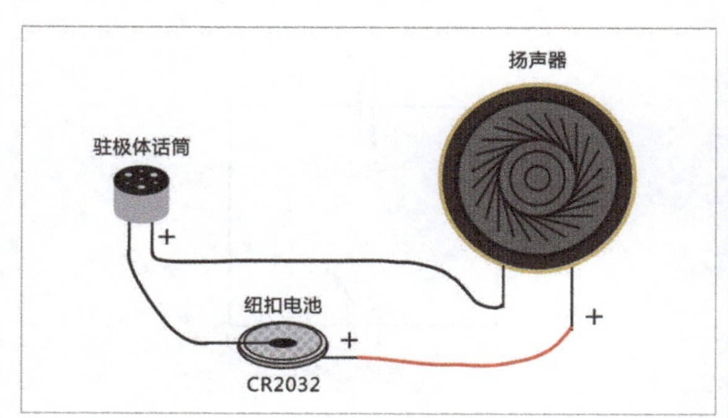

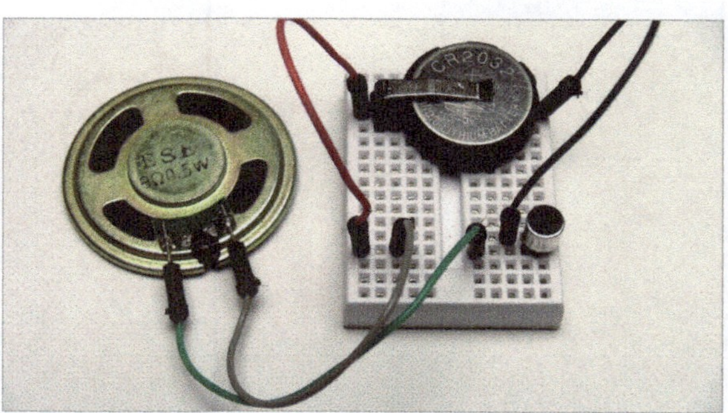

图 1.28 测试话筒是否可以直接让扬声器发声

1-5 学画电路图

学过前几节的内容，你一定迫不及待地想制作实用的电路了吧？参照上一节中的电路连接示意图和实物照片，能完成简单的电路制作，只可惜我们后面要讲的电路会越来越复杂。这时就需要学习一种专业的电路表示方法，这就是“电路原理图”。我知道大家不喜欢听理论知识，但是请相信这些知识并没有你想象的那么难懂，只要花些时间就能掌握。电路原理图是什么呢？在很久以前，电子技术出现的时候就有电路原理图了。大家都知道服装设计师在设计衣服的时候会在纸上画草图，建筑师也会先把房子的设计以图纸方式呈现，用线画出房子的模样，标出各种参数。经过反复讨论、修改之后才开始动手建造。这样做有几点好处：一是方便沟通，不论是谁看到图纸都会很快地了解房子的构造和细节，不需要设计师反复地给工人解释。二是整合信息，图纸上包括了所有与房子有关的数据，各工种的工人都能得到想要的信息。三是方便设计和修改，没有哪个地产商希望看到自己的房子在封顶时发现忘了打地基，可能出现的问题会先在图纸上解决。每个技术行业都有自己的图纸，建筑界叫它“建筑蓝图”；机械制造界叫它“CAD 制图”；

电子技术界叫它“电路原理图”，简称“电路图”。画电路图是为了更好地完成电子制作，我们在设计电路时都会先画电路图，再按图实作。我知道目前你还没有设计电路图的能力，就由我先来设计好（其实我也是参照前辈的设计来设计的），大家再按图制作。后面涉及复杂电路的时候，大家只要能看懂电路图就能轻松完成。你看，不懂电路图多可怕，学好电路图、拯救你的电子世界的任务就交给你自己了。

一般的电路图由3部分组成，它们是“元器件”“连线”和“参数”。3部分相互关联，有电路图一定得有元器件，如果全是导线就成刺绣了。各种元器件用导线连接在一起形成电路，就和上一节在面包板上做的事情一样。然后在元器件旁边标出数值，比如在电容上方标200μF（电容容量）、100μF，在电阻上方标100Ω、1kΩ。有时为了能让初学者更容易看懂，设计者还会把元器件的名称标注在参数旁边（比如本书）。完成这些，一张热乎乎的电路图就做好了。上一节用电池点亮LED的电路，用电路图表示就是图1.29的样子。

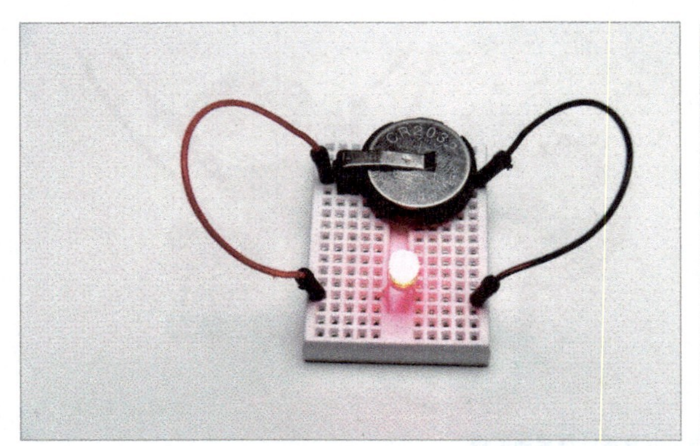

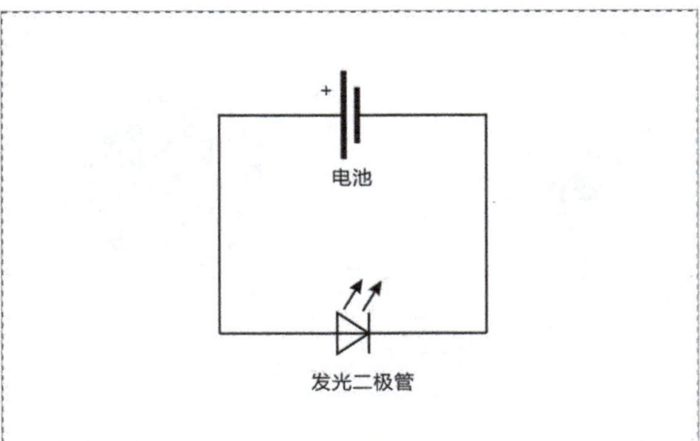

图1.29 电池点亮LED实物照片和电路原理图

【元器件】

大家看到图1.29右侧就是电池点亮LED的电路原理图了，图中上方一长一短两条粗线表示的是电池，图中下方一个三角形上边有两个箭头的是发光二极管。可以看出电路图上的符号和元器件实物长得并不像。我猜可能是因为发明电路图的家伙并没有绘画天赋，所以图标就只能是简单的几何图形。这样也好，画着简单，看着易懂，只是需要花点时间认识每种图标的样子。在套件中有几十种元器件，它们在电路图中都长什么样子呢？让我们一起看看吧。

首先看到的是电阻，常用的有两种画法，方形画法是国内标准，波浪线画法是国外标准，如图1.30所示。但在技术全球化的今天，区分国内外没有什么意义，大家喜欢哪种就画哪种吧。电路图中的元器件画法与实物的外观还是有一些关联的。比如方形画法和电阻实物很像，如同象形文字一样。上一节大家已经知道，电阻起到阻碍电流的作用，从原理上看就是加长的导线，因为导线本身有电阻，导线越长，电阻值越大，波浪线画法就像一条曲折加长的导线，更贴近电阻的技术原理。了解画法的由来能帮助我们更快地记忆符号表示什么。

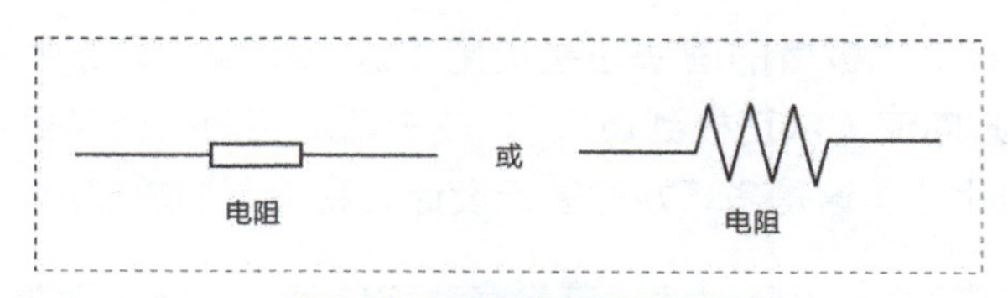

图 1.30 电阻在电路图中的画法

电容的画法也有好几种，常用的有两种如图 1.31 所示。左侧是无极性电容的画法，右侧是有极性电解电容的画法。电容的内部是两片相邻但不接触的金属片，至于为什么这样的结构可以储存电能，我们以后再说。现在看看电容的符号，是不是像两片相邻但不接触的金属片呢？看来电容也是采用抽象表示技术原理的画法。电解电容是有正、负极标识的电容，即套件中圆柱形的电容。电解电容需要正确地标出“+”（正极）的位置。电容图标没有“+”号的表示对电容的极性没有要求，如套件中的小独石（或瓷片）电容。标出“+”号的一定要按正确的极性制作电路，不然可能会引起电容爆炸，这可不是开玩笑的哦。当然，使用我们的学习套件是安全的，纽扣电池的电量很小，没有任何危险，请大家放心。

三极管也有两种画法，分别表示了三极管的性能差别，如图 1.32 所示。拿出套件里的三极管，看看上面的型号，9012 和 8550 对应的是 PNP 型三极管的画法。9013 和 8050 对应的是 NPN 型三极管的画法。这个不太好记忆，没关系，以后讲多了自然就记住了。细心的朋友会发现，两种三极管的画法大体一样，只是其中箭头一个向内，一个向外，这便是 PNP 型和 NPN 型的区别。为什么会有这样的区别呢？以后告诉你。

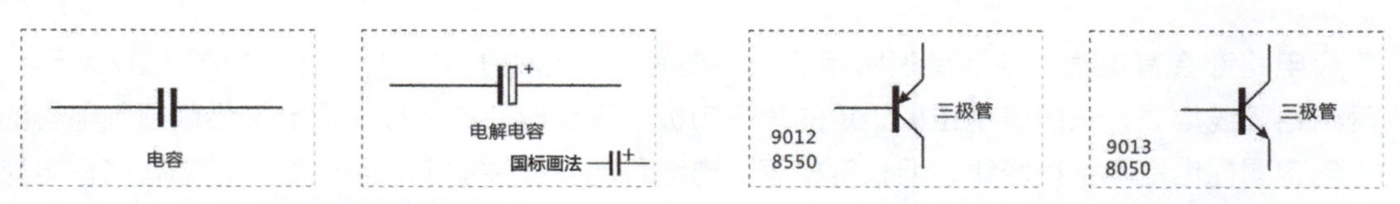

图 1.31 电容在电路图中的画法

图 1.32 三极管在电路图中的画法

无锁按键也就是套件里的微动开关。微动开关的图标和实物并不像，看来又是抽象表示技术原理的画法，如图 1.33 所示。图标上有两个断开的圆点，表示两个金属触点，每个接触点都与引脚连接。触点上方有一个倒 T 形的东西代表按键帽，意思是用手按下按键帽，就把两个金属触点连接在一起了。当手放开时，按键帽上弹，电路断开。画法很形象，图标的设计者一定用了不少心思。

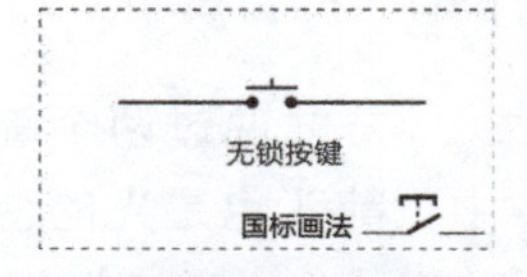

图 1.33 微动开关（按键）在电路图中的画法

二极管和发光二极管（LED）本是一家人，只因发光二极管能发光，被人类重用，制成各种外形和颜色，用作指示灯、显示屏和照明灯。不会发光的二极管只能默默地隐藏在电路板里，看着同伴风光无限。

在电路图标上，发光二极管在普通二极管的基础上多了两个小箭头，如图 1.34 所示。箭头代表“光”，向外画即表示通电后能发光。二极管的特点是具有单向导电性，电流只能从正极流向负极，反之就会被阻止。二极管的画法正是运用了这个特点，图标中三角形箭头指向负极一边。表示电流只能往此方向流（从正极到负极）。在三角箭头前有一条竖线，表示电流反向流动（从负极到正极）是被阻止的。这是多巧妙的图标设计，我忍不住想赞美它呀。

蜂鸣器和扬声器虽然都是发声元器件，可是画法相差很多。蜂鸣器是通电就发出声音的，所以外观是半圆形，像一个报警器。扬声器则是常见我们常说的喇叭，需要音源和功放电路的驱动才能发声，后面我会讲到如何制作功放电路。扬声器的图标外形非常像音响里的喇叭，属于外观画法。蜂鸣器则应该属于抽象派的画法吧，如图1.35所示。

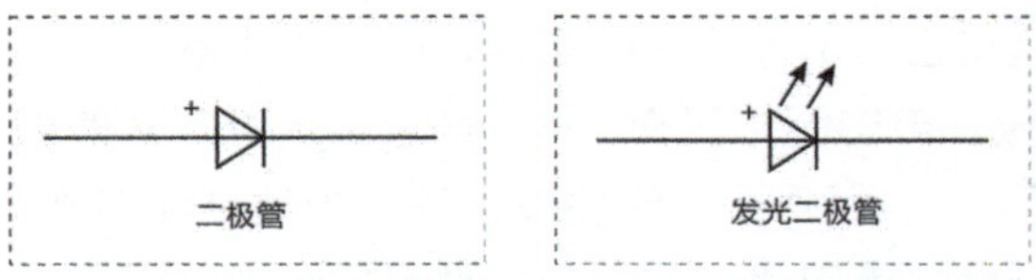

图1.34 二极管和发光二极管（LED）在电路图中的画法

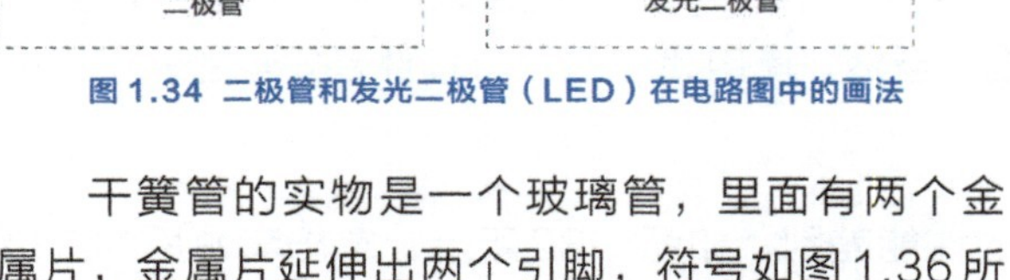

图1.35 蜂鸣器和扬声器在电路图中的画法

干簧管的实物是一个玻璃管，里面有两个金属片，金属片延伸出两个引脚，符号如图1.36所示，属于外观画法。干簧管是用磁性控制开关的元器件，当看到干簧管，就一定知道要有一个磁性物体来触发它，所以通常不会在电路图中画出磁铁。干簧管的图标乍看上去很像电阻和保险管，大家在手绘时尽量画得标准些。

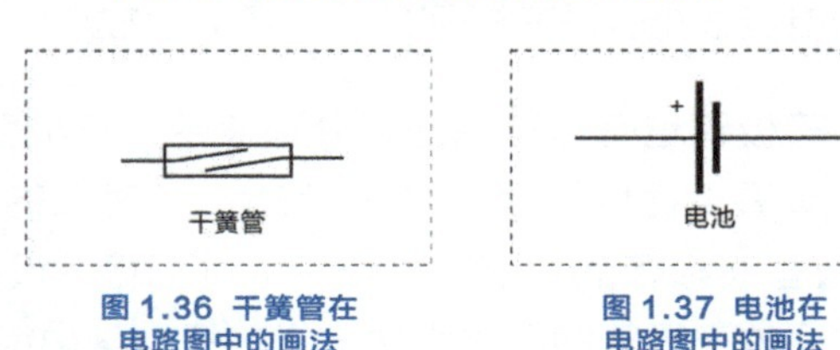

图1.36 干簧管在电路图中的画法

图1.37 电池在电路图中的画法

每个电路都会有电源，电池是很常用的一种电源。电池的画法只有一种，如图1.37所示。由长短两条粗竖线构成，长的表示正极，短的表示负极。看到电池的图标，你会不会联想到电容的图标呢？电容图标也是两条粗竖线，但长度相等。电池和电容在性能上有类似之处，都有储存电能的特性，图标相似也有情可原。只是电池和电容相比具有很长久的放电能力，可能正因为如此，电池图标上的竖线才会长出一段吧。这只是我的猜想，希望能帮助你记住它们。

方才说过两个箭头代表“光”，那么如图1.38所示的光敏电阻图中，箭头也是光的使者。光敏电阻图标上的箭头是向内的，意思是接收光线。发光二极管的箭头是向外的，表示发出光线。表示光线的箭头和下边的电阻图标合在一起就是“光敏电阻”。光敏电阻本身的特性是电阻，所以下方画了电阻的图标。还有一种叫光敏二极管的东西，它的下边是一只二极管。如果再有光敏三极管、光敏电容之类，你也能画个八九不离十了。

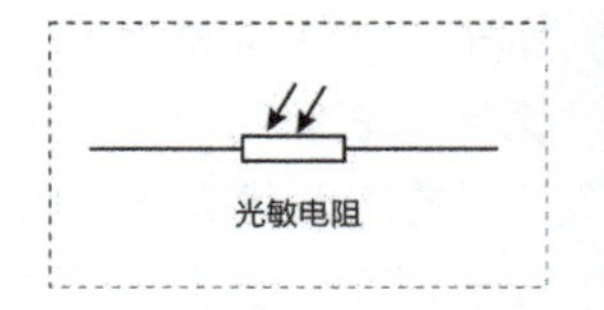

图1.38 光敏电阻在电路图中的画法

电位器是可调节阻值的电阻，在电位器实物上有一个调节电阻值的旋钮，而在电位器图标上也有这部分的体现。如图1.39所示，电位器的图标只是在电阻图标上边加了一个垂直向下的箭头，有点像光敏电阻，但光敏电阻里是用两个箭头表示“光”。这里只有一个箭头，还垂直接触到电阻图标，它表示可调的接触点，箭头也算是一根引脚。我们需要动用一下想象力，假想这个箭头可以在电阻图标上左右滑动。当箭头滑向左边时，左边引脚和箭头引脚之间的电阻值变小（因为距离变短），同时右边引脚和箭头引脚之间的电阻就变大。由此可见，电位器的图标既有类似电阻的外观画法，又有滑动变阻的抽象表示原理画法，算是杂交混合型画法吧。

话筒的图标完全是采用外观画法，因为话筒的原理很复杂，要想使用抽象表示原理的画法不仅麻烦，而且难理解。如图1.40所示，图标中的圆形表示话筒的外壳，旁边的竖线表示接收声音的振膜。部分话筒有正、负极区分，在图标中会相应地标出极性，没有标出的代表不区别正、负极，或者画图的人忘记标了，到时还要根据情况分析原因。

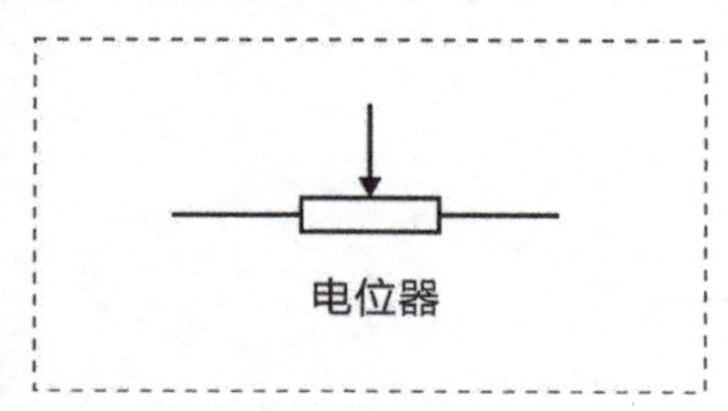

图1.39 电位器在电路图中的画法

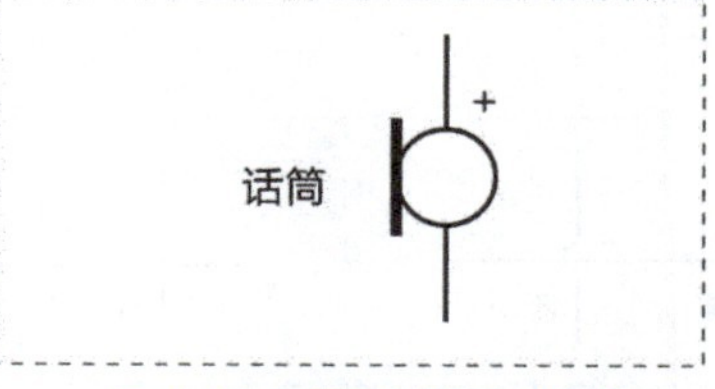

图1.40 话筒在电路图中的画法

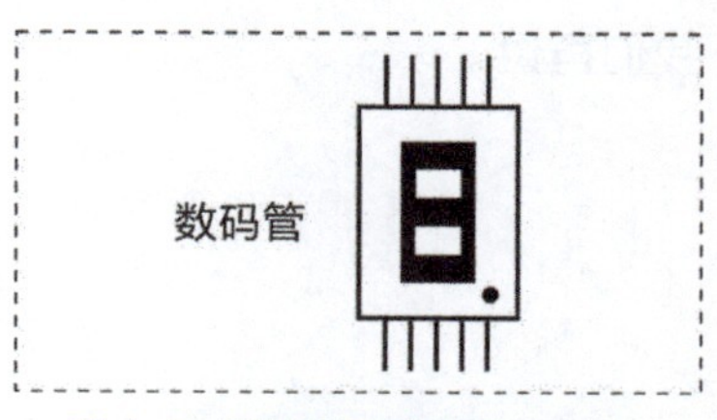

图1.41 数码管在电路图中的画法

如图1.41所示，数码管也是采用外观画法，而且是完全的写实主义，非常容易分辨。图标中方形部分表示外壳，外壳上下各引出的5条线表示引脚。在正式的电路图中，会在引脚处标有“a、b、c”等字样，表示相应引脚的功能，我们后面会讲。外壳里面是“8.”形显示段码，颜色有红、绿、蓝、白等，还会有不同段码的布局方式，这部分不易用图形表达，所以会在图标旁边用文字说明。

热敏电阻的图标也很好玩，如图1.42所示。在电阻图标上一根冰球杆斜穿过去。我们可以把类似球杆的东西想象成一根铁条，它直直地插入电阻的身体里，这时的电阻一定会很痛吧？但更重要的是，铁条相当于热量的传导器，把外部环境中的热量导入电阻内部，使阻值随温度发生变化，从而实现热敏效果。但在热敏电阻的实物上没有什么铁条，它只是一个光溜溜的玻璃管，那根铁条可能只是让我们在电路图中更好地区分电阻和热敏电阻吧。

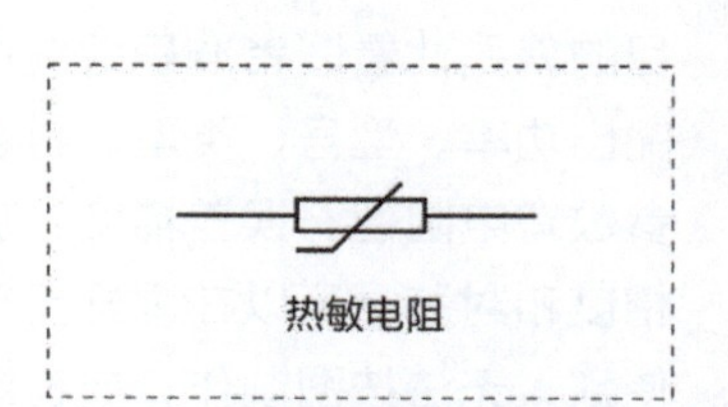

图1.42 热敏电阻在电路图中的画法

【连线】

说过了元器件，下面说说连接各元器件的连线。连线的作用相当于套件中的面包板专用线，通过它把各种元器件按一定的电路规则连接在一起，形成正常工作的电路。在电路图中只用直线把元器件连在一起，就如同小学课本上的连线题一样，把正确的项目连在一起。之所以要用直线，是为了方便观看，虽然画曲线更文艺，但线路多了就容易乱掉。画线大家都会，没什么可讲的，但有一点值得注意。当两条线相交的时候，是表示这两条线是导通的还是断开的呢？大家可能会认为这很好解决呀，只要用不同颜色的线表示断开，用相同颜色的线表示连通不就行了，就像五彩缤纷的面包板专用线一样。真是好主意，在纸上画出不同颜色也并不困难。但这方法还是麻烦，而且有色盲症的工程师一定不喜欢。在只能使用单色绘图的情况下，有两种方式可以解决交叉线的问题。如图1.43所示，左边的方法是两线相交即表示导通；表示断开就在相交的位置处画一个半圆，用立体的眼光看，半圆形的设计像拱桥一样跨过了下边的线，好像它们没有相交。图1.43右边是另一种方法，把相交的两条线视为断开，如果想表示导通，就在相交的位置上画一个圆点。国内的电路图多采用画圆点的方法。连接元器件还有一种不画导线的方法，随着电路图越来越复杂，复杂到在图纸上再也画不下更多的线时，人们又发明了叫网络标号的方法。即在电路图中每个元器件的引脚上标一些字符，再在需要连接的引脚上标同样的字符，电路图中所有字符相同的引脚都相当于用线连接。不过这种方式我们暂时用不到，学习单片机电路的时候我们再讲。

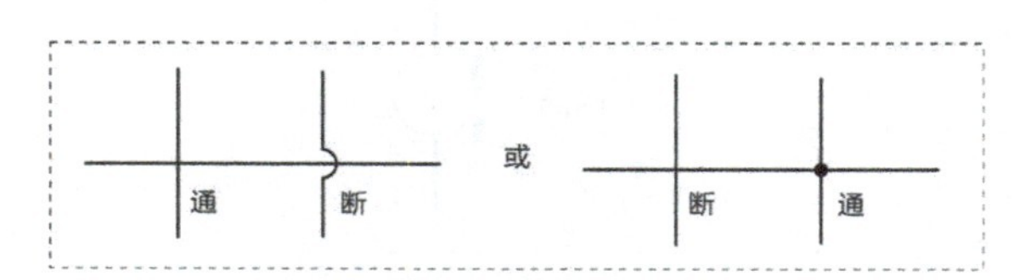

图 1.43 导线的两种画法

【参数】

有了元器件，又用线连接起来，看上去应该是圆满了，其实我们离成功还差一步，那就是元器件的参数。参数是指在电路图中各元器件所应有的电气数据，比如电阻的阻值、电容的容量、电池的电压等。通常需要在每个元器件上标出1～4种，必要时还会加些文字说明。添加参数的目的就是让看图者准确地选择元器件，无误地完成制作。比如电池的参数有电压值、容量、最大输出功率、型号、类型、封装、尺寸、极性等，但通常只标出电压值和正、负极就好了。电阻的参数有电阻值、误差精度、功率、封装、类型等，通常只标出电阻值和功率，必要时会标出误差精度和封装。所以在画好元器件和连线之后，一定要认真地写明参数。如果参数没有标好，就会使别人无法按图制作，或者制作错误。在国内的大部分网站上发布的电路图都存在参数不明的问题。在那些不认真的人看来，电路连接没有问题就可以了，其他不重要，可这是多么低的标准呀。我想既然学会了电路图，就要把它做好，做不到精致，至少要合格。希望大家养成认真绘图的好习惯，也许你小小的认真心态，能让更多的后来者少走许多弯路呢。

在这里我给出一张用电位器调整LED亮度的电路图（见图1.44），这是一张完整的图纸，各元器件正确连接，参数简洁、清晰。其中LED旁标出“红色”即表示LED颜色，如果没有标颜色参数，就说明对LED颜色没有要求。电位器只标出的阻值是10kΩ，其他参数没有标出，表示并不重要，只要阻值正确就行。电路图的知识大体就是这些，不再举更多的实例了，因为后面我们会大量地接触电路图。日久可以生情，情可以催熟，熟又能生巧，慢慢就会了。

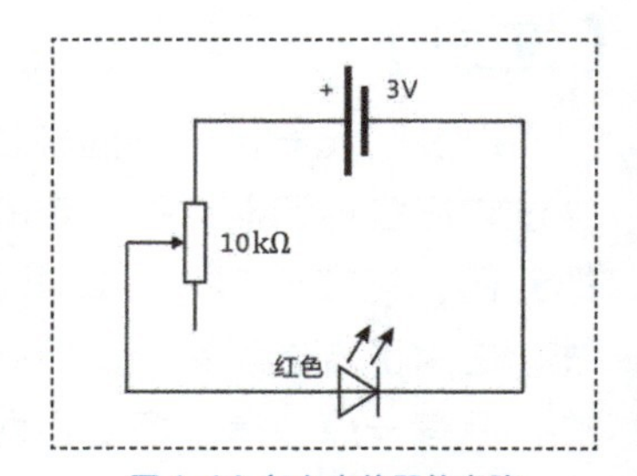

图 1.44 加入电位器的电路

【原理图的各种形式】

上面介绍的元器件图标是一种“理念符号”，在不同的载体上会表现出不同的形式。就好像每个人心中都有一个完美的马的形象，但实物的马、画上的马、电视屏幕里的马，它们各有不同的呈现。就算真实的马少了一条腿，我们也会知道那依然是马。“理念符号”就是我们心中完美的马，就算在杂志上的符号因为地区标准不同而有所差异，手绘的符号歪歪扭扭，我们也要知道那依然是“理念符号”的各种呈现。还不懂的朋友请自学黑格尔的哲学。明白这个道理的，就一起来看看到底有哪些呈现吧。

手绘图纸：手绘图纸是最常见的一种电路图形式，随便一支笔和一张纸就能画出电路图来。图1.45所示是我手绘的元器件图标。手绘图纸多出现在笔记或设计电路时的草稿中。在课堂上，老师也经常在黑板上手绘电路图。手绘图纸一般不使用尺子，以提高绘制的速度。所以手绘图纸的线条都不算平直，但不会耽误看图。另外，手绘图纸的时候，有一些元器件的图标和标准图标画法不完全一样，严格地说，这是错误的，但是我们要明白，图纸的目的是传达电路设计意图。如果没人误解，又有什么关系呢？

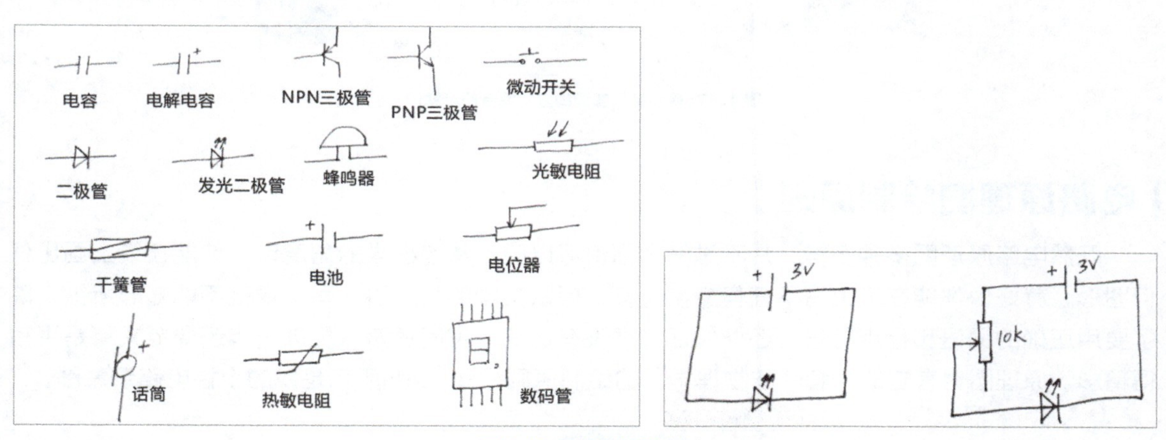

图 1.45 手绘制的原理图

计算机软件中的图纸：21世纪的今天，电路设计主要是在计算机上完成的。有很多专业PCB（印制电路板）设计软件可以绘制电路图。软件中把所有元器件以单元模块的方式放在原理图库里，用户只要调用各种元器件和导线即可。图1.46所示就是软件绘出的电路图的样子。计算机软件中的图纸要更复杂一些，因为有更多样式的图标，也有多种连接方式。比如电阻就有3种样式，电容有5种样式。除了有导线连接，还有总线连接和网络标号连接。当你想看懂计算机软件制作的电路原理图时，你需要更多地熟悉图标样式和连接关系。不过万变不离其宗，只要熟悉了“理念符号”，再多的样式也有章法可依。

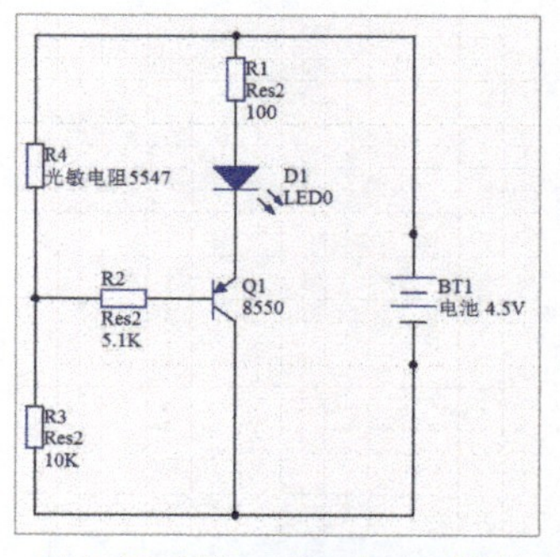

图 1.46 Altium Designer 软件（一款专业的印制电路板设计软件）中的原理图

个性化图纸：除了上述“正规”图纸，还有一些非主流的图纸，它们用特色样式和风格画出美观、易懂的电路。比如上一节中用的示意图，也算是一种原理图。只是它用的元器件不是标准图标，而是实物的画像。若想把图纸给不懂电路原理图的人看，或者当你想表示元器件的外形时，采用这种画法会更传神。另外还有彩色图标的原理图，还有把网络标号和导线连接混合使用的，如图 1.47 所示。也许就在你看这本书的时候，就有新的电路图画法流行起来了。

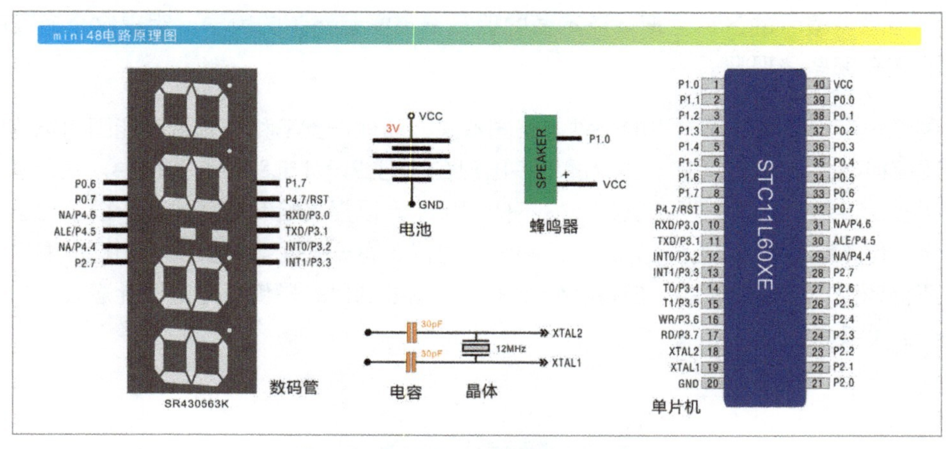

图 1.47 网络标号和画线方式混合的示意图

【电路原理图绘制原则】

既然电路原理图多种多样，是不是怎么画都可以呢？从物理学的角度讲，你能在纸上画出任何图形，就好像你能在纸上写下任何文字一样。但从文学的角度讲，写文章就不能随心所欲，除了要用正确的词语和标点符号，还要保证文章没有语病、言简意赅，更进一步还要看文章是否写得精彩。原理图也有它的一套“非物理学”的绘制原则。图 1.48 所示是我的个性电路示意图。

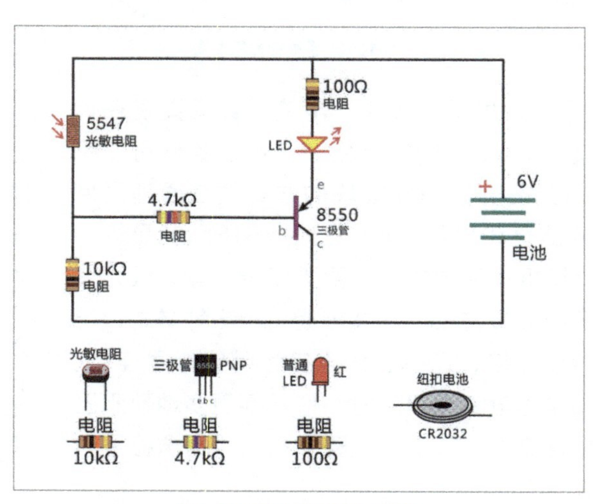

图 1.48 我的个性电路示意图

简单易读：原理图有可能要给别人看，如果别人看不懂或是觉得有歧义，那画得再漂亮也没用。所以当你设计图纸的时候，要把自己想象成一位根本不了解你的读图者。你的目的是让他看懂，要标出那些你很熟悉但对他来说不易理解的部分。这样才算是合格的绘图者。

标准共识：绘图要考虑目标读者，所用的绘制标准应采用目标读者所在地区的标准或约定俗成的共识。比如电阻、电容的画法，还有某些国家和地区的人们容易觉得有歧义的地方，应该用文字特别写明。

制作快速：绘图不是绣花，不能用太多时间，需要以较快的速度来完成。如果是在笔记本里绘图，就不用考虑美观什么的问题。除非你想通过图纸来提升你的形象，那就要认真而细致地设计了。

数据清晰：别人在使用图纸制作电路时，一定需要元器件的连接关系和参数。一般能通过看符号形状分辨元器件，如果很难分辨或有歧义，就要用文字注明。如果不怕麻烦，可以把所有元器件的名字都写出来，绝对贴心。还有，假如图纸在文章里被引用介绍，就要给每个元器件编号。例如：电容C1、C2，电阻R1、R2。如果没有使用编号而是用“最右边的电阻”“左下角第3个电容”来表达可不专业。

完整正确：图纸画好后，需要反复检查图纸的正确性，就好像写文章要检查错别字一样。另外也要保证图纸的完整性，有朋友会想了，图纸还能有不完整的吗？当然有了，不信你可以去网上搜索一下电路图，看看能否按照图纸制作出实际的电路来。有很大一部分是不能的，因为那些图纸上不是忘了标参数，就是省略了某部分。甚至有的图纸里加了一个方框，里面写“电源电路”4个大字，这是让我们猜谜吗？

好了，电路原理图相关的知识先讲到这里，下面留一个作业，麻烦大家把上文中所有提到的元器件图标在纸上认真画几遍，再用直线连接它们，不用考虑电路的正确性，这只是练习，下一章会给你实战的机会。为了让电子制作更好玩，加油吧。

第二章　初相识

通过第一章的玩耍，你一定对各种元器件有了第一印象，第一印象很重要，一旦形成很难改变。所以我需要在实物体验的基础上加入更多的介绍内容，让大家得到更全面、丰富的基础知识，包括元器件的种类和特性。这能让你未雨绸缪，在遇见元器件时不会慌乱，同时为第三章的实践做好铺垫。

2-1 电源

电源如同人的心脏和汽车的发动机，是动力之源。电子入门书很少讲到电源部分，好像电源是理所应当存在的。生活中我们会见到形形色色的电源，但并不一定见过全部，也对电源的特性不了解。所以我特意在本章开篇先介绍电源，就是希望大家不要忽视它，了解它的正确使用方法非常必要。

【电源的种类】

一说到电源，你能想到多少种？电子制作中，最常见的电源是电池和电源适配器（变压器）。电池中最常见的是5号和7号碱性电池，还有本书配套套件中的纽扣电池、手机上用的锂电池。再扩展一点说，太阳能电池应该也算是电池的一种。没错，电池的种类和型号非常多，我在这里只找些常用的、重要的来分享。从大的分类上看，电池可分为可充电和不可充电两种，可充电电池能重复使用，自然是环保的；而不可充电电池也有价格便宜的优势。除此之外，电池还有输出电压、电流、体积等特性，下面就一一道来。图2.1所示是各种各样的电池。

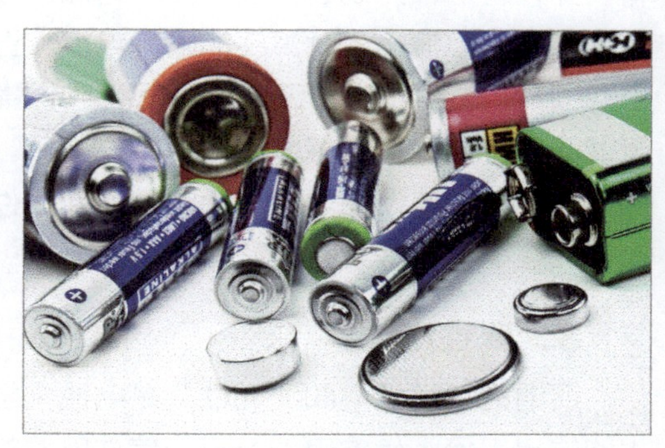

图 2.1 各种各样的电池

1. 纽扣电池

本书中用的是CR2032型号的纽扣电池，每一片纽扣电池的输出电压为3V，电池的容量在200mAh（即以200mA的电流持续输出可使用1h）。注意这种型号CR2032中的20表示电池圆片的直径是20mm，32表示电池的厚度是3.2mm。还有一种型号是CR2016，可见它的厚度是1.6mm，薄了的结果是电量也少了，只有100mAh。纽扣电池的电压可不一定都是3V，也有1.5V的。纽扣形的可充电锂电池的电压是3.6V，还有特别的电压值。所以拿到一片新电池千万不要想当然，要仔细看电池正极上标的电压值。电池的电量和输出电流不会标在电池上，这些参数只能在网上查到。电量决定着电池可以用多久，而输出电流决定着电池能“带动”多大功率的用电器。举一个夸张的例子，用一节电池可以点亮一个60W的灯泡吗？显然不行，除了电压不匹配外，输出电流也远达不到要求。一片纽扣电池的输出电流最大在60mA（为大约值，视电池型号不同而有差异），大约可以点亮6个LED。如果用电器需要的电流过大，电池不能给出，结果就是用电器因得到的电流不足而不能工作。同一型号的电池并联可以累加输出电流值，但电压值不变。而电池串联可以累加电压值，但输出电流不变。如果想二者都增加，只能找4节电池先串联，再并联。但是在本书的电路设计中通常只用到两片电池串联得到的6V电压。普通纽扣电池（锂离子纽扣电池除外）输出电流小，使用安全，即使正、负极短路也不会发热或爆炸，很适合对电路制作不太熟悉的初学者。

2. 碱性电池

碱性电池是日常生活中最容易买到的一种电池，所谓5号电池和7号电池通常是碱性电池。碱性电池通常是圆柱形的，型号有5号（AA）、7号（AAA）、9号（AAAA），在家里的遥控器、玩具车、剃须刀中都有它们的身影。碱性电池的特点是输出电流大，电池容量大，而且易用。每节电池的电压是1.5V，4节串联就是6V，可以代替纽扣电池。使用碱性电池的好处是电池电量大，电路工作时间长，价格便宜，很容易在超市里买到。输出电流大，可以“带动”大功率的用电设备，因为输出电流大，电压通常不高，只有1.5V。需要4节串联才能达到6V电压。不过也有例外，有一种无线遥控器上使用的碱性电池，输出电压高达12V，但输出电流随之减小。纽扣电池的输出电流小，就算不加限流电阻，直接连接LED也不会损坏LED。但把LED直接连接在6V的碱性电池组上，LED会瞬间烧坏，冒出一股青烟。而且碱性电池短路也会让电池发热、甚至损坏。今后我们熟练掌握电子制作之后，可以把纽扣电池换成碱性电池，在有电动机、扬声器的时候，碱性电池能驱动更大功率的元器件。如果你是还不熟悉电池性能的初学者，建议先不要改用碱性电池，等经验丰富些了再说吧。

3. 碳性电池

所谓的“碳性”和“碱性”是电池化学发电的材料不同，其特性也有所不同。碱性电池有很大的输出电流，碳性电池没有。碳性电池的特点是电量大、重量轻、输出电流不如碱性电池但比纽扣电池强。有一种被制成“5号”电池样子的碳性电池，可与碱性电池兼容使用，输出电压是1.5V。还有一种是万用表里使用的叠层碳性电池，输出电压是9V，用类似按扣的方式连接。如果你未来想制作无线电设备或是扩音器之类，叠层碳性电池是不错的选择。

4. 锂电池

锂离子电池（以下简称锂电池）的特性是可充电、无记忆性、容量大、输出电流大，是高科技电子产品首选的电池。还有一种与之相似的镍氢充电电池，虽然也有电量大、输出电流大的优势，但电池充电次数少，已经慢慢被淘汰。锂电池通常的输出电压是3.7V，充电电压是4.2V。电量从500mAh到5000mAh不等，可以通过串联和并联累加输出电流或电压。锂电池的优势突出，缺点也明显。过度充电或放电都会导致电池永久损坏，低温下性能下降，短路极易爆炸。所以一般的电子制作尽量不会采用锂电池，如果必须要用则要选择有内置保护电路的正品电池，以保证安全。完全初学者不推荐使用。

5. USB电源适配器

USB电源适配器是给手机充电的那种充电插头，把它插在220V的市电插座当中，就能输出标准的USB电源，输出电压为5V，电流一般大于500mA。其内部带有的保护电路本是保护手机的，却正好也能保护我们的电子制作作品，即使电源短路也没问题。只要是正规厂商的产品就可放心使用。电源适配器的好处是能不间断地给电路供电，不需要考虑更换电池的问题。如果你想在家里安装一台小夜灯或是把走廊灯改成声控感应灯，建议使用USB电源适配器供电。只要家里不停电，我们的电路就能长久工作。

6. 其他电源

除了以上介绍的电源，其实还有很多种电源可供选择。比如手机充电宝、铅酸电池等。但这些电源既不简单也不常用，所以尽量不要使用。另外，你还能制作出混合电源方案，比如上面说过的太阳能电池板和充电电池所组成的自动充电电路、碱性电池和USB电源适配器所组成的不间断电源（UPS），将它们混合在一起即可形成全新的电源模式，让我们的制作更好玩，更有创意。还有一些不常用的电池，比如太阳能电池。虽然我们不把它当一般的电池看待，但它确实能发电。发电机也算是电源的一种。这些“异类”也有很多种类和型号，因为篇幅有限就不介绍了。

【电压与电流】

电池中最重要的参数有电量、电压、电流。电量比较好理解，就是电池能存放多少电能，以mAh为单位。比如某电池的电量是100mAh，即表示电池充满电的情况下，以100mA的电流待续输出可在1h后用光。那么想知道它以5mA的电流输出时能用几小时吗？这完全是一道小学数学应用题嘛。请自行解答。本文重点要讲的是电压和电流之间的关系，这是非常微妙而有趣的，只有熟悉二者的关系，才能算进入了电子制作的大门。

初学者朋友最不好理解的就是电压和电流的关系，其实大家可以把电压想象成水压，把电流想象成水流，把电路中的导线想象成水管。这个比喻很形象，后来的学习中你会有所体会。电池就相当于一座水塔，它用万有引力产生的势能产生水压，当有水管连接到水塔上时，水就会因水压从管中流出来（见图2.2）。水压越大，水流也越快。同理，电池上的电压越高，所能产生的电流越大，电压下降时电流也会变小。电池的输出电压和电流起到了决定性作用，另外电路中的电阻也会影响电压和电流。当电池的电压不变，电路的电阻变大时，电流就会变小。电压、电流、电阻的关系有一个经典公式：$U=IR$，即电压等于电流乘以电阻。今后当你不清楚电路变化关系时就可参考此公式。

电和水的比喻还有一些不同之处，例如电流必须从电池正极流出，再从负极流入，形成回路。如果没有回路，电路就不能工作，也不会有电压和电流。电池正、负极之间的回路必须有一定的电阻，如果这个电阻值非常小，根据$U=IR$，电压不变时，电流就会非常大。又根据电功率公式$P=UI$，电压不变、电流巨大的结果是功率（P）很大。功率作用在很小的电阻上，会使电阻发热。电池内部也有内阻，使得电池也会发热，过热会导致电池损坏或爆炸，锂电池尤其危险。如此看来，在电压不变的电路中，正、负极接入的电阻很小被叫作“短路”。短路是电路的天敌，在正、负极间直接连接导线或接入电阻极小的元器件都会导致短路。今后的制作过程中请大家一定要避免短路。电池还有一个

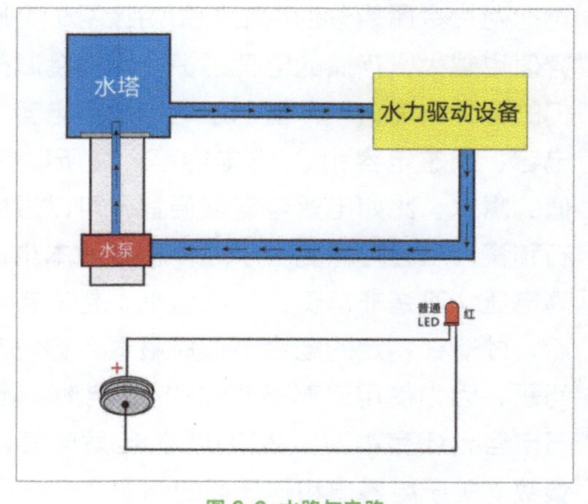

图 2.2 水路与电路

特性就是在串联或并联时的电压变化。多块电池串联在起时，其总电压是各个电池电压之和。多块电池并联时，电压不变，输出电流是各电池电流之和。这里要特别注意，串联或并联的电池必须是同一型号、同一电压的，否则会损坏电池。

2-2 电容

【电容简介】

电容是一种物体的电学属性，它是在两个相邻但不接触的导体上产生的。不接触导体的中间可以是水、空气、纸等任何绝缘体，我们叫它“介质”。电容有一个特殊能力就是能储存电荷，好像给电池充电一样把电能存在电容器的两个金属片上。电容的这种特性在18世纪40年代就被西方世界发现，后来随着电子技术的发展，电容的更多功能和应用才被发现。电容值（也称电容量，或简称电容，为了避免与元件名称混淆，我们多加一个字）的单位法拉（F），表示电容储存电荷的能力大小。电容属性出现在生活中的任何地方，你的智能手机使用的是电容触摸屏，电器里面也都有电容的身影，两条平行的导线之间也有电容。你把两手掌平行举在空中，它们之间就有电容效应，只是电容值很小。真正发挥电容特性的地方是利用电容原理设计出的一种元器件，叫电容器，简称电容（业内都习惯用“电容”来表示电容器，算是行话吧），图2.3所示是各种各样的电容。我们通过良好的设计，在一个电容元件里做出各种大小的电容值，适应各种电路设计之用。要怎么做出电容呢，这就要来看一下电容的结构（见图2.4）。从电容的内部结构图中可以看出，电容是在两片金属箔之间夹一张纸，然后把它们好像卫生间用的手纸一样卷在一起。再把两片金属箔分别用阳极和阴极两个金属引脚引出来，两片金属箔的面积越大，它们之间的电容值也越大，存储的电荷越多。这种金属箔结构的电容叫电解电容，是众多电容种类之一。在我们的套件中还有一种黄色小巧的独石电容，另外常见的还有瓷片电容、涤纶电容、法拉电容、钽电容、固态电容和CBB电容等。之所以有这么多种，主要是考虑到成本、体积、电容值和耐压值的需求。比如电解电容很便宜，可以做出很大的电容值，可较大的体积不适用于精密电器。独石和瓷片电容可做到很小的体积，成本也低，但电容值很小。钽电容可做到体积小、容量大、耐高电压，可是非常贵。如此看来，是没有一款完美的电容值的，只有我们充分了解它们的特性之后，才能在特定的场合下选择最适合的电容。在我们的教学套件里，成本和体积不是应该考虑的问题，因为使用最高不超过6V的电池，耐压值也不用在乎。所以我准备的是0.01 ~ 1μF的独石电容，还有4.7 ~ 220μF的电解电容。这段电容值区间已经包含了一般电子制作所能用到的参数。关于电容值和耐压值的问题我们一会儿再说，先来看看电容都有哪些应用。

图 2.3 各种各样的电容

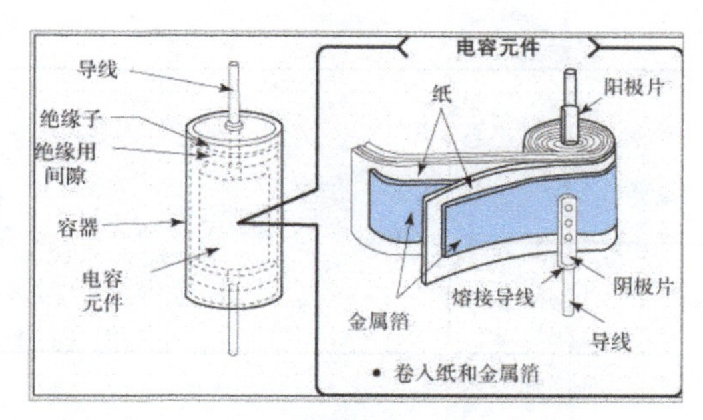

图 2.4 电容的内部结构

1. 储存电能

电容最重要的功能就是储存电能，当电容和其充电线路分离后，电容会储存能量，因此可作为电池使用。电容常用在配合电池使用的电子设备中，在更换电池时提供电力，避免储存的资料因没有电力而消失。手机、数码相机等产品中就有为更换电池而设计的供电电容。电容的容量越大，存储的电能越多。法拉电容是电容界的巨无霸，它能储存1F以上的电量，这是很大的数值。如果把多个法拉电容并联起来，可以驱动一台电动汽车。在本书第三章的制作中就会经常用到电容的存电特性来起到延时和充电的效果。电容也可以用在电容泵浦电路中，能产生比输入电压更高的电压。马克斯发生器就是用电容来达到上万伏的高电压。

2. 采集环境数据

之前说过电容中间的介质与两极间距都是决定电容值大小的原因，有人利用这一特性把电容制作成传感器。比如，电容式湿度传感器就是把空气当成电容介质，空气中的水分含量决定了电容值，读出电容值就知道了湿度值。还可把容易变形的小片电容放在两个物体之间，物体的重量能改变电容两极的距离，从而改变电容值，可作为压力传感器使用。在电容式话筒中，电容一端固定，另一端可随空气压力移动，声音振动导致电容值的变化。还有加速传感器利用内部的电容来测量加速度的方向及大小，制作出倾斜仪和汽车安全气囊的传感器。

3. 滤波

电容还有一个非常重要的特性就是“通交流、阻直流”。也就是说，只有电压不断波动变化的部分才能穿过电容到达另一端。交流电可以轻松穿过电容，直流电也被电容阻挡。简单的说法是：电容对于交流电来说相当于导线，对于直流电相当于断开的导线。由这一特性可衍生出两种应用，一是去掉电路中不需要的交流信号，二是去掉电路中不需要的直流信号。听上去好像二者是矛盾的，其实是电路的连接方法决定了结果。图2.5所示就是利用通交流、阻直流特性的例子，电容C1把话筒电路中的直流电压去掉，只剩下声音波动的交流信号。电容C2把电源正、负极之间的交流波动去掉，因为交流电通过电容相当于导线，交流电直接被电容短路掉了，结果使得电源上只有直流电，达到稳定电压的滤波效果。关于这两个部分在第三章中会有具体应用，现在看不懂没关系，到时候就明白了。

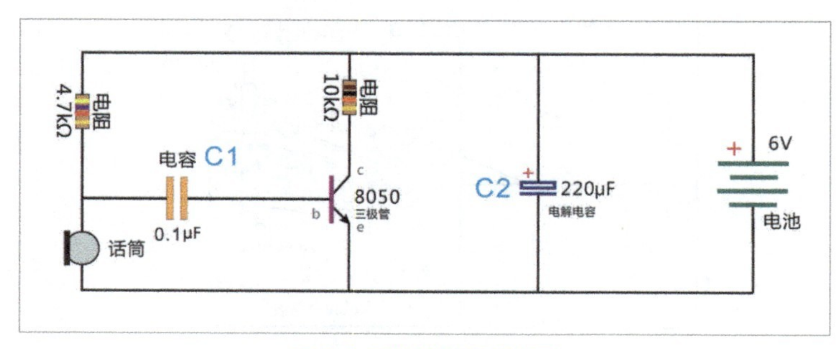

图 2.5 电容滤波的两种应用

4．瞬间放电

耐高电压的大电容组常用来产生应用需要的大电流。这类应用包括了电磁成形、脉冲发生器、脉冲激光、雷达、核聚变研究及粒子加速器。大型电容组被用在桥梁爆破炸药、核武器里面的起爆装置和其他特殊武器里面。电容在瞬间放电上有很多高科技应用，生活中最经典的例子就是单反相机的闪光灯。如果你使用过这种专业闪光灯就会发现，每次闪光之后都要等一会才能进行下一次闪光，这段时间正是电池给电容充电的过程。为什么要充电而不是电池直接点亮灯泡呢？正是因为闪光的瞬间强光需要很大的电流，一般的相机电池达不到要求，如果改用大功率电池又会增加体积和成本。给电容充电是最好的解决方案，电池可以慢慢地给电容充电，然后瞬间释放。还记得第一章中我们做过的电容点亮LED的实验吗？就是这个原理。

【电容参数识别】

本书配套套件里有两款电容，电容值和体积较大的电解电容与电容值和体积较小的独石电容。当我们拿起一只电容时，有正负极、电容值、耐压值3个参数需要识别出来。图2.6所示是在外观上识别电容的方法。电解电容因为体积大一些，参数有很多地方标注，在圆柱形的身体上会直接写有“47μF 25V”，这是电容值和耐压值，一看就懂。正、负极则可看圆柱体上的一条纵向线，这条线下方的引脚就是负极。或者看两个引脚中短的一根即是负极（因为有人为修剪的可能，所以还是看纵向线最可靠）。

独石电容等小容量电容一般不分正、负极，没有纵向线，引脚也是相同长度的，在电路中可以以任何方向连接。小体积电容的身材太小，没有多余的地方标注。于是耐压值一般被省略，或用一个字母来表示（需要查表得到参数）。图2.6所示的独石电容上只标有“103”字样，这是一种缩写表示法，并不是103μF的意思。3位数字中的前2位是基础数值，最后1位表示乘方。也就是说“103”表示的是10后面加3个0，即10 000，单位是pF。103表示10 000pF=10nF=0.01μF，在我们的制作过程中常用的单位是μF（微法），所以当你看到103的时候，可以说“这是

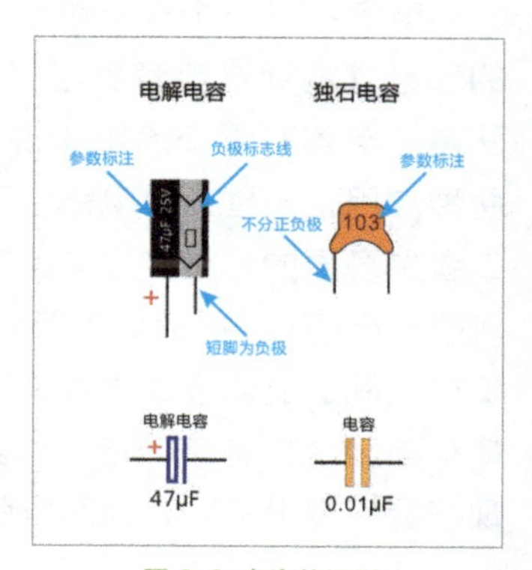

图 2.6 电容的识别

0.01μF的电容”。同理，104表示0.1μF，105表示1μF，474表示0.47μF。当你看到电容上只有两位数字时，就表示没有乘方。比如“30”表示30pF，15表示15pF。在我们的制作中还不涉及pF级别的电容，日后学习单片机的时候你会见到它们。

【电容值与耐压值】

电容最重要的两个参数是电容值和耐压值，电容值决定了电容能储存多少电能，耐压值决定了电容能用在多大工作电压的电路中工作。我见过最小的电容值是10pF，最大的是100F。这是什么概念呢？电容值的基本单位是F（法拉），1F是非常大的容量，具体是多大呢？1F（法拉）=1 000mF（毫法）=1 000 000μF（微法）=1 000 000 000nF（纳法）=1 000 000 000 000pF（皮法）。也就是说1法拉等于1万亿皮法，一只1000μF的电容充满电可以点亮LED 1s的话（大约计算），1F电容可以点亮1000s（16.7min）。如果你有一只1F电容，几秒就能充满电，然后能提供大约17min的照明，是不是比电池强多了。没有错，随着电容技术的不断发展，未来也许就会用上装有超级电容的手机，几秒充满电，可以用好多天。到那时，像电池这种用化学能转化存电的低效率产品就会淘汰掉了，因为电容可以直接存电，不需要转化，电能利用率极高。可能淘汰电池的那位伟大科学家就是你，好好学习吧。通过以上讲解，大家应该对电容值有了一个初步的认识，但还不清楚某个电路具体要用多大的电容值，希望我给出一个计算公式，在我看来没有这个必要。因为随着第三章内容的学习，我们会在各种电路设计中反复使用电容。慢慢地你会发现你有了使用电容的经验，相关的电路设计就那么三五样，熟悉之后自然会明白如何选择数值，不需要计算。

电容值还有一个好兄弟叫耐压值，意思是电容可以承受的最高工作电压。我见过的耐压值最小到1V，最大到6000V，甚至更高。比如一款电路的电源电压是6V，那我们所要使用的电容耐压值必须是大于6V，不然电容会发热或者爆裂。行业内为了保证绝对安全，都会选择高于电源电压1倍以上的耐压值，如果电源电压为6V就选12V及以上的耐压值。有朋友会问了，选来选去多麻烦，干脆都只生产较大的6000V耐压值不就行了吗？哈哈，我也曾这么想过，但后来我发现，不是厂商不想，而是技术上有缺陷。通常耐压值越大，电容的体积越大、成本越高，同时能达到的电容值越小。比如我曾用过耐压值为600V的CBB电容，我买到的最大电容值只有4.7μF，再大的生产不出来了。再比如220μF的电解电容的耐压值可以达到16V，如果要让耐压值为25V或50V，体积就会大很多。想同时保证体积和耐压值，那么电容值就要牺牲。世界是不完美的，电容的成本、体积、电容值、耐压值不能和谐相处，必须在实际应用中选择取舍。

电容在使用中还需要注意一些问题，不当的使用会导致损坏甚至爆炸，特别是电解电容和钽电容。前文说过，电容的耐压值必须是电源电压的1倍以上。电解电容的耐压值会标在电容的身体上，而体积很小的独石（或瓷片）电容却只标了电容值，它们一般的耐压值是50V。之所以不标可能是因为这种电容很少被用在50V以上的场合，不过也有耐压值为25V和100V的产品，具体要咨询厂商才知道了。本书的制作只使用6V的电池电压，不用考虑过压的问题。还有一种情况是电容的正、负极接反也会发生危险。因为电容结构不同，电解电容、钽电容、固态电容、法拉电容都有正、负极区分，只要有区别极性的千万不可以接反，否则会使电容发热或爆炸。虽然电容上都会有防爆炸设计，但千万不要马虎。我就曾把一只钽电容接反了，结果“砰”的一声，出现火光、烟雾，非常吓人，小朋友千万不要模仿。独石、瓷片、涤纶、CBB电容不分正、负极，不用考虑这个问题。本书配套套件之所以使用纽扣电池作电源，就是因为它的输出电流很小，即使把电容接反，也不会损坏或爆裂，保证大家在学习中的安全。如果你自己改用碱性电池等其他电池，就千万别接反了，其他电池不如纽扣电池这样安全。最后在高压下使用的电容还涉及放电保护的问题，但本书中的制作不涉及高压，就放到以后再说吧。好了，关于电容的准备知识就是这些，如果有没讲到的，将会在第三章实际制作的过程中讲到。学习电子制作是一个感悟的过程，不是只靠读书就行，还需要大量实践，更需要思考和体会。

2-3 LED、二极管、数码管

第一章中，我们大量使用LED做实验，在电子制作中它是最常用的元器件。LED其实是一种二极管，它比普通的二极管多了发光的功能，所以我们把LED从二极管的类别里拿出来当灯泡用。除了会发光之外，LED与普通二极管相比还有哪些使用上的差别呢？本节将让你全面了解它们。另外，一只LED可以用亮灭来提示，而把多只LED排列在一起，便能显示0~9的阿拉伯数字，这便是神奇的数码管。本节将会介绍数码管的原理和特性，第三章中我会介绍如何用数码管制作计数器，非常好玩，要认真看哦。

【LED】

说到二极管，不得不提到一种很特别的二极管。它真的是越来越特别了，以至于人们已经习惯性地认为它不属于二极管的大家庭，而是独立出来的新事物。它就是发光二极管。没有错，发光二极管的特性之一也是单向导电性，可是它比普通二极管多了会发光的能耐。又因为目前的工业化社会对照明和显示技术的需求，就使得人们更关注它的发光特性，还给它取了个别名叫LED，而忽视了它是个二极管的本来面目。图2.7所示是本书配套套件里的各种颜色和外观的LED，它们都是在塑料的身体下边引出两条长长的脚。塑料部分是红色的能发红光（绿色的发绿光），这种有颜色的塑料LED，大家习惯上叫它们“红发红”LED。前一个“红”表示LED塑料外壳的颜色，后一个“红”表示的是LED所发出的光的颜色。还有几种LED的塑料帽是透明的，透明外壳的LED可能发出任何颜色的光，必须点亮观察。如果发红光就叫“白发红”，发白光就叫“白发白”。前一个“白”表示外壳是透明的，后一个“红”（或“白”）表示发光的颜色。有朋友会问：为什么外壳要分有色和透明的呢？它们分别在什么场合下使用呢？其实这个问题并没有官方的规定，你可以根据自己的喜好选择LED，但从设计目的上讲，有色外壳的LED是用作指示灯的，在点亮时自身通体发光，人们可以从任何角度清楚地判断它的亮灭，而透明外壳的

LED是用作照明的，在点亮时光线都从透明外壳前方发出，可以如手电筒般照亮物体。当然也有人用透明LED作为只让正前方看到的指示灯，也有用有色LED作特殊照明的，用途还是要看实际情况而定呀。

除颜色之外，另一个重要的参数是LED的尺寸。如果塑料外壳是圆柱形的（本书配套套件中都是圆柱形的），则用圆柱直径表示，如直径为5mm称为“ϕ5”，10mm的称为“ϕ10”。如果外壳是方形的则用其长、宽、高表示，如长、宽、高是2mm×2mm×4mm的扁平LED，就叫它“2×2×4 LED”，一般省略单位。另外LED的外壳形状也有不同，有些长有些短，好像是礼帽和草帽的样子。长帽的LED能把光线聚焦在正前方，形成圆形光柱，好像手电筒的光柱，这种LED叫“聚光LED”，因为它最常用，所以也叫普通LED，没有特别说明的情况下，LED指的都是聚光的。短帽的LED发出的光是散开的，好像家用的电灯泡，这种LED叫“草帽LED”，可能是因为外壳酷似草帽而得名。一提到草帽LED，你就知道是短帽的、散光的LED。草帽LED只用于照明，其外壳都是透明的。了解了这些之后，如果你去元器件商店买LED，便可以说：“老板，我要买20个ϕ5白发绿草帽LED和30个ϕ8红发红的LED，谢谢。”

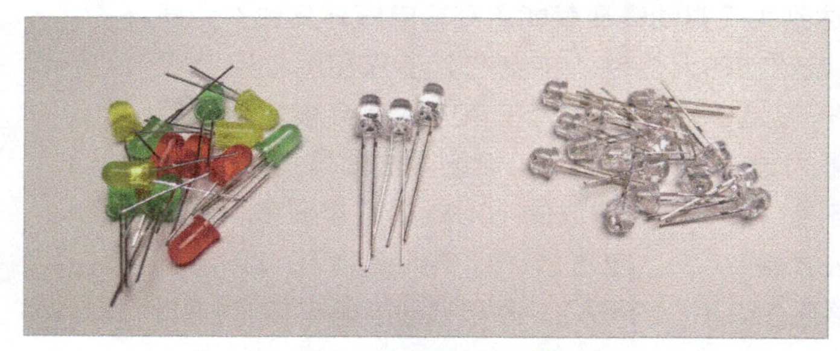

图 2.7 各种 LED 的外观

LED是分正、负极的，极性接反不会发光，这是因为二极管的单向导电特性。所谓的“单向导电”就是说电流只能从二极管（包括LED）的正极流到负极，却不能从负极流到正极，就好像瀑布的水只能往下流一样。所以分清LED正、负极很重要，图2.8所示是区别LED正、负极的方法示意图，在LED出厂时引脚相对长的是LED正极，但有时引脚被剪掉就不好判断了，这时就看LED外壳边缘外缺边的一侧引脚表示负极。

LED还有两个重要特性就是“驱动电压”和“驱动电流”。做个实验说明：把一个白发白LED在面包板上点亮，然后再在LED上并联一个红发红的LED，如图2.9中的左图所示。这时你会发现，原来白发白LED亮得好好的，可是当红发红LED并联的一瞬间，白发白LED就熄灭了，而红发红LED却亮得正欢。取下红发红LED，白发白LED又亮了起来。它们好像是冤家一样，不是你死就是我活，这是为什么呢？大家可换用其他LED实验，看看有哪些能同时点亮，哪些不能，然后把它们分类出来。之所以会出现这样的现象是因为LED的驱动电压不同，驱动电压是指LED可以正常发光的最低电压。有的是1.8V（通常有红发红、绿发绿、黄发黄、白发红LED），还有的是2.8V（通常有白发绿、白发蓝、白发白LED），当两种不同驱动电压的LED并联，驱动电压低（1.8V）LED把并联电路中的电压限制在1.8V，驱动电压较高（2.8V）

的LED达不到最低驱动电压，所以不亮。图2.9右边所示是同时点亮驱动电压不同的LED的方法。为每一个LED串联一个电阻可使每个LED得到不同的电压值，因为有电阻隔离，它们相互之间不受影响。

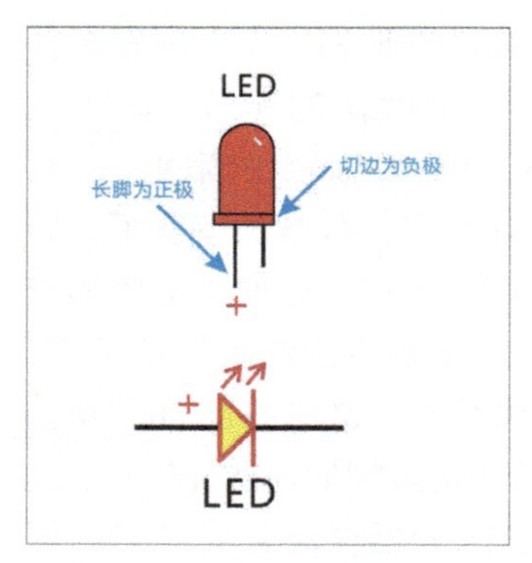

图 2.8 LED 的识别

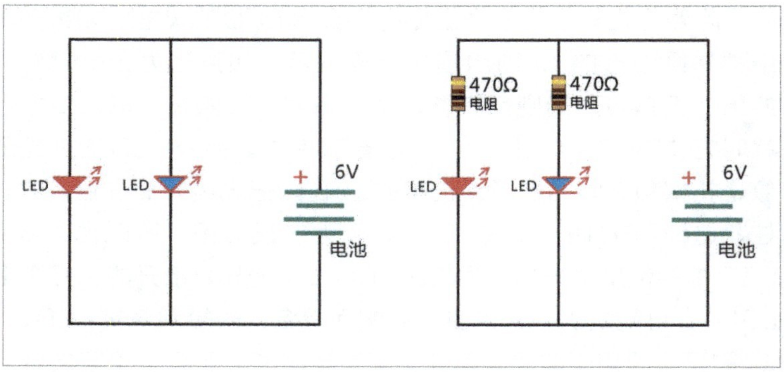

图 2.9 驱动电压的电路

LED只要电压达到大于驱动电压就能点亮，电压再高也不会损坏，因为LED是电流驱动的元器件，亮度的大小只和驱动电流有关。LED工作电流一般是0~40mA，大于40mA就会损坏，一般保持在20mA左右最为理想。调节LED电流的方法就是串联电阻，如图2.9右侧的电路图，LED上方串联的100Ω电阻起到了限制电流的作用。计算的公式是$U=IR$，电压是6V，电阻是470Ω，电流是6/470，即大约是0.013A（13mA）。改用其他阻值可调节LED的亮度。本书中有些电路上的LED限流电阻是100Ω，但并不是说电流会达到60mA。那是因为LED本身也有一定电阻，电流会小一些，而且纽扣电池最大也只能输出30mA左右的电流，不会损坏LED。但如果你用其他电池驱动就要认真选择限流电阻的阻值了。

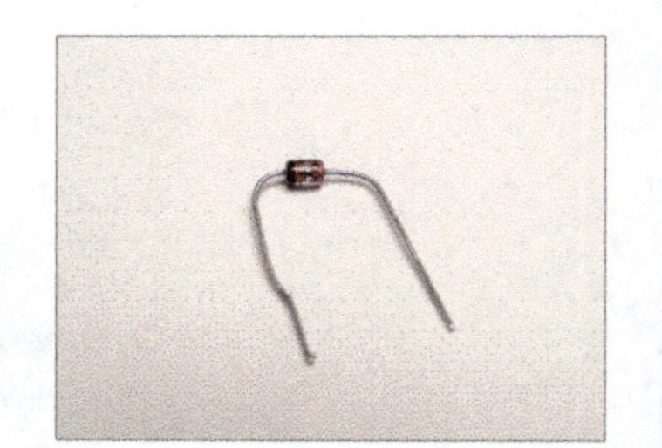

图 2.10 二极管 1N4148 的外观

【二极管1N4148】

现在来看一下不会发光的二极管，有朋友会问了，不会发光有什么用呢？其实不会发光的二极管只有一个特性，那就是单向导电性。电流只能以二极管的正极流向负极，乍一看好像没什么大作用，其实用途非常多，第三章中你会有深刻的体会。本书配套套件中用的二极管名叫开关二极管，型号是1N4148（见图2.10）。之所以叫开关二极管，是因为它在正向导通和反向阻断之间的反应速度比其他二极管快，所以它是数字电路中常用的一种。1N4148的速度有多快，我们以后再来谈，现在单就它的单向导电性能做一个实验吧。实验依然采用电池点亮LED的简单电路，我把1N4148串联到电路中。如图2.11所示，1N4148小玻璃管上有黑色环一侧的引脚是二极管的负极，另一侧是正极。当二极管正向串联到电路时LED点

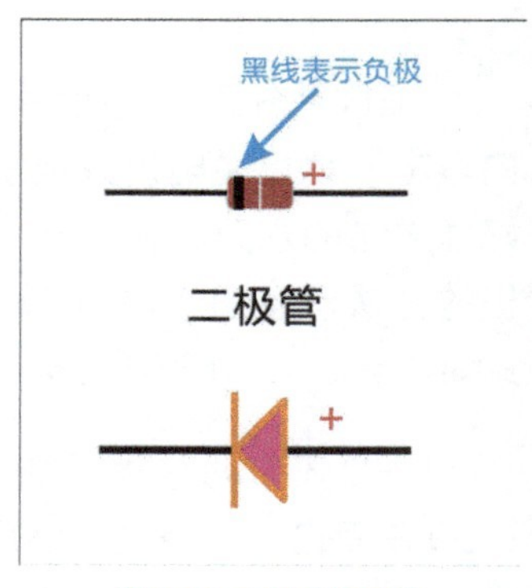

图 2.11 二极管的识别

亮，如图2.12所示。当它反向串联时，LED不亮，如图2.13所示。正是因为二极管有这种单向导电性，所以它又被称为“半导体”，接下来要学的三极管和芯片都是基于半导体的基本原理构成的，可以说电子技术的世界就是半导体的世界，如今异彩纷呈的高科技电子产品内部最基本的单元都是一个个单向导电的半导体。说到这里有朋友会问了，既然LED也是单向导电的，而且还会发光，为什么还要用不会发光的二极管，都换成LED不是更好吗？其实这样做是可行的，但是LED能发光就会消耗电能，对于不需要发光的场合是一种浪费。同时不会发光的二极管有耐高压、大电流的特性，在某些参数上是LED所达不到的。LED虽好，但也不是万能的，在合适的场合选择合适的元器件才是我们要做的。

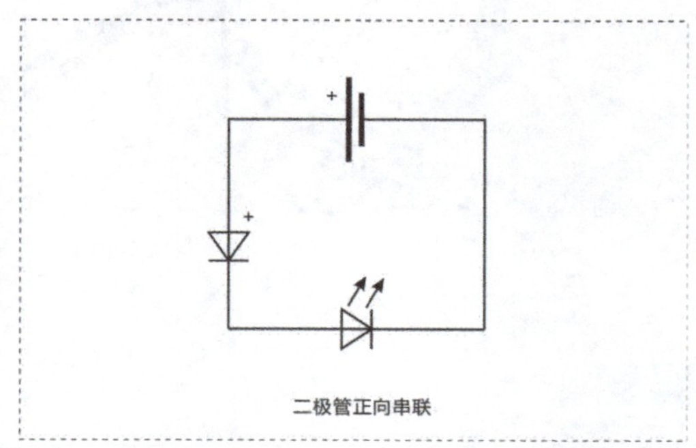

图 2.12 正向串联二极管

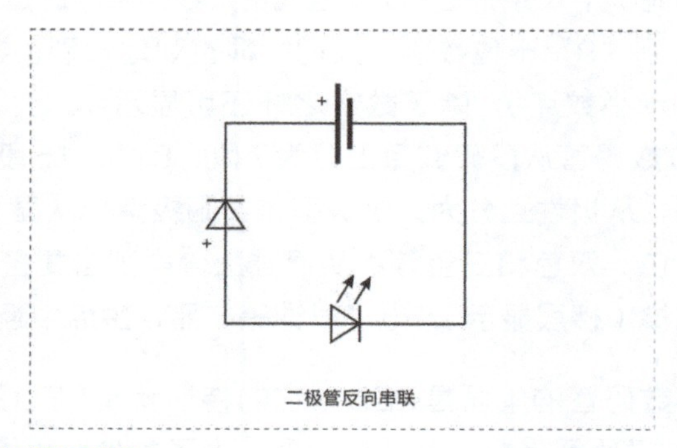

图 2.13 反向串联二极管

一只二极管不能演绎出什么，但多个二极管能玩出的花样就很多了。在没有学习其他元器件的组合应用之前，先给大家介绍一款利用4个二极管组成的整流桥电路。什么是“整流桥电路”呢？其实“整流桥”就是把4个二极管的引脚按一定的顺序首尾相连，先后再把引脚连接的部分接入电路中，外表看上去好像环形的立交桥，所以叫“桥”。那么“整流”的意思就是把不规则的电流通过二极管的单向导电性整理成有规律的电流。图2.14所示为整流桥电路原理，之前我们说过LED是要分正、负极的，极性接反的话是不亮的。但整流桥的功能是把不规则的变成规则的，不论电池正极接到哪里，LED都会点亮。请大家按照图中的电路图在面包板上搭建，接上电池，看LED会不会点亮。再把电源的正、负极反转，看看LED还会不会点亮。正常情况下，无论你的电池正、负极怎样反转，LED都会点亮。关于二极管还有很多参数要介绍，但对于初学电子的朋友，讲得太多，大家都没兴趣了。所以复杂的内容留给未来，现在知道如上这些就够用了。

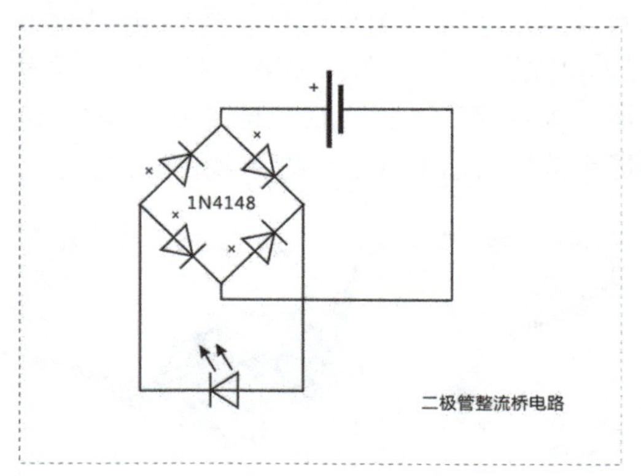

图 2.14 整流桥电路

【数码管】

LED灯是将LED制成点光源，用于照明或指示的灯。下面介绍一种能将LED制成阵列、显示数字和字母的元器件，这就是数码管。图2.15所示是本书配套套件中的7段数码管。在它上面有7个长条形LED所组成的“8”字，通过7个长条LED段按一定规律点亮，能显示出从“0”到“9”十位数字，人们能很直观地辨别。这种叫LED 7段数码管（其中7段显示数字，1段显示小数点），除了数字之外还可显示a、b、c、d、e、f等英文字母，如图2.15右侧所示。LED数码管从段码数量上分为7段、8段、15段和17段等；从位数上分为1位、2位、4位、8位等；从极性上分为共阴极型和共阳极型；从显示方式上分为静态显示和动态显示；从颜色上分为单色、双色和三色等；从尺寸上分类则各式各样、应有尽有，如图2.16所示。数码管常被用于电梯（楼层显示）、电子时钟等产品，生活中经常能看到它们的身影。

数码管的本质是LED，它的特性就是LED的特性，同时又有一个共阳极、共阴极的问题。图2.17所示是数码管共极原理，为了减少数码管内部8个LED的总引脚数量，设计者将每一个段码的所有阳极或阴极并联在一起，形成一个公共的阳极或阴极。在制作电路和购买元器件的时候一定要了解你所用的数码管是共阳极的还是共阴极的。本书配套套件中使用的是共阴极数码管，因为它能和CD4026芯片配合使用。数码管的应用电路将会在第三章中介绍。

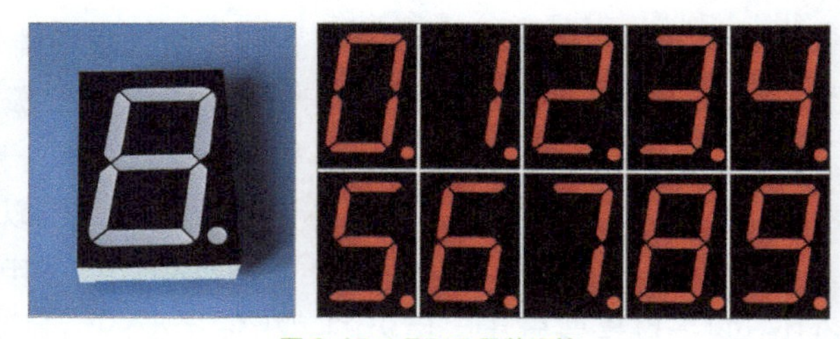

图 2.15 LED 7 段数码管

图 2.16 各种各样的数码管

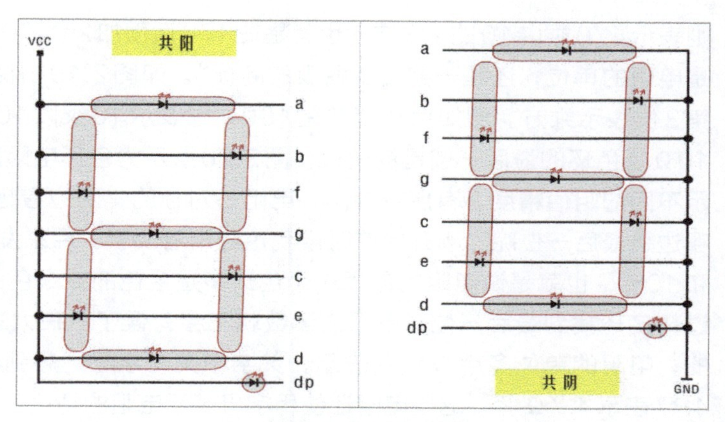

图 2.17 数码管共极原理

2-4 电阻与电位器

【电阻器】

这一节我要介绍的是电子制作知识当中最简单也是最难学的一种元器件，那就是电阻器（习惯上简称为电阻）。简单是因为它的特性简单、随处可见。难学是因为想熟悉某款电路中要用多大的阻值，需要丰富的经验才能做到。图2.18所示为常用的几种电阻，最大的那个8W大功率电阻并不常用，只是做一个对比。最常用的还是1/4W直插式色环电阻，一只小圆柱的两端引出两根引脚，圆柱上画上各种颜色的圆圈，设计很完美。初见色环电阻的时候，我还真不知道色环的作用，还以为电子的设计者是哪位艺术家呢。后来才知道，色环的颜色代表着不同的数值，表示着电阻的阻值和精度。有朋友会问，为什么不直接把数字印在电阻上，那样不是更方便吗？了解色环的由来，还可以顺便了解一下电阻的生产工艺。图2.18中8W的电阻是用数字表示阻值的，唯有小体积的电阻采用色环表示阻值。为什么呢？难道是电阻表面积小，不方便标注吗？一次拆机维修，让我领悟了设计者的巧思。在已经焊接好的电路板上，电阻的焊接形态各异，有躺着的，有站着的。如果把电阻值用数字印在电阻身体上，那么一旦数字朝向电路板或是被身边的其他元器件挡住，我们就看不到数字了。而使用色环就能以360° 全方位识别电阻值，唯一的不足就是我们必须背下色环的含义。

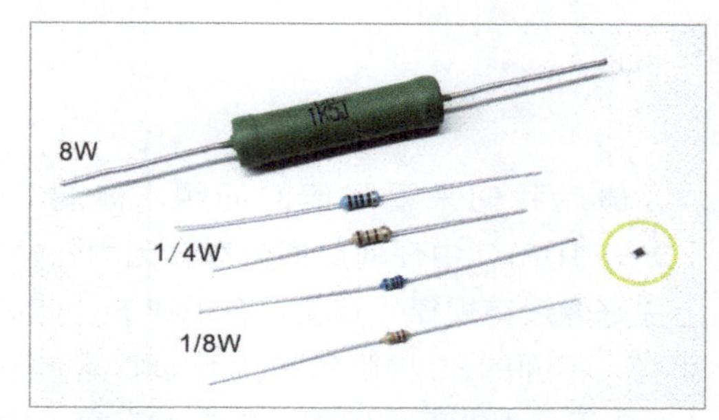

图 2.18 电子制作常用电阻器

一般的色环电阻分五环的和四环的，五环电阻可以有3个数据位，可以表示更细微的阻值。黑、棕、红、橙、黄、绿、蓝、紫、灰、白10种颜色分别表示0~9十个数字。如图2.19左侧所示，五环电阻中前3位表示数值，第4位表示10的多少次方（也就是加多少个“0”）。例如色环读数是4702，则表示470乘以10的2次方，也就是在470后面加2个“0”，即47 000Ω，也就是47kΩ（Ω是电阻的单位，还是一款瑞士名表的商标）。如图2.19右侧所示，四环电阻中前2位表示数值，第3位表示乘方。例如色环读数是100，则表示10乘以10的0次方，在10后面不加“0”，即10Ω。色环的最后一位是精度位，图2.20所示为色环电阻的标注原理示意图，不同的颜色还表示不同的阻值精度。有朋友会问，电阻是对称的，两边看起来都一样，怎么知道哪边是第一位，哪边是最后一位呢？刚开始的时候我也经常看反了。后来发现，我们所用的电阻精度多半是5%和10%，也就是说电阻的最后一个色环多是金色的或银色的，很少有和数值复用的颜色。先通过精度环找到最后一位，电阻的读数就不会有误了。在大功率电阻上，阻值是直接用文字表示的，电阻的单位多用Ω或R表示，数字中夹有字母则起到小数点作用。例如4k7表示4.7kΩ，4R7表示4.7Ω等。这些电阻还使用字母表示电阻的精度，5%用J表示，10%用K表示，20%用M表示。例如1k5J表示电阻值是1.5kΩ，精度是5%。电阻的另一个重要参数是功率值，如图2.18所示的8W、1/4W、1/8W都是功率值。电阻的功率值决定着其能够通过多大的电流，大功率的电子产品就要用大功能的电阻。本书配套套件中所选用的是最常用的1/4W电阻，可应对几乎所有24V以下的电子制作，而且价格非常便宜。

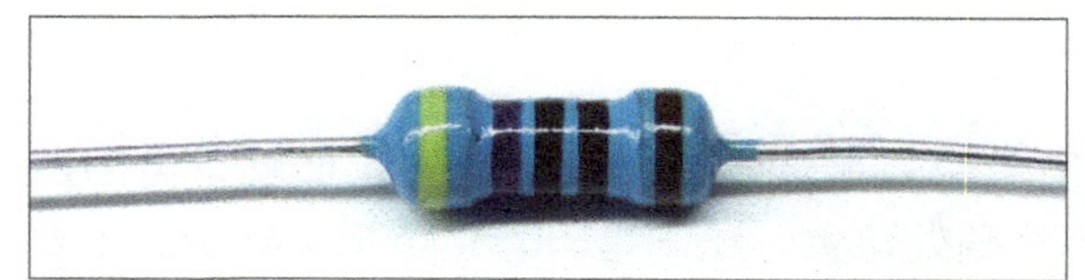

图 2.19 五环和四环电阻

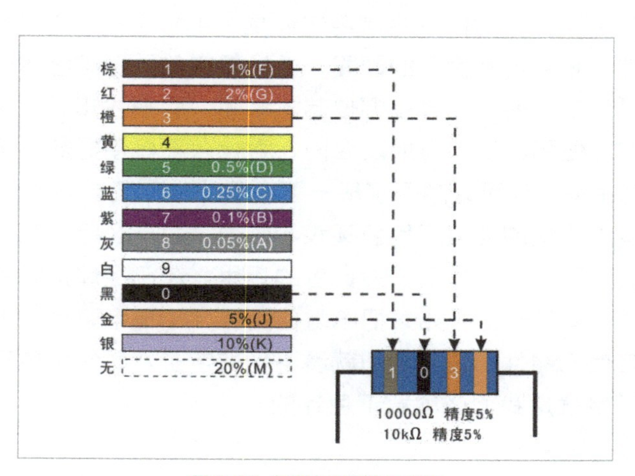

图 2.20 色环电阻原理示意图

最后我们来看阻值的问题。你能在市场上买到的电阻的阻值并不是工整的，不是从1Ω ~ 10MΩ中任何数值都有。因为一些特殊原因，电阻值只有特定的数值可以选择。它们看上去好像没有规律，其实是有规律的。但这并不重要，重要的是了解电子制作中常用的阻值都有哪些，下面的30种阻值是我所知道最常用的。例如5Ω~1kΩ用于LED的限流电阻，5.1kΩ和10kΩ用于上、下拉电阻。本书配套套件中只选择了30种阻值中的11种，就能应对本书中的全部制作了。建议大家购买电阻时选择1/4W或1/8W碳膜电阻。电阻是电子制作中的必备之物，之前也有不少前辈介绍过它。我在这里只是把我的使用心得介绍给大家。当初我小看了电阻，以为那小东西只那么一点门道，没想到深究下去却带给我更多的启发。我希望在第三章的实际制作中，你会感悟到电阻的妙用。

常用的30种电阻值，以欧姆（Ω）为单位的标称值如下：

5、10、51、100、200、470、510、620、750、820

1k、2.2k、4.7k、5.1k、7.5k、8.2k、10k

12k、15k、20k、47k、56k、68k、75k、82k

100k、200k、430k、510k、1M

【电位器】

电位器是可调阻值的电阻器，也可以理解为感知手柄旋转的传感器。它能通过旋转改变电阻的阻值大小，利用这个原理，你可以制作读取旋转位置的电路装置。电位器的型号是通过其内部的电阻值标定的，比如内部能达到最大的阻值是10kΩ，就是10k电位器。电位器可调的最小阻值都是0，也就是说10k电位器阻值可调的范围是0~10kΩ。本书配套套件中选用的就是带有手调旋钮的10k阻值电位器，下方有3个引脚。图2.21所示是电位器实物与其在电路图上的引脚定义关系，其内部有一个固定阻值的电阻，电阻的两端分别是“1”和“3”，还有一个可在电阻两端间滑动的调节端“2”。调节端的移动使它和电阻两端的阻值发生变化，达到可调电阻的效果。图2.22所示是电位器在电路中最常用的两种方法，左侧方法是将电位器中间脚与内部电阻一侧连接，作普通的可调电阻使用。右侧所示方法把电位器中内部电阻的两端连接到电源正、负极，调节端与LED连接。这种连接方式可使LED的电压在0~6V调节。当调节端到达最上方，相当于正极短路，LED电路中的电压是0V。当调节端到达最下方，相当于负极短路，LED电路中的电压是6V。图2.22中左侧电路则达不到这一效果，即使把调节端到达最上方（阻值最大），LED电路中的电压也不能达到0V。请大家仔细分析区别，熟悉这两种用法。除此之外，电位器再没有特别的注意事项，可以放心地使用。关于电阻和电位器的知识就讲这么多吧，对它们的熟悉主要靠制作过程中的经验积累和感悟，用多了自然懂，理论讲再多也没有用。

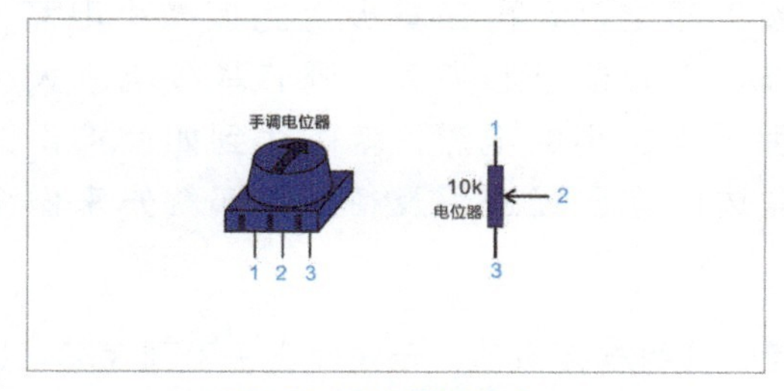

图 2.21 电位器引脚定义

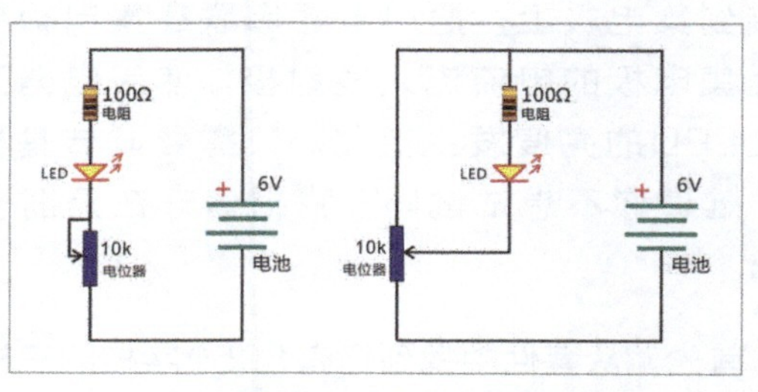

图 2.22 电位器的两种用法

2-5 三极管的开关电路

【基础知识】

上一节讲了二极管，二极管的应用虽然广泛，可仅凭单向导电特性演绎不出更多东西，因为单向导电只是让电流按指定方向流动，不能改变电流本身，也不能在电流和电流之间进行交换和控制。若想玩出更多花样，需要能将两种电流进行处理的元器件，这便是三极管存在的意义。三极管有3个引脚，就好像二极管有两个引脚一样。可以用这个方式来记住它们，但三极管的名字并不是由引脚数量定义的，而是指三极管内部有3个电极。这3个电极分别叫作“基极”（b）、“集电极”（c）和“发射极”（e）。乍一听很复杂，其实它们的名字和作用很好记忆。要想记住引脚定义先要从原理入手，知道三极管在电路当中扮演着怎样的角色。

为了便于理解，我先举个生活中的例子。大家都用过自来水龙头吧，我假定把自来水龙头分成3部分——水闸、进水管和出水口。水闸是用来控制开关水流的，除了开、关之外，只要把它旋转到适当位置，它还可以调节水流大小。而不论流出的水流有多么大、多么急，调节水闸时所用的力都无明显差异。不会因为水流急就要花更大的力量去旋转水闸。进水管从自来水公司通过层层管线最终到达千家万户。自来水公司会使用很大的水泵系统，不断给水加压使进水管的水具有压力，在打开水龙头的时候才会有水流出来。我们交的自来水费中有一部分是支付高压水泵运转时产生的电费的。出水口是最终要用水的部分，可利用水流洗脸、洗菜，也会用水来浇花、冲马桶。出水口接在什么地方决定了自来水的用途。在这3部分中，水流的能力来自于自来水公司的水泵，它决定着出水口的最大水流和水压，而实际输出的水流量是由对水闸的调节所决定的。出水口的位置和形状决定了水的用途，在水池边就是洗菜，接到沐浴喷头就是洗澡。如果自来水公司通知停水，那么这么美妙的系统自然也就不能用了。

电子技术和生活常识都有相通之处,自来水的原理和三极管的原理大同小异。三极管也由3个部分组成：基极、集电极和发射极。其中基极与水闸相似，是电流开关和流量大小的控制端。集电极相当于进水管，连接到具有强大压力的水泵上，电路中的电池就相当于自来水公司的水泵。发射极相当于出水口，连接到用水设备上。在电路中需要用三极管控制的用电器就连接到发射极上（有时串联在集电极上，效果也是一样的）。这就是3个引脚的作用，也可从此了解三极管的功能——开关和调节电流大小。只要把电池连接到集电极上，把用电器串联在集电极到发射极之间，再在基极上施加微小电流，就可让集电极的电流流入发射极，使用电器工作，比如让LED点亮。调节基极电流大小就能让LED的亮度发生变化。只需要调节基极那一点微小的电流，就能达到如此神奇的效果，难道你不想试试吗？我相信守在元器件盒边的你已经迫不及待了，那就先来做个实验吧。

首先，从套件中找到标有8050字样的三极管。有朋友会问了，元器件盒子里到底哪个是三极管呀？哈哈，问此问题说明你是个不喜欢探索的孩子，我说过三极管有3个引脚，那就先把元器件盒子里有3个引脚的元器件找出来。这时你会发现除了之前用过的电位器之外，只有一种东西是3个引脚的。如图2.23所示，三极管有一个黑色半圆柱形的“头”，并伸出3个等长的银灰色引脚。仔细观察会发现，在黑色“头”上印着一些文字，这就是你要找的三极管。与LED不同，三极管3个引脚的长度相等，不能用长度来区分引脚功能。区分引脚的方法是将黑头朝上、引脚朝下，印字的一面朝向你。此时最左边的引脚即是1脚（发射极e），中间是2脚（基极b），右边是3脚（集电极c），如图2.24所示。其中“e”“b”“c”是引脚英文名称的简写。目前许多电路图和资料上都会只标出简写字母，所以一定要记住它们。

图 2.23 一堆三极管

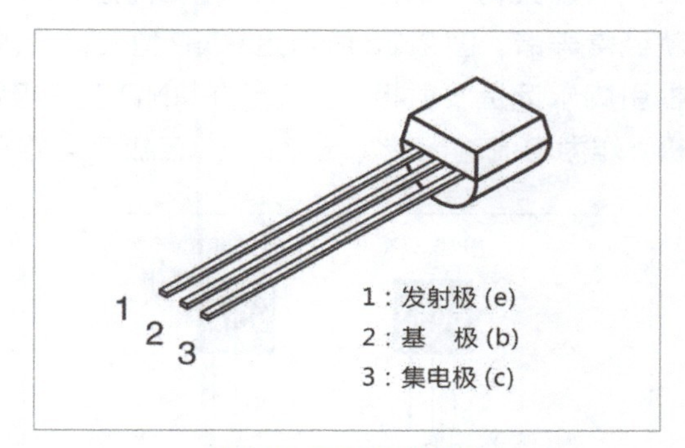

图 2.24 三极管引脚定义

三极管在出厂时引脚间距很小，幸好引脚的材料较软，在面包板上使用时，把3个引脚中左右两边的引脚向两侧弯出一段距离即可。另外，三极管印字上标出了生产厂商、型号和生产批次等信息。例如标字为“S8050”，其中“S”是三星公司的英文简写，“8050”指三极管的型号。有朋友问，三星不是生产手机和电视机的吗，怎么会生产三极管这种小东西呢？没有错，很多大品牌厂商都在生产不起眼的元器件。有朋友又问，三极管不就是用于开关和调节电流的吗？怎么还会分型号呢？其实就好像市场上出售的水龙头，也会分很多种类和型号，有家用的洗手池龙头、洗菜龙头等，根据需要的水量和用途来区分。三极管也是一样，有的具有很大的电流输出能力，有的具有精确调节电流大小的能力，还有的可以承受很高的电压。这些性能各异的三极管都靠型号来区分。比如“8050”是最常用的NPN型三极管。那什么是NPN型三极管呢？这个名字的来由涉及“PN结”的相关知识，但是“PN结”的知识对我们应用三极管来说并没有什么影响，有兴趣的朋友请自行搜索。NPN型三极管相当于常闭型水龙头，在没有用力打开水闸时，水龙头是关着的，这是最常见的水龙头样式。NPN型三极管在基极（b）没有电压或接地时，集电极到发射极间没有电流通过。这是正常的开关方式，很好理解。PNP型三极管则相当于常开水龙头，平时水一直流出，只有用力旋转水闸才会关闭，手一离开又会继续流水（呃，太浪费了）。PNP型三极管的基极没有电压或接地时，集电极和发射极就是导通的，只有当基极有一定电压（或说电流）时，集电极和发射极才会关掉（注意在PNP型三极管中发射极相当于进水管，集电极相当于出水口）。听上去好像水龙头坏了，但在电路制作中，这两种类型的三极管同等重要，下面会用实验证明给大家看。NPN和PNP，名字都是由N和P组成，很容易记错。在这里我分享一个记住它们的方法：NPN型相当于“正常”的水龙头，PNP型是特别场合使用的水龙头。只要记住开头字母是“N”则是“Normal”（正常的），是“P”则是“Particular”（特别的）。这一方法既可以记住种类又可以联想出三极管的工作原理，前提是英文要好。

如图2.25所示，NPN型三极管的常用型号是9013和8050，电路符号上的箭头朝外。PNP型的代表型号是9012和8550，电路符号上的箭头朝内。大家只要记住“正常”（NPN）的三极管箭头朝外就行了。最后还要注意NPN型和PNP型三极管电路符号上引脚位置的不同，我就经常弄错。图2.26所示是PNP型三极管画法的正误对比。请记住电路符号上标出箭头的那一根引脚永远是发射极e。只是在PNP型三极管上，用发射极e作为电流输入端（进水管），集电极c作为电流输出端（出水口），三极管电路符号上箭头的方向就是电流流动的正确方向。

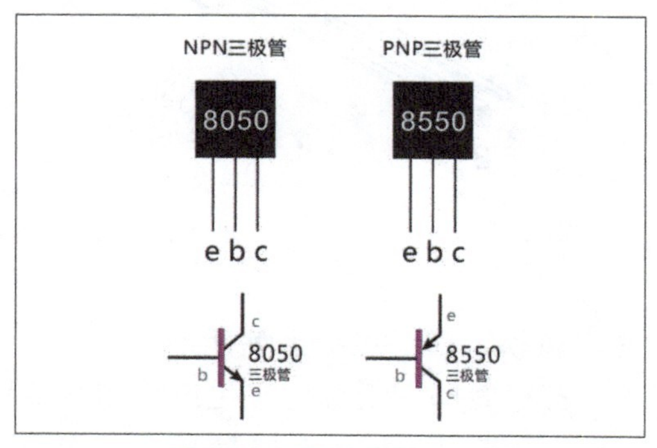

图 2.25 三极管电路图符号

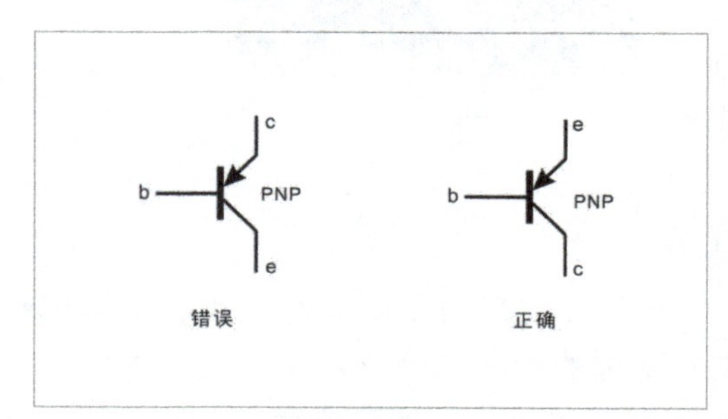

图 2.26 PNP 型三极管的易错画法对照

【实验与制作】

说完基础知识，下面做两个实验。在面包板上按照原理图插接下面两个电路，一个是NPN型三极管基极加电压时点亮LED的实验，另一个是PNP型三极管基极接地时点亮LED的实验。请按照图2.27所示的原理图制作。实验目的是让大家体验三极管的开关控制效果，同时熟悉NPN型和PNP型三极管在控制电路上的差异。

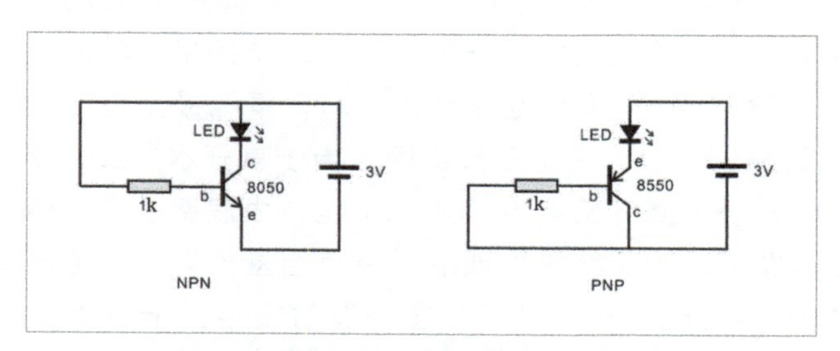

图 2.27 三极管控制 LED 实验的电路原理图

首先来做NPN型三极管的实验（见图2.28），连接电路后LED会点亮。就好像把电池直接连接到LED上一样亮。如果拔下1kΩ电阻，LED马上熄灭。然后在基极上接上导线，导线的另一端空置。伸出你的小手轻轻地触摸导线，你会发现非常奇异的现象：LED亮了，亮得很微弱。再用手指用力握紧导线，LED亮度变大了。原来我们手上有感应电流，利用人体的感应电流照样能触发基极，点亮LED。没有三极管的电路是不可能做到这一点的，只有三极管有用小电流控制大电流的能力。

图 2.28 NPN 三极管实验电路

图 2.29 PNP 三极管实验电路

接下来是PNP型三极管的实验（见图2.29），注意在插接时发射极和集电极在电路中的连接正好相反。如果没有把握，就完全按实物照片上的样子制作吧。做好后LED也会点亮，因为基极b与地（GND）连接着。若拔下1kΩ电阻，LED依然点亮。因为基极在不接任何电路时是悬空的，基极上没有电压，集电极和发射极依然导通。接着把基极电阻接上，然后把电阻接地一端接到正极上，LED马上熄灭。这也就是“特别的”三极管的“反向控制”功能，基极有电流反而不亮了。有朋友问，为什么要在基极上加电阻呢？直接接到正极（或接地）不行吗？这个问题问得好，我之前说过电池相当于水泵，基极相当于水闸。水闸要用手的力量转动，如果你把电池正极直接接到基极，相当于你用水泵的强大动力去转动水闸，后果就是水闸没转动，反而把水龙头弄坏了。基极可直接接地（因为接地无电流），但绝不可直接接到电源正极上，虽然三极管不会损坏，但也不能正常工作。

下面利用更多元器件来制作一个有趣的延时灯电路吧。图2.30所示是按键延时灯的电路原理。这是好玩且实用的电路，之前我讲过电容具有储存和释放电能的特性，这个电路利用电容充放电特性来控制三极管的开关。如果用按键控制，LED只会在按下按键时点亮，松开时熄灭。加上电容之后，按下按键时电池正、负极恰好接到电容正、负极，电容开始充电。松开按键后电容里储存的电能仍然通过电阻输入到基极，因为基极是控制端，消耗的电流小。电容里的电能会一点一点释放，LED则持续点亮。随着电容里的电量越来越少，LED也越来越暗，最终熄灭。这一慢放电过程会持续一段时间，实现延长时间的点亮效果（简称延时）。图2.31所示是在面包板上完成的电路实物。

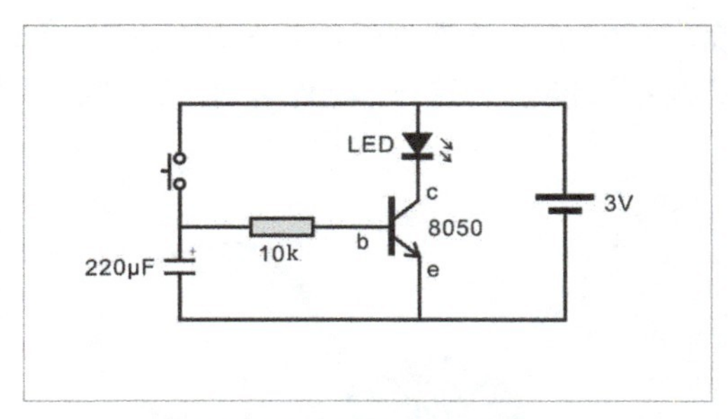

图 2.30 延时灯电路原理图

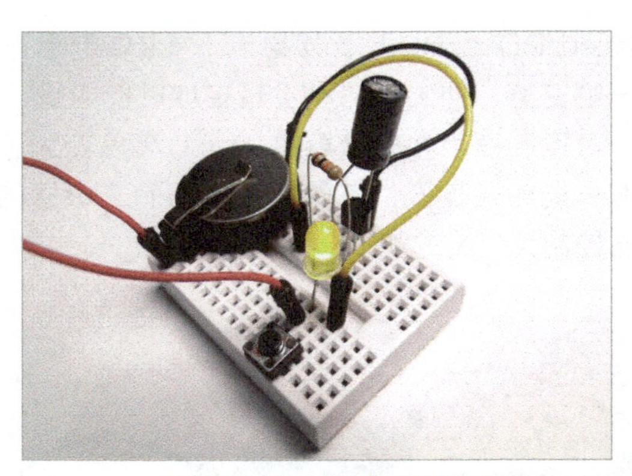
图 2.31 在面包板上制作的延时灯

这是可以应用在生活中的小制作，夜里起床上厕所，只要按一下微动开关，LED就会点亮，时间一到，它会慢慢熄灭。制作几个送给亲朋好友，这是多么新奇又实用的礼物呀。有朋友按照电路制作之后，可能感觉LED亮的时间不够久，希望亮的时间再长一些。请你改用其他的电容值，看看有什么变化。把电阻换成其他阻值，看看延时会不会变长。要想学好电子制作，不断探索是非常必要的功课。在探索过程中，你会感悟到每个部分对整体电路的影响，更会加深你对电路的理解。你在不断尝试的过程中会积累经验，在今后独立设计电路时，这些经验都是不可多得的财富。本节我们介绍的是三极管的开关控制功能，下节将介绍三极管的放大功能，可能相对有些难懂，大家要保持热情、继续努力哦！

2-6 三极管的放大电路

上一节我们了解了三极管的开关控制功能，在基极上施加小电流就能控制集电集和发射集上的大电流。三极管的开关功能非常常用，原理也很容易理解，在第三章中会有大量基于三极管开关功能的电路设计。而本节要讲的三极管放大功能则是一种特殊的应用，三极管放大电路能把小电压信号放大成大电压信号，就好像卡拉OK把我唱的歌声音放大一样，听上去是不是很神奇呢？可能有朋友会认为根本没必要放大电压，用更大的电池直接给输出端一个比较大的电压不就行了，为什么还要把小电压放大这么麻烦，其实三极管放大电路的目的不是为了提高电压，放大电路的目的是放大信号。信号是指电压波动的幅度。把小的波动幅度变成大的，例如说话的声音波动幅度和力量较小，但在KTV的大音箱中波动幅度更大、音量更大。三极管的放大电路属于模拟电路，模拟电路是指电压变化有很多状态的电路，与此相对，数字电路就是电压只有开、关两种状态的电路。理解三极管放大的原理和意义才能真正明白模拟电路。

【放大的本质】

“放大”从词意上讲就是把小的东西通过一种方式变大，生活中最常见的放大装置当属放大镜。放大镜能把图像放大，让我们看得更清楚，但放大后的图像形状不变。玩过放大镜的朋友也会偶然发现放大镜里的图像上下颠倒，但形状依然不变的情况，只是大小和方向变化了。电子电路中的放大也有着类似的情况。电子电路中的放大也指的是某一个或几个属性的放大，比如电流放大、电压放大、电阻放大（$R=U/I$，电压变大或电流变小）、功率放大（$P=UI$，电压、电流同时变大）。本质上就是电压和电流这两个参数的变化。可能有朋友会问，如果三极管只是放大电流和电压，那我们直接给输出端较大的电流和电压，是不是也能达到目的呢！比如说放大之前的电压是1V,放大之后的电压是5V，那不如直接加一个5V电压到输出端，既省去了放大电路，又达到了高电压的目的，不是很好吗？我在初学的时候，也曾有过这样的想法。不过转念一想，好像又不是那么回事儿。如果真是这样，前辈们应该早就发现了，怎么还会轮到初学的人来思考呢！我们的理解肯定有错误。比如我在用放大镜看地图，从物理学的角度，放大镜放大的是光线，但从人的角度讲，我放大的是地名和街道。这时如果你递来一只手电筒，并对我亲切地说："杜老师，不用再放大了，我这里有更强的光线"，你觉得我会开心吗？三极管放大也是同样的道理。表面上它放大的是电流和电压，但实际上人们所需要放大的是它承载的信息。

放大的本质是信息，信息由信号携带着，放大了信号也就放大了信息。再举一个例子吧，我们都知道助听器。它是给老年人和听力不佳者准备的，只要戴上它就能听到原来听不清楚的声音。我奶奶就耳背，经常戴着助听器。假如我对奶奶说："吃饭了"，"吃饭了"是一个信息，通知奶奶要走到餐厅用餐。这句话通过声波传到助听器里，这个声波就是信号，声波只是物理上的空气振动，助听器里的话筒接收振动，并把振动的强度放大几十倍、上百倍，再从听筒放出来。更强的空气振动刺激到奶奶的鼓膜，她听到了声音。但振动本身没有意义，也就是说奶奶不是要听到声音，而是要听清楚我在说什么。"吃饭了"这句话的含义才是事件的核心，也是助听器放大空气振动的本质。因为奶奶没有读心术，加上耳背，才使放大振动（放大信号）变得重要起来。

总之，信息是本质，信号是载体。在某些情况下，携带着信息的信号太微弱，必须加大到一定强度才能被人听到或认识到。这时就需要放大电路来发挥它的作用了。正是因为输入端的1V电压里有信息，电源上的5V电源虽然高，但没信息（或者说没有所需要的信息），所以要借助5V的电源把1V输入端里的信号放大，得到真正重要的信息。为了放大信息才放大信号，信号又是以电压和电流的形式呈现的，所以才要放大电流和电压。醉翁之意不在酒，而在山水之乐也！

【幅度和相位】

当你明白了放大的本质，下面研究一下放大的具体方法。信息在信号里，信号在电流和电压里。那怎么能在放大的同时又不损坏信息呢？要知道信息是会失真或损坏的。比如奶奶的助听器没电了，听筒里多了很多杂音。虽然"吃饭了"的声音也在里面，但奶奶还是听不清。如果助听器放大的强度太大，就会破音，同样听不清。由此可见，放大电流和电压可不是简单的事。让我们先来看看信息是以什么形式存放在电流和电压里的吧。

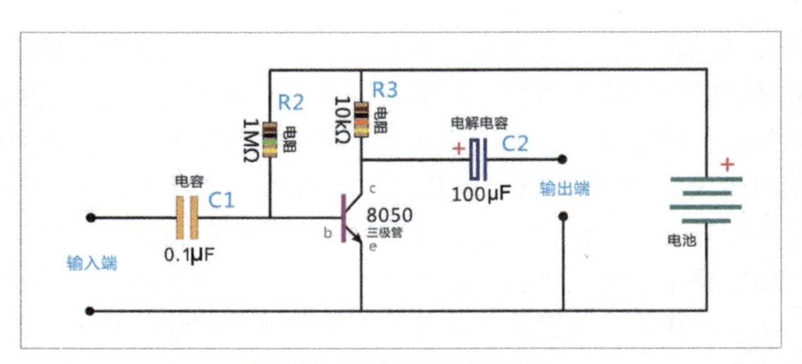

图 2.32 经典的三极管放大电路

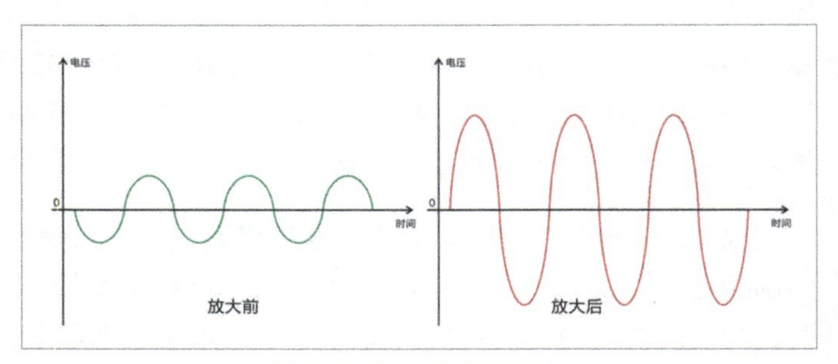

图 2.33 放大前后的波形对比

图2.32所示是一款经典的三极管放大电路原理。大概的工作原理是：需要放大的信号从“输入端”进入电路，经过电容C1滤波后进入三极管基极，R2是基极上拉电阻，使三极管进入放大状态。R3是集电极偏置电阻，让三极管有输出信号的能力。电容C2为输出滤波电容，信号经过滤波送到输出端。其中的三极管进入放大状态，我们后面会讲。图2.33所示是信号在输入端（左边绿线）和输出端（右边红线）的波形。请观察这两个信号有什么相同和差异。理论上说，相同的应该就是信息部分，因为信息是尽量不失真或丢失的，不同的应该是放大部分。为了更直观地对比，我把两个波形重叠在一起，如图2.34所示，重叠后最直观的差异应该是波形的幅度。在电压轴上，放大后的波形高峰和低谷都比放大前大很多。没错，这就是放大的功劳，三极管把电压波动幅度加大了，加大的比例就是“放大倍数”。另一个差异在时间轴上，放大前的波形起始处是下行到波谷，而输出波形起始处是上行到波峰。这使得波形好像照镜子一样，上下相反。这种特性有个学名叫“相位”，图2.34所示的波形“相位相同”，图2.35所示的波形“相位相反”。图2.32中的放大电路所输出的正是相位相反的波形。至于为什么会是这样，我们一会再说。

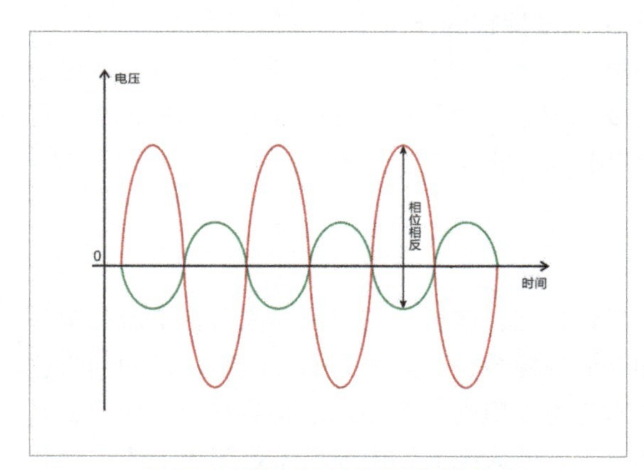

图 2.34 相位相同的放大前后波形对比

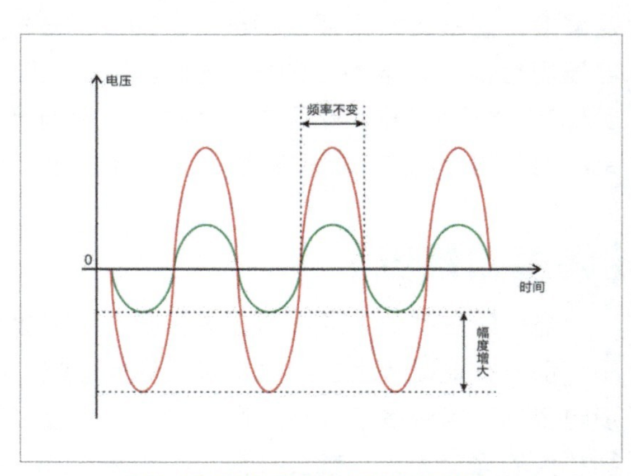

图 2.35 相位相反的放大前后波形对比

再以图2.35为例看看波形的相同之处。从两幅图中都能发现，无论相位相同还是相反，波形的幅度都会变大，但在时间轴上的频率不变（频率也可说成是周期、波峰或波谷的间距等）。

简单来说就是波形在电压轴上被拉伸了，在时间轴上不变。玩过PS软件的朋友很容易理解这个概念，图片横向不变、纵向拉伸。这便是放大电路的特性，即放大是在电压上的等比例增加，虽然相位有相同和相反之分，但电压变化在时间上是同步的。从信号携带信息的角度看，如果这个信号是声波，那么电压幅度增加会使音量变大，时间同步保留了声音的信息。这里要注意一点，音量也是原始信息的一部分，只是我们的目标就是要“破坏”这部分，使它增大。其实我们可以完全保持原始的音量，而去放大时间轴，让频率变大或变小，导致的效果就是音调变粗或变细。让人听不清说话的内容，或者不能辨别说话的人是谁。电视台经常用此方法保护那些不愿透露姓名的报料人。改变频率需要另一种更复杂的电路，不是放大电路了，暂不研究。

【放大的区域】

现在说说三极管的放大区域。在介绍图2.32所示的电路时，我提到三极管基极上加了一个上拉电阻，用来使三极管进入放大状态。其实三极管有3种状态，分别是截止、导通和介于二者的临界状态，图2.36所示是三极管3种状态与输入、输出电压的关系。比方说，输入端基极（b）上的电压小于0.6V时，输出端集电极（c）和发射极（e）就会断开，当基极电压大于1.2V时，输出端导通。那么，在完全截止和完全导通之间，存在一片临界区域。基极上的电压在这片区域变化时，集电极和发射极的导通率也会变化，既不是完全截止，也非完全导通，这是三极管的特性。注意以上说的0.6V和1.2V只是假设的参数，实际数值还需要复杂的理论计算，计算方法暂不介绍。

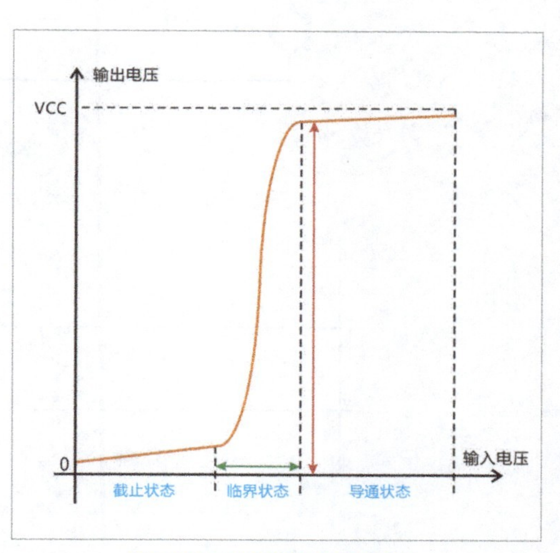

图 2.36 三极管的 3 种工作状态

放大电路正是利用了这一特性，想方设法让基极电压保持在临界区域，把一个弱小波动的原始信号送入基极，再在集电极和发射极上接高电压偏置电路。基极上的信号波动，在高电压偏置电路部分的电压会有更大幅度的波动，幅度取决于高电压偏置的电压值和三极管的放大倍数。只要能正确把握这两个参数，就能把小波动变成大波动，达到放大效果。

【信号的处理】

接下来以一个完整的电路为例，看看放大电路中的元器件都起了什么作用。如图2.37所示，电路中以话筒为信号采集传感器，R1是话筒的偏置电阻，给话筒一定的电压，当有声音输入时，话筒的正极上就会有微弱的电压波动，把声波转化成了电信号。接下来信号从话筒正极经过滤波电容C1送入三极管基极。为什么要加滤波电容呢？如图2.38所示，左边是滤波前的信号，右边是滤波后的。由此可见滤波之前的信号并不以0V为基准，而是在某个电压（虚线）上下波动。

这是因为电阻R1给了话筒一个电压，能让话筒工作，但对于三极管来说，这个较高的偏置电压会让它处在饱和导通状态。所以既要让话筒有偏置电压，又不能让这个电压影响基极。最好的办法是利用电容“通交阻直”的特性，只让话筒电路中波动的部分进入基极，最后让基极上的波形达到图2.38右侧的效果。

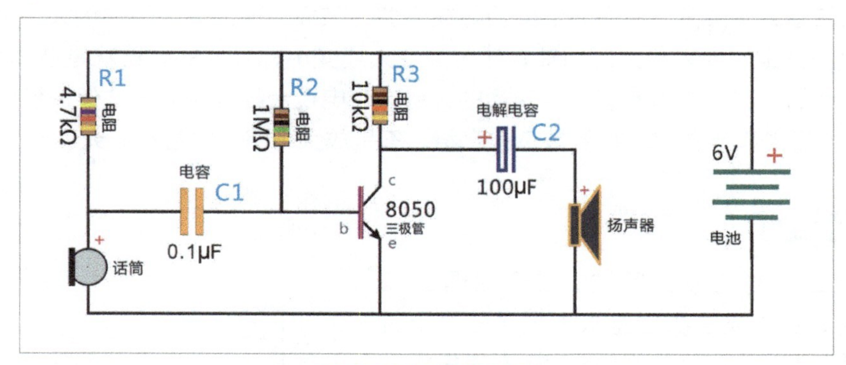

图 2.37 单管声频放大电路

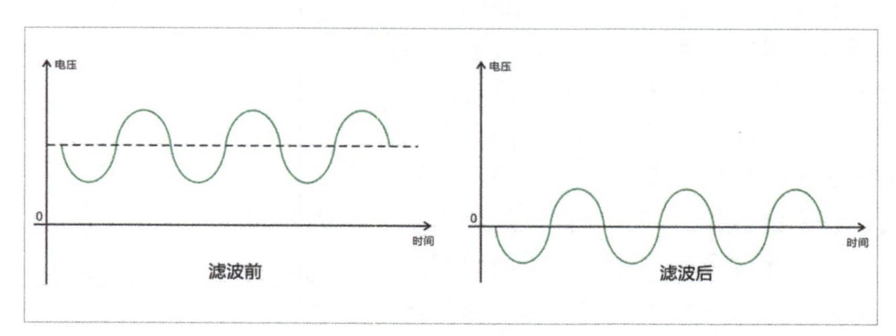

图 2.38 滤波前后对比

不过三极管基极没有偏置电压也不行，要想进入放大状态，就必须有一个较小的偏置电压。接一只大阻值电阻是最佳解决方案。R2就是滤波后的基极偏置电阻，经过一些公式计算，本电路中采用1MΩ的阻值最佳。接了R2的三极管进入了放大状态，把基极上的波动在集电极和发射集上表现出来。R3是输出端的偏置电阻，因为输出需要较高的电压波动，所以阻值会比R1小，这里采用了10kΩ。在集电极上连接的C2是输出端滤波电容，功能和C1相同。最终放大后的信号通过扬声器播放出来。有趣的部分来了，当基极进来一个上升波形的电压，会使集电极和发射极逐渐导通，结果集电极上的电压会降低（因为导通后接地）。输出的波形是下降的，反之亦然。这就解释了为什么会有相位相反的情况。一般情况下，相位并不影响信号和信息的效果，如果有特殊要求，可用两个三极管放大，就能得到相同相位的波形，负负得正嘛。需要说明的是图2.37所示的电路是为讲解而设计的，并不能实际制作。因为纽扣电池的输出电流太小，不能驱动扬声器发出足够大的声音。关于三极管放大还有很多话题可讲，比如三极管如何选型、放大倍数、如何防止失真等。因为现在我们的目标是入门，所以暂时先不研究太深。在第三章中会有部分使用三极管放大电路的制作实例，在实际制作中，也许你会对三极管放大有更多的体验，也会有更多的乐趣。

2-7 集成电路

【芯片简介】

电阻、电容、三极管之类都是相对独立的，各有各的功能，所以我们统称它们为“分立元器件”。与之相对的就是把众多分立元器件放在一起的集成电路。集成电路是把用分立元器件设计的电路压缩到一个体积很小的黑色塑料块里，把要与外部连接的接口（如电源、输入端、输出端）用金属引脚排列在塑料块的两侧。图2.39所示就是集成电路块，俗称芯片。芯片虽小，其内部放入几百万、几千万个分立元器件都不成问题。因为芯片是在一小片硅片上用精密的工艺刻出只有微米大小的二极管、三极管，而且在硅片上就把它们按照设计连接好了，所以不论芯片内部电路多复杂，我们看到的永远是一个小塑料块。你在本书中看到的所有电路设计，都可以放到芯片里面。比如你想制作一个LED闪光灯，只要把用三极管设计的闪灯电路（我们第三章会讲）放入芯片，只引出电源正、负极和一个输出引脚连接LED。只需要3个引脚，芯片是不是很牛、很酷！有朋友会问：那为什么我们还要学习分立元器件，直接教大家如何设计芯片内部的电路不就行了吗？哈哈，我也很希望这样，芯片的生产过程很复杂，需要专用的机器和技术，不是你我可以完成的。虽然目前可做到把使用者的电路定制到芯片里，但价格非常高。为了能让更多人用上便宜又好用的芯片，芯片生产厂商会把电子制作中比较通用的、常用的电路做成芯片，大批量生产，使价格降到几元钱。也就是说，你虽然不能定制芯片，但你可以在市场上找到最适合你、和你的电路功能类似的芯片。就好像定制西装很贵，但你能在服装店买到相对合身的西装，是一个道理。如今的芯片市场非常丰富，有上万种功能的芯片供你选择，如果某一芯片只能满足部分需求，那就试着在芯片外部加入分立元器件，或者把多个芯片组合使用。无论如何，使用芯片会大大降低电路难度和成本。本书选出了目前电子电路初学入门最需要掌握的5款芯片，它们的型号分别是NE555、LM386、CD4017、CD4069和CD4026，图2.40所示是它们的外观和引脚定义。

图 2.39 芯片的外观

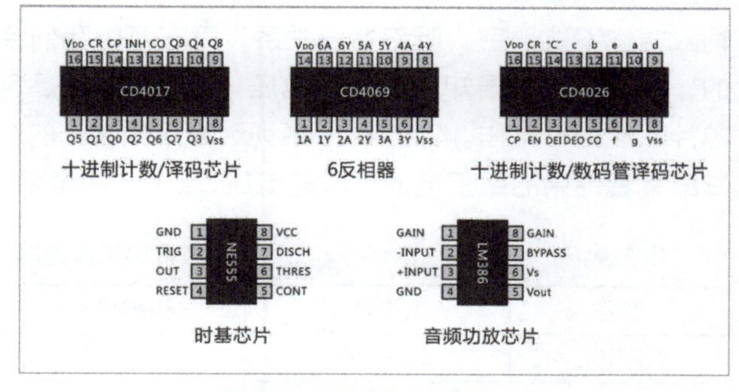

图 2.40 套件中的 5 款芯片

芯片在黑色塑料块的两侧引出两排（也有4排的）和分立元器件一样的引脚。引脚的数量有多有少，每个引脚的功能都不同。芯片的功能在塑料块上并没有标注，那我们怎么知道引脚的用途呢？这需要查找一份由芯片生产商编写的说明文件，我们叫它“数据手册”（Data sheet）。

任何芯片都有数据手册，在百度上搜索芯片型号即可找到。在数据手册上会写明芯片的功能、用途、工作电压、最大功率、引脚定义、封装尺寸等参数。可以说有了数据手册就能掌握芯片的一切，但目前生产芯片的大多是外国厂商，数据手册大多是英文版，只有部分被好人心翻译成中文版。即使是中文版，你也未必能看懂，因为其中都是专业术语，不会像本书一样用最通俗的语言讲给你听。学习芯片的使用，不仅要看数据手册，还得多参考制作实例才行。可以讲的芯片实在太多，这里我只讲一些芯片共有的特性吧，芯片运用的部分会在第三章中涉及。

引脚定义可以从数据手册里找到，可是我们怎么判断引脚的顺序呢，在国际上对芯片引脚有统一的规定。如图2.41所示，芯片塑料块的上表面有一个缺口，把缺口朝上，缺口左边最上方规定为第1脚，然后向下依次是2、3、4脚，一直到最底部。接下来到对侧最下边是5脚，然后往上是6、7、8脚。简单来说，就是从左上角到右上角按逆时针顺序排列。还有一些芯片上没有缺口，而是在第1脚的附近标一个圆点，其作用与缺口相同。认出引脚的顺序号，就能与数据手册对应，得出引脚的功能定义。

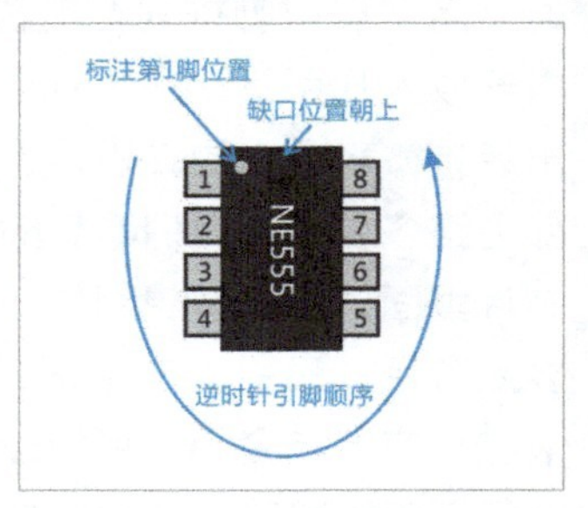

图 2.41 芯片引脚的识别

而芯片的型号通常也标在芯片的上表面，主型号会与生产相关信息放在一起，如果经验不多还真不太好分清。这个问题还真没有什么办法，我也是靠见多之后才能判断。一般主型号由代表生产商的字母前缀和代表型号的数字组成，如NE555，NE表示生产芯片的公司，555表示时基功能的芯片。假如你看到一款芯片型号是NE565，那意味着这款芯片和NE555是同一个厂商生产的。假如看到LM555，则表示同样是555时基芯片，不过是另一家公司生产的。哪家公司生产并不重要，大家应该学会一种敏感，在看到FN555、LM555、S555时，知道它们在功能上没有区别。不过CD4000系列芯片就不一样了，CD4000是一个芯片系列，包含了几百种功能的芯片，这一系列芯片有自己完整的体系，几乎可以满足各种应用。当你看到CD40XX的时候，你要知道这是CD4000系列的芯片之一。CD4000系列芯片是用CMOS工艺生产的（不需要了解此工艺），有着低功耗、宽电压的特性。但它的CMOS电平与TTL电平不太兼容，其输入端也不能悬空，听不懂没关系，第三章中我们会有所涉及。不是所有芯片的工作电压都一样的，在使用之前要知道其工作电压。表2.1所示是5款芯片的工作电压，只要在这个电压范围内芯片都能正常工作。CD4000系列因为采用统一的CMOS工艺，工作电压是一样的3~15V。本书配套套件中的纽扣电池串联的电压是6V，完全可以达到要求。

表2.1 5款芯片的工作电压

型号	工作电压	引脚数	功　能
NE555	4.5~18V	8	时基
LM386	4~12V	8	音频功放
CD4017	3~15V	16	十进制计数/译码
CD4069	3~15V	14	反相器（非门）
CD4026	3~15V	16	十进制计数/7段译码

【芯片在电路中的应用】

在第一章学画原理图的时候，我并没有介绍芯片的画法，现在讲到芯片就说一下。因为芯片的种类众多，引脚数量和功能都不同，所以没有统一固定的画法，通常是用一个矩形块表示芯片本身，在矩形内部写上型号，再在其四周画出多条线，线上标出引脚序号，即表示引脚。引脚序号不用按逆时针的顺序标注，允许根据电路图走线情况打乱顺序。图2.42所示是NE555芯片及周边电路，其引脚不按顺序也不用整齐排列，只要标明序号便可。每一个芯片都有它特定的功能应用，使用一款芯片前必须弄清芯片的功能和周边电路的连接方法，如果你在数据手册上找不到电路图，那就到网上搜索一下。因为每一款芯片都有先辈用过，并会把它们的周边电路设计分享到网络。图2.43所示的电路就是NE555最经典、最常用的时基电路的周边电路设计，最终效果是让接在第3脚上的LED按一定频率闪烁。

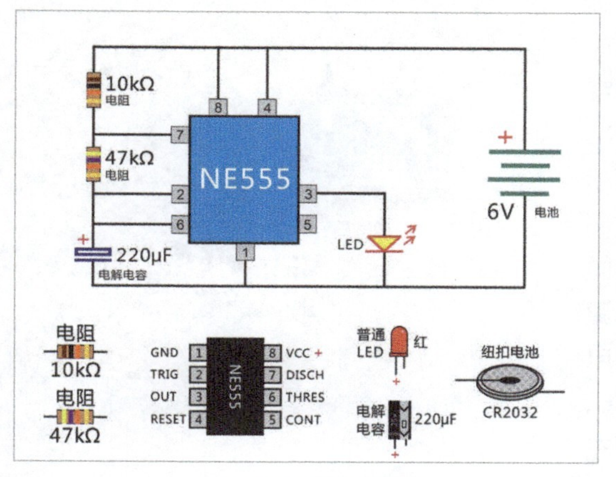

图 2.42 LED 闪灯电路

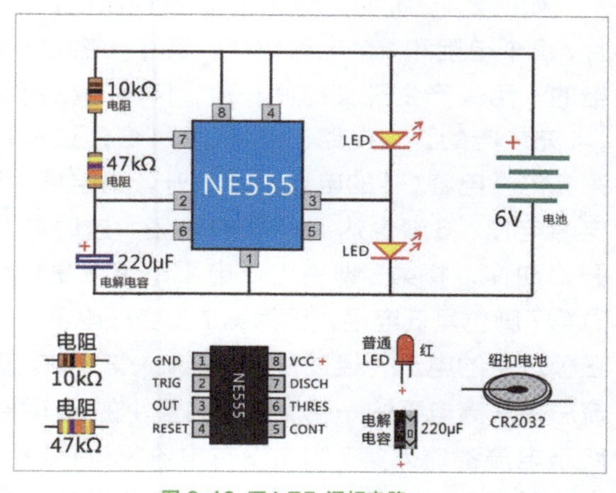

图 2.43 双 LED 闪灯电路

表2.2 NE555接口定义

引脚	输入/出	功能	说　明
1	--	GND	电源负极
2	输入	触发	此端电压小于1/3电源电压（$1/3V_{cc}$）时，输出端（3脚）输出高电平
3	输出	输出	最终电平输出接口
4	输入	复位	此端为低电平时，输出端输出低电平，且触发、阈值端不起作用
5	输入	控制电压	此端用于设置触发电平值（暂不使用，可忽略）
6	输入	阈值	此端电压大于2/3电源电压（$2/3V_{cc}$）时，输出端（3脚）输出低电平
7	输出	放电	当输出端（3脚）为低电平时，此端为低电平，可对连接电路放电
8	--	V_{cc}	连接4.5~18V电压的电源正极

时基电路说白了就是可以产生时间间隔频率的电路（时基电路也是无稳态电路，在第三章中会讲到）。比如时基电路设定时间是1s，那么一开始输出端会先输出低电平，1s后跳变成高电平，再过1s又变成低电平，如此循环便是间隔1s（1Hz）的时基信息。要想弄明白NE555是怎

么做到的，就要讲一讲其工作原理。表2.2所示是NE555的接口定义说明，从中能了解各引脚的功能。其中1和8脚是电源正、负极，接到4.5~18V电压的电源上就开始工作了。3脚是输出端，接在要控制的电路上（我们这里控制的是LED）。2脚是触发端，当2脚上的电压<电源电压1/3时（如用6V电池，则在<2V时触发），3脚输出高电平。一旦输出高电平，2脚就不再起作用了，如果想让3脚输出低电平就要用到6脚。6脚是阈值控制端，当6脚上的电压>电源电压2/3时（如用6V电池，则在<4V时触发），3脚输出低电平。一旦输出低电平，6脚也不再有效，再想输出高电压还要通过2脚触发。由于2脚和6脚分别是高、低电平触发，我们通常把它们接在一起使用。4脚是复位，为低电平时3脚将始终是低电平，所有功能失灵，直到4脚变回高电平。7脚是放电端，是用于外接电容放电的，它可使周边电路中的电容放电，是有特定作用的。给电容放电有什么用？它和时基频率有什么关系？想了解更多就要说说NE555时基电路的工作原理了。

如图2.42所示，NE555时基电路由NE555芯片、2个电阻和1个电容组成。其中电容C1是充放电的，用来产生开关时间长度。R1和R2是给电容C1充放电的。当电路工作时，C1会通过R1和R2来充电，电容C1的电压不断上升，当电压达到2/3电源电压，6脚也达到相同的电压。这时芯片内部开始动作，将第3脚输出低电平（也就是0V），同时第7脚也呈低电平。因为第7脚变低电平，从电源正极过来的电流，经过R1直接流入第7脚。因为电流总是从高电平的一端流到阻力最小的低电平一端。所示电流都流入第7脚，没有电流经过R2给C1充电。反而C1通过R2向第7脚放电，电容中的电量不断减少，电压不断下降。当C1电压<1/3电源电压时，与之连接的第2脚电压也低于此值。这时3脚输出高电平，同时7脚不再是低电平。现在电路又回到了刚开始的状态，C1重新充电，直到达到2/3电源电压。如此循环下去，C1的电压始终在1/3和2/3电源电压之间徘徊，造成3脚一会儿输出高电平，一会儿输出低电平，形成一定频率的电平变化。调节R2或C1的值能改变时基的频率时间。这就是产生时基频率的过程，是不是很神奇、很好玩呢！图2.43所示是在NE555的第3脚接2个LED的电路，通电后2个LED会交替闪烁，好像警车上的灯。图2.44所示是我在面包板上做的实物，请大家按照原理图在面包板上插接这款电路，可用两片纽扣电池串联出6V电源。只要你的电路连接正确、使用的元器件数值正确，便能制作出美丽的LED闪灯。成功后，再试着把R2和C1换用其他的数值，观察数值与闪烁速度之间有什么关系。这是你第一次使用芯片，请你一定带上十分的热情开始制作，它会带给你意想不到的惊喜。

图2.44 双LED闪烁面包板电路实物图

2-8 其他元器件

重要的元器件已经介绍完毕，本节把余下不常用或不言自明的元器件简单说两句。在第三章的实践中并不会统统用到，当你了解它们的特性之后，在制作过程中你有可能发散思维，创造新的用法。比如在报警电路中把按键换成光敏电阻，变成光线报警器；把按键换成热敏电阻，变成防火报警器。电子制作就像搭积木一样，电子元器件就是电子制作中的积木，任你改进和创造。

【按键】

按键也叫微动开关，是最常用的元器件，生活中经常能看到。按键大体分两种，一种是松开手后可以自动弹起的，叫无锁按键。还有一种是能保持当前状态的，叫自锁按键。手机的电源键、音量键就是无锁按键，手一松开，按键弹起。家里的墙壁上的电灯开关、电源插座上的开关，手动打开后就保持在打开状态，自己锁定在那里，就是自锁按键。按键、开关、微动开关都用来表述同一种东西，但习惯上还是有差别。比如墙壁上的电灯开关叫开关，手机上的按键叫按键，微动开关可以表示无锁的和自锁的，但不加说明时通常表示无锁的，按键也表示无锁的。如果想表示带有锁定功能的，要说自锁按键或自锁微动开关。

那么按键属于什么分类呢？感觉按键好像是独立门户，和LED、电阻、光敏电阻什么的都不同，但换个角度看，按键属于传感器。光敏电阻是感知光线的，大家明白它是传感器。而按键所感知的是人手或物理的按压，可以理解为压力传感器。按键不能得出压力值，只能感知松开和按下两个状态。正因为它状态简单且又是专用于人手按压，所以没有归属到压力传感器（通常压力传感器都用于感知物理的压力值），而单独拿出分类。其他传感器是把外部变化转换成电阻值或电容值的变化，而按键只有导通和断开两个变化，严格地说属于电阻值变化，要么是0Ω（导通），要么是无穷大（断开）。图2.45所示是用按键控制LED的电路，按下按键，三极管基极为高电平，三极管处于导通状态，LED亮。有朋友会认为这个设计有些多余，直接把电池、LED和按键串联不是更简单吗？没有错，但你那是外行的思路。图2.45所示的电路是把按键当成传感器，用传感器的思路设计。各位千万不要小看思路，说到底，会不会设计电路，关键就是看有没有内行思路。如上所讲，我希望大家能看到按键的本质，转变思维，在按键设计上有所创新。

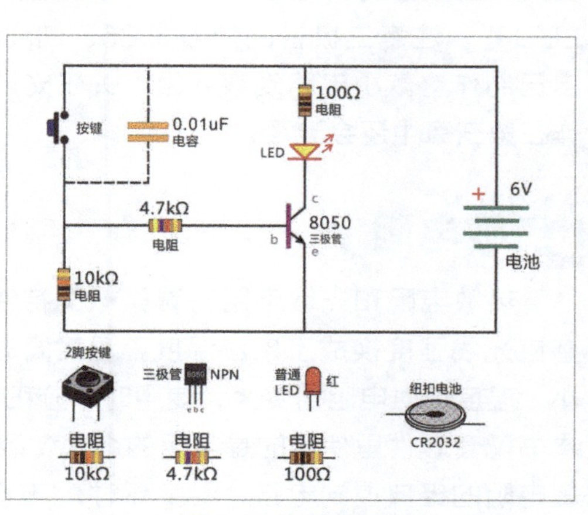

图 2.45 按键灯电路

本书配套套件里使用的是6mm×6mm×5mm（长×宽×高）的普通微动开关，下方有2个引脚。还有一种有4个引脚，其中每两个是并用的，而不是有两路开关。微动开关在电路制作中存在一个问题，那就是开关按下时会有“啪”声。问题不是扰民，而是有声音表示有振动，机械结构产生振动。振动使按键内部的金属触点瞬间反复接触，如果不加处理会出现失灵或多次触发的情况。换用机械结构复杂的高级按键可以解决，但成本太高。最佳的方案是在按键电路上并联一只0.01μF电容，如图2.45中虚线部分所示。之前讲过，电容可以滤除波动，正好消除了振动导致的反复接触。之所以用0.01μF是实验得出的结果，如果你的效果不理想，可换用0.1μF或其他电容值测试。按键的原理非常简单，可说的就这些了。

【光敏电阻】

光敏电阻是通过光线强弱来改变其自身电阻值的传感器。与按键不同，光敏电阻不是只能感知有光和无光，而是能把光线的强弱变成不同的电阻值。光线强时，电阻值变小；光线弱时，电阻值变大。光敏电阻有很多种型号，从LG5506到LG5569共8种，使用时不分正、负极。它们有着不同的感光能力，初学者不用了解各型号的差别，本书配套套件所使用的型号是LG5547，它的感光度适中，适合日常光线下的电子制作。图2.46所示是光敏小夜灯电路，光敏电阻控制LED的亮灭。有光时光敏电阻的阻值变小，三极管基极为高电平，三极管处于截止（断开）状态，LED不亮。无光时光敏电阻值变大，三极管基极为低电平，三极管处于导通状态，LED亮。注意三极管的型号是8550哦，大家可以自己制作这款小电路观察效果。关于光敏电阻的制作在第三章中还会涉及。

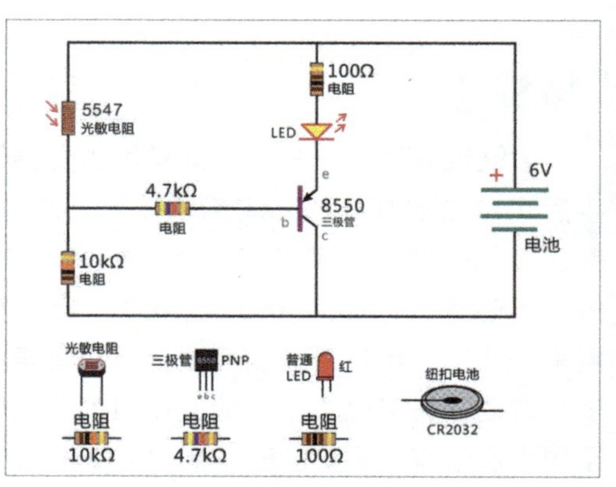

图 2.46 光敏小夜灯电路

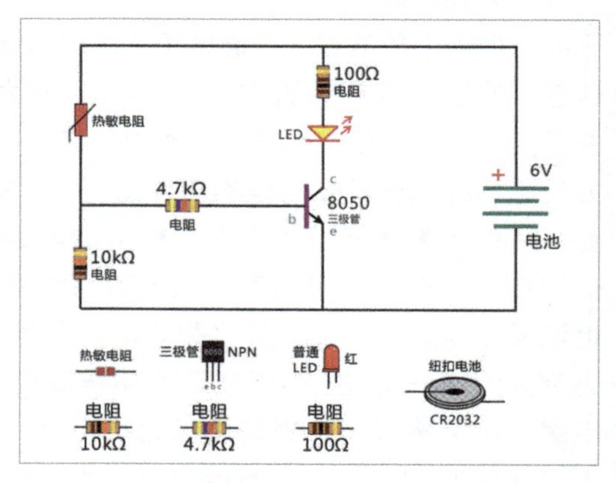

图 2.47 温控灯电路

【热敏电阻】

热敏电阻和光敏电阻有着类似的特性，只是把感应光线强度换成了感应温度，温度高时电阻值变小，温度低时电阻值变大，使用时不分正、负极。热敏电阻也有很多型号，阻值为1 ~ 100kΩ，本书配套套件里使用的是常用的10kΩ阻值热敏电阻，可用于防火报警电路。图2.47所示是热敏电阻的经典控制电路，温度高时，LED亮。热敏电阻的外观和二极管很像，但二极管上有型号印字，热敏电阻上没有，可据此区别。

【干簧管与磁铁】

干簧管是磁控的开关，当有磁性物体靠近时，管内的金属片导通，可算作磁性传感器。它和按键一样，只能感知导通和断开两种状态，经常当作非接触式开关使用。比如在门框上装一只干簧管，在门板上装一块磁铁，关门时磁铁靠近干簧管，干簧管闭合；开门时磁铁离开，干簧管断开。由此可判断门的状态，制作开门计数器或防盗器。图2.48所示是磁控LED的电路原理，磁铁靠近时，LED不亮；磁铁远离时，LED亮。如果把磁铁换成电磁，铁感应也是有效的。干簧管本身的玻璃管很脆弱，使用时要倍加小心。

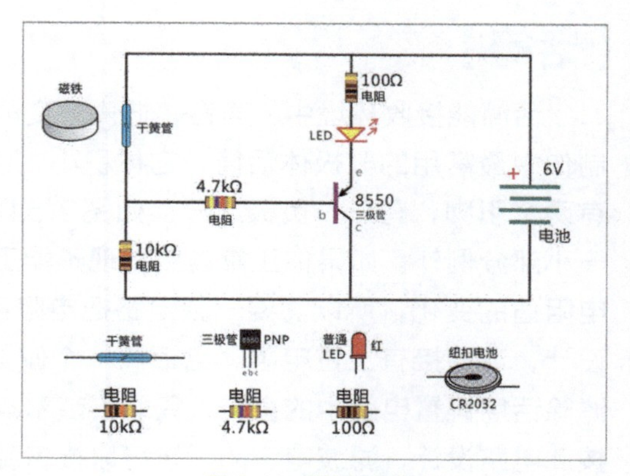

图 2.48　磁控灯电路

【蜂鸣器】

蜂鸣器是可以自己发出声音的器件，本书配套套件里的蜂鸣器在连接到4~6V电源时会发出大约1kHz的声音。要知道，使用扬声器（喇叭）发出声音需要有产生频率的电路才行，而蜂鸣器内置了频率发生电路，简化了电路设计。图2.49所示是一款经典的光控报警器电路，电路平时放在不透光的盒子里，有人打开盒子，报警器就会响。大家注意蜂鸣器的连接位置，它和LED不同，不需要加限流电阻，只要电源电压在4~6V即可。市场上的蜂鸣器有很多型号，驱动电压也不同，有的是3V，有的是5V，还有12V的，发声频率也可选择。通电自己发声的叫“有源蜂鸣器”，注意有源蜂鸣器的引脚有正、负极之分。还有一种外观相似但需要外部提供频率才能发声（没有内置频率发生电路）的，叫作“无源蜂鸣器”。有源蜂鸣器内置的发声电路的频率是固定的，不能修改；无源蜂鸣器因为要外置频率发声电路，可以修改频率，发出不同频率的声音。前者电路简化，后者声音丰富。本书配套套件中的是有源蜂鸣器，在第三章的实例中多使用LED，你可以把LED换成蜂鸣器，也许会有新体验。

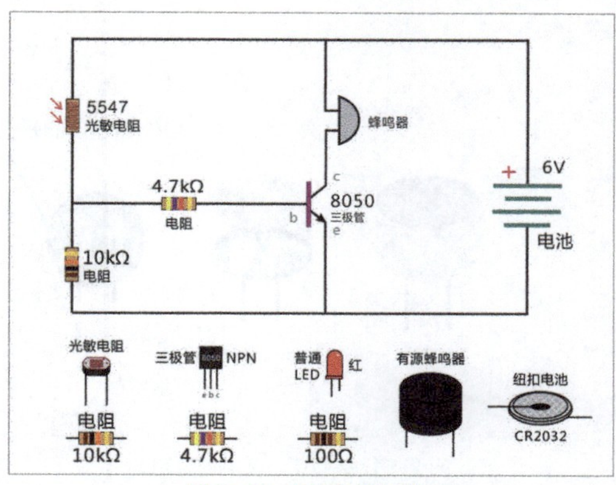

图 2.49　光控报警电路

【扬声器】

有源蜂鸣器只能发出某个固定频率的声音，而扬声器能发出任何声音。蜂鸣器主要用于报警或闹钟之类的制作，扬声器主要用于发出人声或音乐。家里的音响、听歌的耳机用的都是扬声器。扬声器型号很多，主要参数是阻抗，有8Ω、16Ω、32Ω等，阻抗越小，功率越大。还有扬声器的尺寸有大有小，发声的频率范围也不一样。扬声器也有正、负极之分，但这一要求并不严格，接反也可以正常工作。作为初学者来说，不需要了解这么多，只要知道扬声器的电路要怎样制作即可。图2.50所示是电路中使用扬声器的必要设计，因为在音源的部分有部分直流电压，而扬声器不能有直流电压进入，否则长时间使用会导致损坏。电路中串联一只大电容，可以滤掉前级电路中的直流（借助电容的通交阻直特性），保护扬声器。在第三章中我们会介绍用LM386驱动扬声器的电路实例。

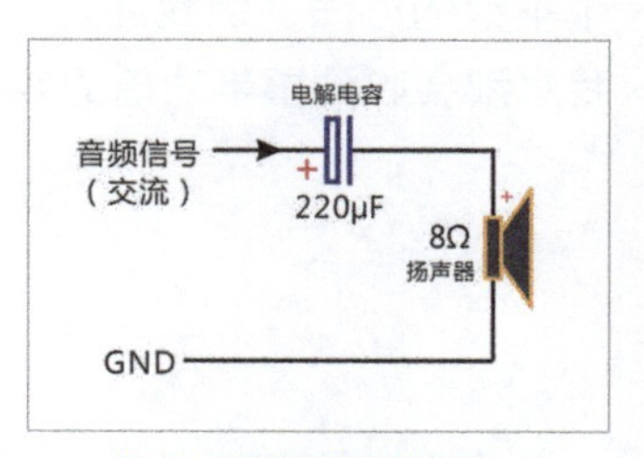

图 2.50　扬声器滤波电路

【话筒】

话筒能接收环境中的声音，把声波变成随着声波波动的交流电信号。本书中所使用的是电子制作中最常用的驻极体话筒，它体积小、价格低、电路设计简单。驻极体话筒（以下简称话筒）有两个引脚，有正、负极之分。如图2.51所示，话筒背面引脚中与外壳相连的是负极，但也有一小部分例外。如果你正常连接发现不能工作，可以试着反接正、负极。因为话筒是把声波变成电阻值的变化，所以需要一款电路把电阻值转换成电压值。图2.52所示是话筒在电路中的必要设计，话筒接有上拉电阻，给话筒一个偏置电压，阻值可在4.7~10kΩ。图中的0.1μF电容可滤除话筒偏置电路中的直流，只剩下随着声波波动的交流信号。今后凡遇见使用驻极体话筒都要按此电路设计，滤波电容的后端可以接各种音频信号的处理电路。第三章会有几款实例用到话筒的声控电路，到时你会更熟悉它的使用方法。

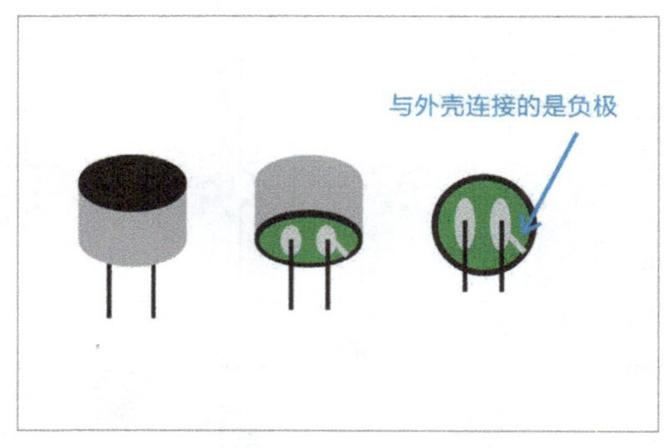

图 2.51 话筒正、负极的识别

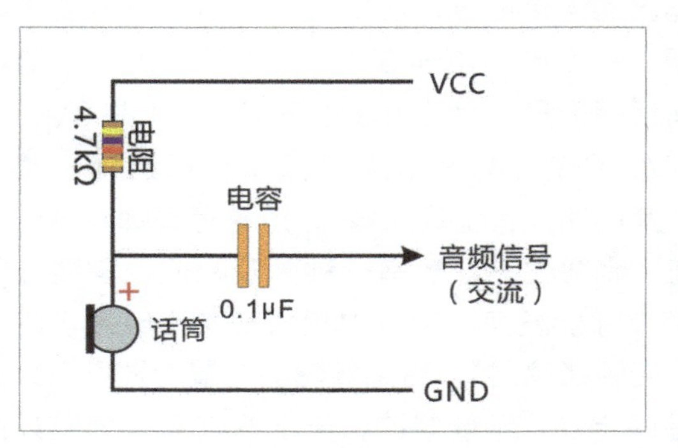

图 2.52 话筒的偏置电压电路

好了，关于元器件的常用知识就说到这里，所讲并不是元器件的全部知识。在开始制作之前，我不希望让大家死记硬背，动手实际操作才是一切的开始。第二章所讲的是必要的基础知识和注意事项，是为防止在实际制作中出错的。如果你想了解关于元器件的全部知识，上网搜索是个不错的办法。但我还是推荐大家先开始第三章的制作，然后再带着过程中遇见的问题去搜索，我想那会收到事半功倍的效果。

第三章　巧制作

经过第一章无目的地的玩耍和第二章全面系统的学习，你一定做好了准备，对电子制作充满信心。本章我们就正式开始制作啦。不过，我并不想像其他入门书那样把大量的制作实例堆叠上来，虽然那样很省事，但读者从中学不到东西。我希望本章中的所有制作实例都是不断进步的。从NE555的呼吸灯到三极管声控灯，每一节内容既独立又关联，连续看下来，你不但能学到某个电路的制作方法，还能明白从设计的角度如何设计电路、如何解决问题。这是我最希望达到的效果。因为学习电子制作的目的不是照本宣科，我们希望有自己的设计，希望发展创新。只有从设计的角度思考，掌握电路设计的思路和原理，才是真正学会了电子制作，才能任意自如地发挥你的想象力和创造力。基于这样的理念，我在大部分小节的最后留下了思考题，有的给出了答案，有的没有。如果你想学会电路设计，那就不看答案，独立思考，给出你的设计方案吧。刚开始可能会很困难，但越到后面，你越会发现你的独立思考能力有了明显提升。真的是这样吗？用你的行动来证明吧！

3-1 NE555呼吸灯

有时我在想，电路的结构与世界万物的结构非常类似。物质世界有最基本的原子，电路中有最基础的PN结；多个原子组成一定功能的分子，电路中多个PN结组成二极管、三极管等元器件；分子由复杂的结构组成细胞，多种元器件合在一起形成多种经典电路；众多细胞变化成物竞天择、适者生存的生物世界，还出现了智能与文明，而电路中多种经典电路巧妙结合，形成无限可能、无限创新的实用电路制作。生物世界数以亿计，电子电路变化万千。进入电子制作的世界里，你不会感觉寂寞和限制，前人的经验为你所用，前方有了无尽的乐趣和新奇。我想这就是电子制作的魅力所在，也是电子爱好者们前进的原动力。

在本书第一章中，我们通过自由的实验了解了元器件的基础知识和特性。第二章介绍了元器件在电路当中的经典设计。从第三章开始，我们将综合前两章所学的内容，学习独立自主的电路设计与创新。我相信，大家学习电子制作的目的是有一天能设计出自己的电路，用在实际生活中。至少我在初学时就有这样的想法，而如今我算是达到了目的。回头想想，我从什么时候开始自己设计电路的呢？应该是在模仿制作了大量现有的电路之后，从中得到了启发。当我要设计一款电路时，自然而然地会想到之前所见过的类似设计，在它们的基础上加入我的改进。所以我认为让初学电路的你更多地“参观”有启发性的实例非常重要。第三章的内容将把我所知的最精彩、最好玩的电路设计分享给大家，请你按照我的思路学习，认真完成每个制作后面的思考题。这不仅有助于你的创新能力的提升，还很好玩呢！

【呼吸效果的电路】

在第二章中，我们学到了NE555制作的LED闪灯。LED在电容充放电的作用下有规律地闪烁。但闪烁的效果是LED突然点亮和突然熄灭，瞬间变化具有冲刺力，能引起注意。而今天我们要尝试用数模电路来制作LED呼吸灯，顾名思义，呼吸灯要像人的呼吸一样逐渐过渡。最终达到的效果是上电后LED渐渐变亮，达到最亮后保持几秒，然后渐渐变暗直到熄灭，熄灭几秒后又渐渐由暗变亮，如此反复循环。循环的速度适当的话，LED看上去就好像人的呼吸一样，一吐一吸，流畅自然。那要怎么用数模电路做到呢？

如果把刚才用语言描述的呼吸效果用波形表示，你会看到几个倒扣的碗。如图3.1所示，上电后LED渐渐变亮（A点到B点），当达到最亮后保持几钟（B点到C点），然后渐渐变暗直到熄灭（C点到D点）。熄灭几秒后（D点到E点）又渐渐变亮（E点到F点），一直循环下去（F点到后面的更多点）。用数模电路让LED亮度变化的方法是控制流过LED的电流，即控制LED两端的电压，从0V慢慢升到6V（如果用6V电源的话），再从6V慢慢降到0V。想想什么样的电路能达到电压逐渐变化呢？

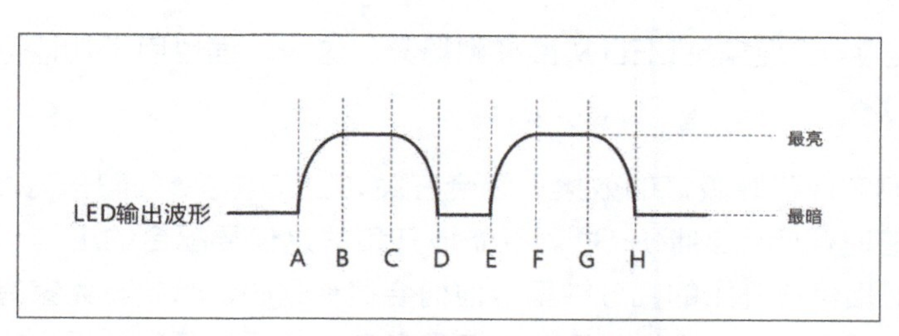

图 3.1 LED 输出波形

没错，我们想到了电容。电容拥有充电、放电的特性，每当它开始充电或放电时，都会让电压逐渐变化。电容常被用于电路稳压，正因为电压在电容上不能突变，只能慢慢变化。而现在我们利用这一特性，让LED的亮度慢慢变化。于是我设计了图3.2所示的电路。电路中使用三极管VT1驱动LED，R5是一个阻流电阻，用来决定LED的最高亮度。之所以用三极管，是为了用小电流控制LED。三极管的好处就是在基极（b）上加一个很小的电流就可以控制集电极（c）和发射极（e）上的大电流。只要在基极（b）上加一个小电容就行了，否则要给LED串联电容值非常大的电容才能达到同样的效果。三极管就像汽车的油门，轻轻踩一下就能释放出强大的动力。若没有油门，真不知换用多少头牛才能拉着汽车在公路上飞奔。

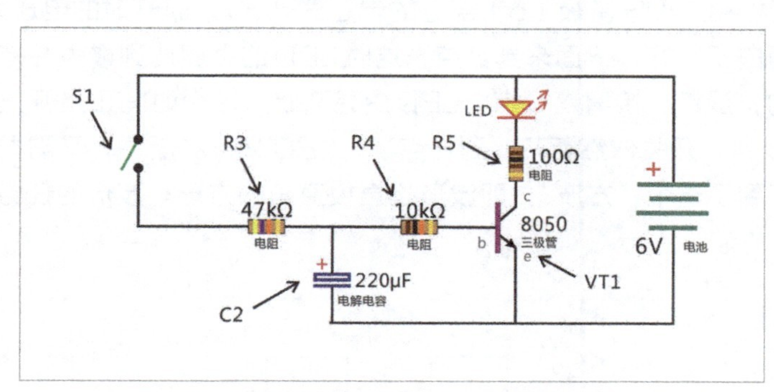

图 3.2 电容慢慢充放电控制 LED 亮度的电路

如图3.2所示，在三极管的基极上串联两个电阻R3和R4，在电阻中间接一个电容C2，这便是用于“慢慢变化”的神器。在电阻R3另一端连接着开关S1，开关另一端连接到电源正极，那里有从电池中来的取之不尽的强大电流。一旦开关闭合，电流顺势而下流向电容C2和三极管VT1，电路开始工作。为什么要加两个电阻呢？一个电阻还不够限流吗？其实问题不在限流，注意看电阻的位置，电阻R3和R4分别在电容C2的两边，R3是限制C2充电的。从开关S1过来的电流经R3后变成涓涓细流，让电容慢慢充电。电阻R4则横在电容与三极管之间，限制电容放电。有了R3和R4，电容充放电的过程变慢了，选择不同的电阻值会有不同的充放电时间。现在，当开关S1闭合时，电流源源不断地流入电容，电容充电。电容电压从0V慢慢升到6V，此时与电容连接在同一条线上的三极管基极电压也和电容电压一同升高，现象是LED从灭到最亮，这一过程用了几秒钟。接下来断开S1，C2失去了电流的来源，VT1基极又在不断地吸食电流。于是电容电量不断减少，电压从6V下降到0V（其实不到0V，当下降到低于三极管基极最低导通电压时就停止放电了)。现象是LED从最亮到熄灭，这一过程也用了几秒(对时间的控制是电阻R3和R4的功劳)。

好了，现在我们实现了呼吸灯的效果：闭合开关，LED渐亮；断开开关，LED渐暗。我们需要做的是在适当的时候闭合或断开S1。不断地开和关是你要配合的工作。如果你很忙，那就请亲戚朋友帮忙吧。相信在开始的几分钟里，他们会很有耐心。哈哈，大家有没有感觉上了我的当？当初我只说要做呼吸灯，并没说是手动的还是自动的，反正呼吸效果出来了。若是你真的不希望把生命浪费在“呼吸之间”，那就继续探索吧，设计一个自动开关的电路出来。

【自动开关的电路】

下面的工作是赋予LED以生命，让它自主呼吸起来。要怎么做呢？首先还是要看一下波形图。要知道在设计电路之前，用一些波形图、示意图把你的设计目标表达出来是很有效的方法。从图纸上分析，可以发现我们所需要的电路是什么。正如下面要研究的图3.3中，我把未来的“自动开关”所要有的工作状态与LED输出波形联系在一起，这样对应起来看可知：在A点时，LED需要渐亮，这时闭合开关，波形上是由低到高的过程。注意，图中把开关闭合时用6V表示，意思是闭合时电容正极和三极管基极(b)部分的电压达到6V，断开时的电压为0V。为什么要这样表示？后面就会明白了。好，下面来到B点，这时LED的亮度达到最大并持续几秒钟。这段时间开关依然是闭合的，没错。接着是C点，LED由亮渐暗，这个时间正是开关断开的时刻。到达D点，LED熄灭几秒钟，开关依然断开。到E点了，LED又一次渐亮，又需要闭合开关了。然后你猜怎么样？我们得到了一个“方波”，即波形是直棱直角的方形。波形的任务完成了，接下来思考：什么东西能产生方波。

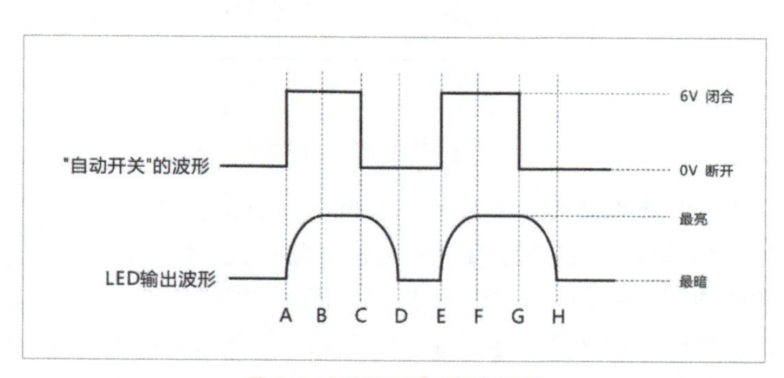

图 3.3 “自动开关”的波形分析

产生方波的电路有很多，但我们目前学过的只有一种，没错，那就是NE555芯片。刚才我说过NE555可以让LED突然点亮或熄灭，实际上这就是方波的效果。理论上只要用NE555代替S1开关的部分就能做到自动开关，实际上是否可行？图3.4所示的电路非常简单，这是NE555最经典的外围电路。电路由NE555芯片、2个电阻和1个电容组成。其中电容C1是充放电的，用来产生开关时间长度。R1和R2是给电容C1充放电的。当电路工作时，C1会通过R1和R2来充电。看看这两个电阻的数值，是不是很熟悉？它们的数值和前文介绍的R3和R4

相同。俗话说：幸福的电路总有很多相似之处。通电后电容C1的电压不断上升，当电压达到较高值（一般是电源电压的2/3）时，NE555的6脚也达到相同的电压。这时NE555芯片内部开始动作，第3脚输出低电平（也就是0V），同时第7脚也呈低电平（0V）。因为第7脚变低电平了，从电源正极过来的电流，经过R1直接流入第7脚。因为电流总是从高电平的一端流到最近、阻力最小的低电平一端。电流都流入第7脚了，也就没有电流经过R2给C1充电。反而只有C1通过R2向第7脚放电。当C1上的电压小于某个值（一般是电源电压的1/3）时，与之连接的第2脚电压也低于此值。这时NE555第3脚输出高电平，同时让第7脚不再是低电平。现在电路又回到了刚开始的状态，C1重新充电。如此循环下去，C1的电压始终在1/3和2/3电源电压之间徘徊，造成NE555芯片的第3脚输出稳定的方波。调节R2或C1的值可以调节方波的周期。现在“自动开关”就完成了。

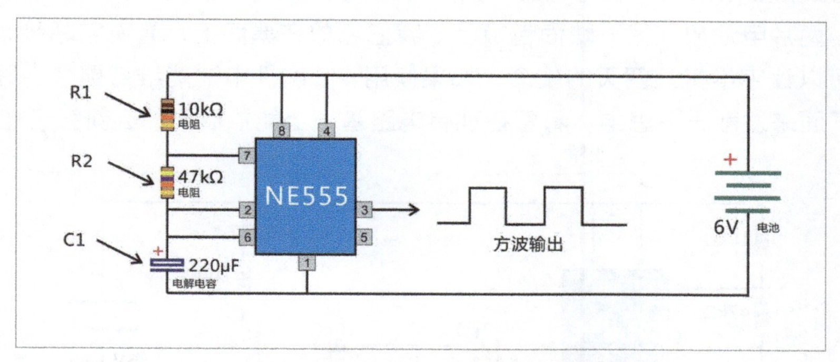

图 3.4 NE555 输出方波的电路示意图

【自动开关与呼吸效果的组合】

有了呼吸灯电路，也有了自动开关电路，接下来是把它们有效地组合起来。其实我们所制作的绝大部分电路是由一些功能电路单元组合而成的，每个功能电路单元又由元器件个体组成。就好像细胞组成器官，器官再组合成人体一样。作为一名有设计能力的电子爱好者，会调试功能电路只能得50分，会把多个功能电路组合成可用的整体设计才能得100分。不过今天你走运了，上文讲到的2种电路组合起来并不难。NE555所产生的输出只有第3脚，而呼吸部分的输入是电容C1与三极管VT1基极连接的那条线。

我们来分析一下，NE555输出的是什么，呼吸部分电路输入的又是什么？NE555输出的是方波，低电平的电压是0V，高电平的电压是6V（电源电压）。了解NE555芯片的朋友都知道，第3脚在高电平时可以输出大电流，这一点很重要，因为呼吸灯输入端需要大一点的电流进来。如输入电流太小，就不能及时给C2充电。另外，呼吸部分所需要输入的开关电压分别是0V（渐暗时）和6V（渐亮时）。如此看来，NE555输出与呼吸灯输入是完全兼容的。如果它们的电压、电流不一样就不能直接连接，需要加入转换电路或重新选择电路方案。请看图3.5，将两种电路组合，只要把NE555第3脚直接连到R3一端，同时把两个电路中的电源连在一起就行了。需要注意的是：两种电路之间可以使用不同的电源，但它们的地线（GND）必须连接在一起，保证有共同的基准电压，不然电路无法工作。

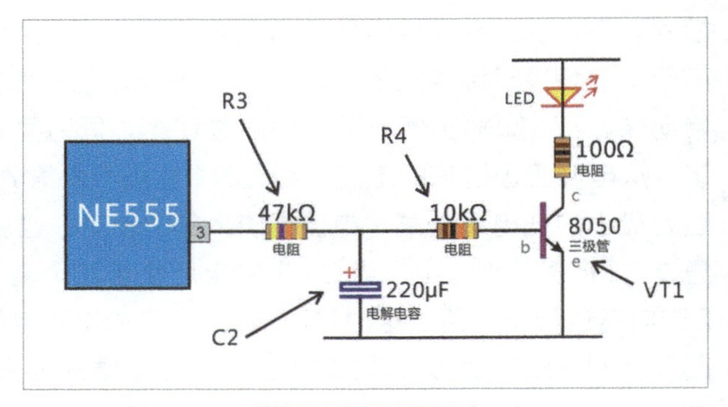

图 3.5 两种电路的组合

图3.6所示是组合后的完整电路，还用6V电池作电源。为了电路图画起来美观，我把NE555引脚位置打乱了，在实际制作时可对照下边的元器件实物。在电路中，变换R2的值可调节自动开关的延时时间，变换R3可调节渐亮时间（充电时间），变换R4可调节渐暗时间（放电时间），变换R5可调节LED亮度。图3.7所示是参照图3.6在小面包板上插出来的呼吸灯电路。我用的是黄色LED，我喜欢黄色，暖暖的。制作好的电路体积很小，两片电池放在另一块面包板上。我把它放在桌面上，看着它呼吸，好像沉睡的孩子。纽扣电池可以让它维持三四天的生命，如果换用4节碱性电池能维持更久。呼吸灯电路做好了，自动的。下面来发散一下思维，看看在现有电路基础上能扩展出什么新鲜玩意儿。

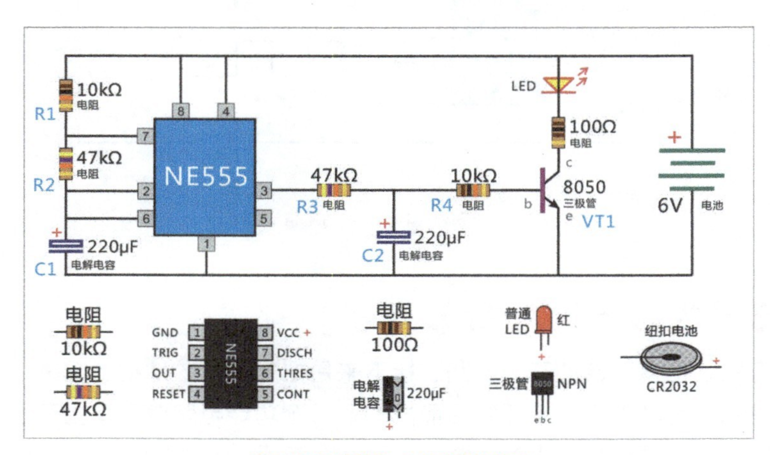

图 3.6 原版电路，LED 呼吸效果

图 3.7 在面包板上组建的呼吸灯电路

【发现更多可能】

呼吸灯做完了，就不想加点新功能吗？比如让它渐暗但突亮，比如让它白天不亮晚上亮。每一个电路都有它扩展的空间，只要你有发现的眼睛。给大家讲两个改进的例子吧，首先是渐暗突亮。与之前不同的是“突亮”，突然点亮，中间省去不断变亮的过程。这种呼吸效果多出现在闪烁的指示灯上，突亮之后渐暗会有一种特殊的视觉感受。那要怎么做到呢？先想想，突亮和什么有关。嗯，应该是和控制渐亮的部分有关。那就是上文提到过的电阻R3，那是控制充电速度的，如果把R3去掉是不是就能瞬间充电，达到突亮效果呢？于是我在做好的呼吸灯电路上把R3拔下来，用导线代替。可是结果并不是想象的样子，LED虽然突亮，但也突灭了。呼吸灯变成了闪烁灯，失败！问题出在什么地方？分析一下电路可知，NE555第3脚不仅在高电平时有大电流输出，而在变成低电平时也有很强的电流吸收能力，相当于接地。也就是说去掉R3的电路中，NE555第3脚变成高电平时，电容C2快速充电。当第3脚变成低电平时，电容C2存的电又反被第3脚快速放掉了，结果就是突亮突灭。

解决之道是在第3脚为高电平时，直接连接到电容C2上。当第3脚为低电平时，断开第3脚与电容C2的连接。最简单的方法是加个开关，还是手动断开或闭合，再找来你的亲朋好友帮忙吧，哈哈。若还想让它自动开关，就要想想有什么电路或元器件可以在输出电流时相当于连通，在吸入电流时相当于断开。想一想，可以输出但不输入，让电流只向一边流动的是什么？没错，是二极管。只要把电阻R3换成二极管，当第3脚为高电平时，电流很轻松地通过二极管为电容C2充电。当第3脚是低电平时，电容C2的电流想被第3脚吸收，却被二极管阻挡，如此一来即实现了突亮渐灭。为此我另画了一张电路图，请看图3.8。

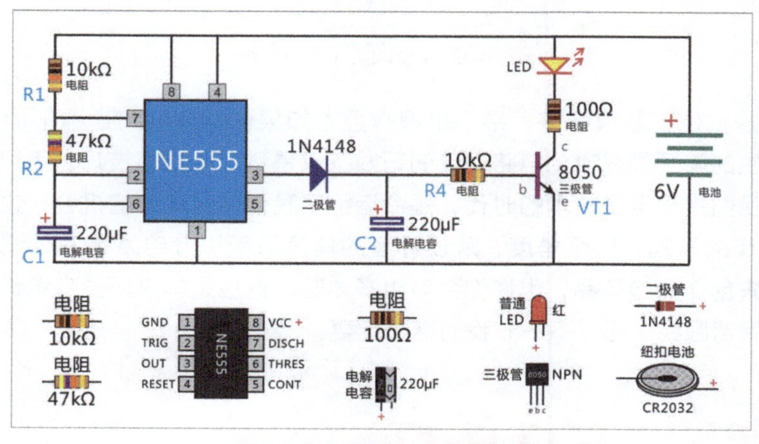

图 3.8　加入二极管，突亮渐灭效果

接下来扩展一下呼吸灯可在夜晚呼吸、白天熄灭的功能。想一想，怎么让呼吸只在晚上进行，也就是说怎么让呼吸灯知道“什么时候是晚上”。最容易想到的方法是给呼吸灯戴块手表，让它知道时间。可是时钟电路很复杂，而且专为一个小制作加入高成本的时钟不值得。有没有更便宜的办法？想一想，白天和晚上有什么区别呢？白天有阳光，晚上没有。如果能让呼吸灯检测环境中是否有光，是不是就能解决问题呢？可以检测光线的有光敏电阻或光敏二极管。我们手边正好就有光敏电阻，无光时光敏电阻的阻值很大，有光时阻值变小。光敏电阻把光的强度变化变成了电阻值的大小变化，可是怎么制作检测电阻值变化的电路，又要把光敏电路放在哪里呢？

为光敏电路设计一个功能电路是有必要的，这又一次体现了电路组合的必要性。不过我有了更好的办法，即利用NE555自有特性，那便是NE555的第4脚：复位（RESET）。第4脚一旦被置于低电平，就会让芯片停止工作，同时第3脚一直处于低电平。后面的呼吸电路部分也停止工作，达到我们想要的效果。利用这一特性，我只在第4脚和电源负极（GND）之间加一个光敏电阻，问题就解决了。注意图3.9中光敏电阻加入的位置。有光的时候第4脚被光敏电阻拉到低电平，整个电路不工作，LED熄灭。光线暗时，第4脚回到高电平，灯开始呼吸。原来想一想就头痛的问题，这么轻易地就解决了。真是造化弄人呀！

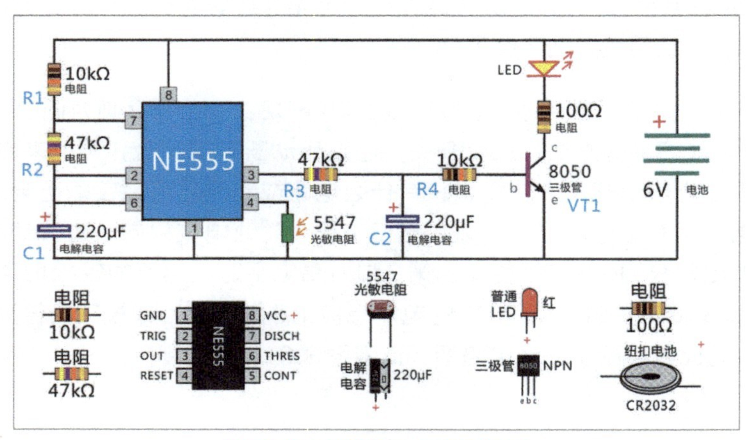

图 3.9 加入光敏电阻，白天停止呼吸

是不是很巧妙，是不是很神奇，是不是很有趣？如果你能体会到这种不能用语言形容的美感，那你必是天生的电子爱好者。电路设计的巧妙不仅是科学，更有技巧。不只是制作美观，还有设计的妙想。我们生于电子技术的时代，是命运给了我们享受美妙的机会，也是你的热情和努力带给你电子制作的乐趣。换个角度，从设计者的角度重新思考电路是怎么设计出来的，就好像从画家的角度去创作一幅精品，也许你会有更多体验。这也是本书所要带给你的感受。若有感受，若有兴趣，就请跟我来吧，下一节我们继续玩耍。

3-2 声控LED闪灯

上一节我们制作了有规律的呼吸灯，也许它能陪伴你入眠，这一节我们来设计一款音乐闪灯电路吧。这是我很喜欢的一款小制作，简单又有趣。电路做好后，装上电池，把它放在桌上。不论是说话还是放音乐，LED都会随着声音的强弱而闪烁，好似声音的风铃。若是多制作几个，换上不同颜色的LED，摆成一个形状，会有更多意想不到的效果。这款电路的制作方法非常简单，只由2个三极管、1个电容、4个电阻和1只微型话筒（驻极体话筒）组成，接上电池就能工作。重点在于怎样把元器件按照一种“正确”的方法连接成功，这个“正确”的方法就是本节需要介绍和分析的。元器件虽然少，但在电路原理上，电路分为4个部分：电源、话筒处理、声音放大、LED驱动。电源依然是2片CR2032纽扣电池，它们串联起来提供6V电压。接下来让我们按由简到难的次序分析各电路部分。

【LED驱动部分】

LED驱动电路比较简单，使用一个三极管作为LED的控制开关。在图3.10中，R4是LED的限流电阻，更改R4的阻值能改变LED亮度，LED的颜色和大小可以看你的喜好而定。R5是三极管基极的限流电阻，因为三极管基极不能有太高的电流和电压，否则三极管会失灵。在基极输入端要接音频控制LED闪烁的电路，现在我们还不知道要怎么做（我假装不知道），于是用一个开关S1来代替声音控制的部分。当我手动把S1闭合，三极管VT2的基极（b）呈高电平，此时集电极（c）和发射极（e）导通，LED点亮。同理，当把S1断开，LED熄灭。快速地反复开关S1，LED就会闪烁。现在我只要做到在我发出声音的同时快速地反复开关S1，一款声控LED闪灯就做好了，而且还是“人工智能”的（人类控制的）。如果你不想花高成本雇人来开关S1，那就需要用电子电路来替换S1，用电路实现S1的开关。那要怎么做到呢？还是用NE555芯片吗？

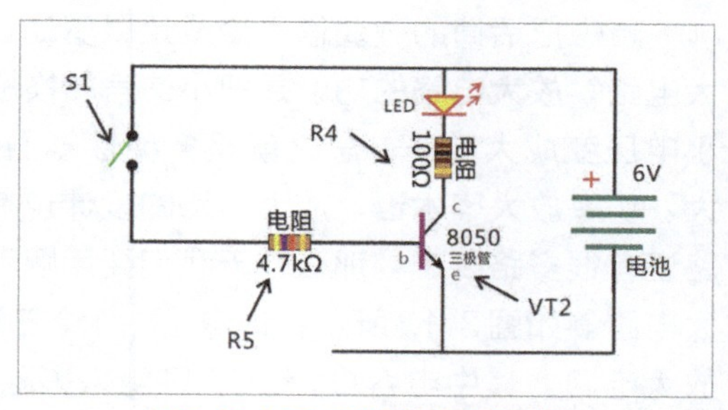

图 3.10 LED 驱动部分电路示意图

【话筒的处理】

怎么让声音变换成开关？我们自然想到生活中常见的一种东西，那就是声控延时灯。它多出现在居民楼的楼梯间或公共卫生间。当我们走到有灯的地方，轻轻咳一声，灯就会亮1min左右。这是一个很好的设计，节能环保的同时还帮助清痰。声控延时灯有一个关键的部件是话筒，在手机、录音机和KTV包间里都有，只是声控延时灯用的话筒很小。这种话筒叫驻极体话筒，当话筒收到声音时，话筒两个引脚间的电压和电流就会有变化，这些变化便是声音的电信号。话筒要怎么参与到电路当中来呢？我刚说过，声音的振动最终变成引脚上电压和电流的变化，首先需要给话筒加上电流和电压，然后再把电压输出给后面的电路。给话筒加上电压，最简单的办法是把话筒的2个引脚直接接到电池正、负极上。不过这样一来话筒的电压就变成电池的电压，电源电压的输出能力太强大，话筒的波动很难测得出来。要想容易测出话筒的波动，就要让话筒上的电压和电流都小一点，在电池和话筒之间串联电阻可以达到目的。有了电阻之后，电源的稳定电压被电阻隔开，电压变化在电阻与话筒之间的部分就能正常输出了。如图3.11所示，电阻R1把电池与话筒隔离开来，在电阻和话筒中间引出一条导线，用于后面的

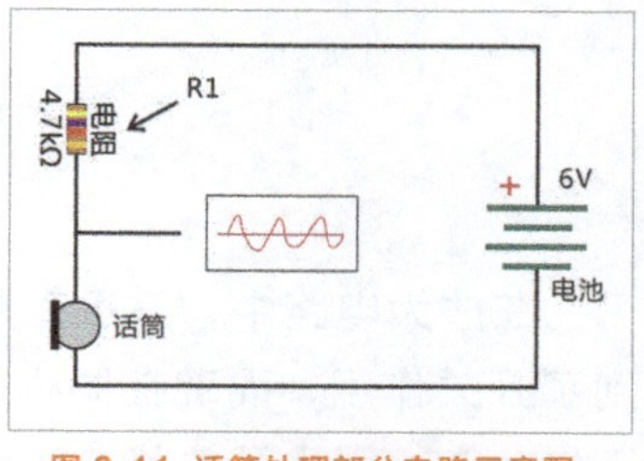

图 3.11 话筒处理部分电路示意图

电路连接。若R1阻值太大，话筒得不到足够电压；若R1阻值太小，输出电压变化就不明显。这里可选择4.7 ~ 10kΩ 的电阻。好了，我们可以从话筒处理电路的输出端得到微弱电压变化的声音电信号，我在图3.11中画了一个波形图，意在表示声音振动作用于话筒所产生的电压波动。这么小的电压波动，是不可能让LED闪烁的。若想让话筒控制LED，必须得到更大的电压波动幅度才行，那要怎么做呢？

【信号放大】

若想把话筒的微弱信号变成足以驱动LED的强大信号（信号也指电流和电压），就要加入放大电路。放大电路的功能是把小信号转换成大信号，也就是将小幅度的波形变成大幅度波形，把小电压变成大电压，总之就是各种性能的扩大。放大电路有很多种，一般我们常会听到运算放大、功率放大等术语。放大电路的设计也有很多，放大的倍数也不同。如果想彻底地了解放大电路还有很多路要走。那么今天我们要用哪种放大电路呢？当然是最简单的一种：单只三极管的放大电路。如图3.12所示，该电路由1个三极管、2个电容和2个电阻构成，是一款简单又经典的放大电路。其中电容C1和C2是用来去除直流电压的。我们要放大的是声音电信号波形，也就是交流信号。所以输入部分必须是纯正的交流信号才行，于是在放大电路的输入和输出部分加上电容，阻隔直流、通过交流。话筒处理电路输出的部分有直流电压，这个电压能让话筒处于工作状态，电容具有阻隔直流、通过交流的特性，用它正好把两个电路部分有效地分隔开。

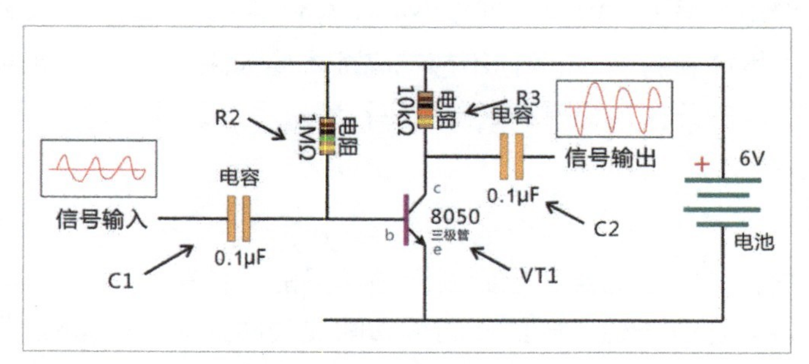

图 3.12 信号放大部分电路示意图

在放大电路中，三极管是真正用于放大的器件。但我们知道，三极管在LED驱动电路中起到了开关作用，而现在同样的三极管却要用来放大。其中的关键在于三极管有放大和开关两种工作状态，用于开关状态时就用图3.10所示的接法，用于放大电路时就用图3.12所示的接法。在信号输入和输出端都有一个去除直流的电容，三极管的基极（b）上有一个阻值比较大的上拉电阻，而在集电极（c）上也有一个较小的电阻。这样的连接就让三极管处在了放大状态，可以放大交流信号了。而放大的波形正好与输入的波形上下相反，不过没关系，只要放大了信号，可以驱动LED就行。为了让电阻取材容易，我选择了1MΩ 和10kΩ 的电阻值，做出来的效果很不错。

【电路合体】

现在我们有话筒处理电路、放大电路、LED驱动电路，接下来就是把它们组合起来，完成声控LED闪灯。第一步是话筒处理电路和放大电路的组合，话筒处理电路输出的是带有直流电压的声音电信号波形，通过放大电路上的电容C1去除直流部分，只剩下纯正的交流信号。纯正的微弱的交流信号被送入三极管基极，放大后输出强大的交流信号。这个信号再送入LED驱动电路，让LED随着声音闪烁。这里在组合上有一个改动，就是去掉了放大电路中的C2，因为三极管VT2用的是三极管的开关功能，不需要用电容隔离直流电压，只有使用三极管的放大功能时才加电容隔离。另外电阻R5是一个输入限流电阻，防止输入电流过大。可是在放大电路输出端已经有了电阻R3，R3正好起到限流作用，那么R5也可以省去了，而且省去的效果会更好一些。

好，现在让我们从波形的角度再看一遍整个电路。首先声音从话筒传入，经过电阻R1为话筒施加工作电压。话筒收到声音时产生微弱的电压波动，波动经过C1后滤掉了R1施加的直流电压，余下话筒产生的波动电压。图3.13最左边的波形图就是经过C1之后的波形，波动很小（相对于右边两个）。接下来波形进入三极管放大电路，经过放大（放大倍数一般在110倍左右）出现了较大的电压和电流，波动幅度变大，波形和放大之前上下相反，这一结果是由放大电路特性决定的，不过在我们的应用当中并不介意这一点。如果你以后遇到一定要与输入波形一致的电路设计要求，只要在放大电路的输出端再加一个同样的放大电路就行了，经过二次放大，负负就得正了。图3.13中间的波形图就是放大后输出波形，幅度大了很多。最后就是把放大后的波形送到LED驱动电路。电路中省去了R5和C2，使得放大电路的输出直接连到LED驱动电路的输入端。结果就是三极管VT2处在了开关状态，LED呈现亮和灭两种状态。所以图3.13最右边的波形图可以看出，LED亮度变化近似于方波。最终，微弱的声波推动了LED闪烁。

至此我们完成了声控LED闪灯电路，完整电路原理如图3.14所示。为方便初学者对应元器件实物，我在原理图下面加上实物图的样子。电源可采用2片CR2032纽扣电池。纽扣电池体积小、电流也小，不会因为制作错误而损坏元器件，但缺点是用上一星期就没电了。建议先用纽扣电池做实验，一旦经验丰富，再改用大容量电池或USB电源供电。换上自己喜好的LED，再把电路装入外壳里，或者更浪漫地装在布娃娃嘴巴的部分，有人说话，布娃娃的嘴就闪来闪去，蛮有趣的。图3.15所示是我在面包板上制作的声控LED闪灯，喜欢吗？喜欢就快快行动起来吧。

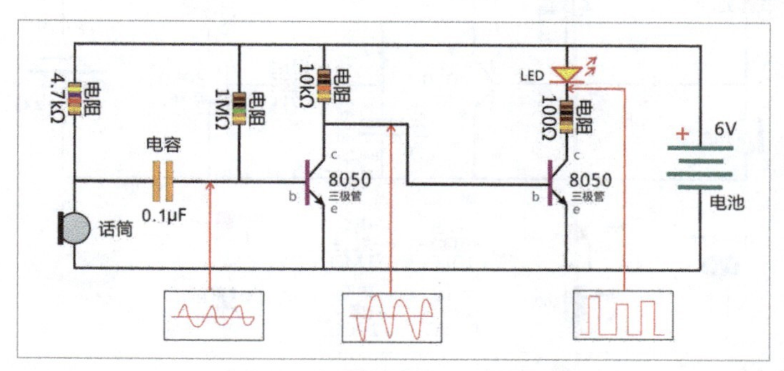

图 3.13 组合电路示意图及各段波形图

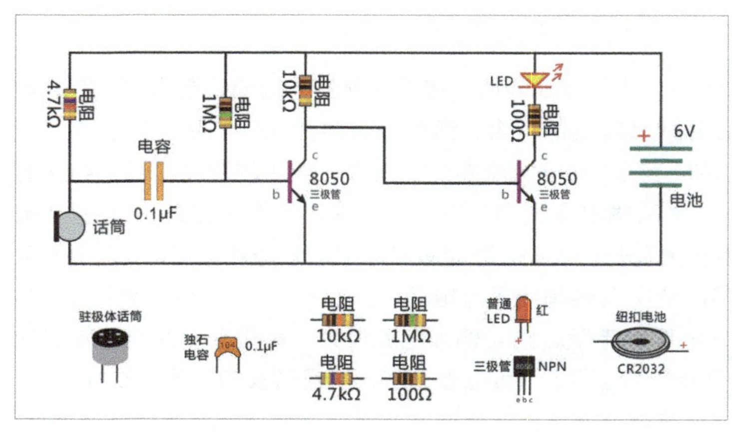

图 3.14　声控 LED 闪灯电路示意图

图 3.15　面包板上的闪灯电路

【发现更多可能】

按照惯例又到了发散思维的时间了，看看加什么元器件能扩展出电路的新功能。上文我提到了楼道里常见的声控延时灯，从大体上看它与声控LED闪灯很像。因为都有灯，都用到话筒，也都是用声音控制灯的亮灭，只是控制的时间长短不同。那能否改造一下，在现有电路基础上让LED延时熄灭呢？说到延时，大家想到什么？泥石流？哦，那是“岩石”而不是“延时”。延时特性需要的是电容，电容的充放电过程让电路上的电压缓慢变化，这一特性正好实现延时。可是电容接在哪里呢？接在话筒处理电路？那会让输入的微弱波形消失。接在放大电路的前端？那会让波形变得更弱。只有接在LED驱动电路的输入端是最好的选择。还要把之前被省去的电阻R5请回来，因为R5能起到限制电流的作用，让电路慢慢放电，达到延时效果。图3.16所示是声控延时灯的电路原理，电容加在放大电路输出端和电池负极（GND）之间。延时长度由新加入的电容和R5的值决定，你可以用它们调整延时时间。一旦完成，只要对着话筒喊一嗓子，LED就会点亮一段时间，最后慢慢熄灭。加一个电容，完全改变了电路的功能，是不是很奇妙呢！

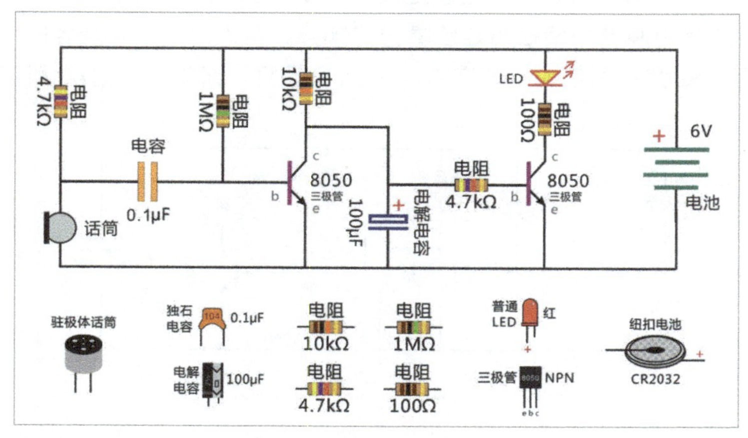

图 3.16　声控延时灯电路原理图

3-3 用CD4017制作流水灯

【认识CD4017】

一提到流水灯，大家总会想到单片机入门。因为学习单片机的朋友都会从流水灯电路开始学习。流水灯电路在单片机上很容易实现，只要了解I/O接口的操作，处理好延时与LED点亮顺序就能做出流水灯效果。可如果用电子电路来实现同样的效果，你会怎么做呢？下面就来介绍一款由数字电路芯片制作的流水灯电路，体验电子电路的设计之美。什么是流水灯？说白了就是用一串LED制作出灯光的流动效果。比如有10个LED，左边的第1个LED先亮，过1s后左边第2个LED点亮，第1个熄灭。再过1s，第3个点亮，第2个熄灭，以此类推，不断循环。如果10个LED的颜色相同，在视觉上就会造成灯光从左向右移动的错觉。这种装置在20世界80年代很受欢迎，不过科技发展到今天，全彩LED屏幕都已普及，流水灯自然多了些乡土气息。我想不论技术怎么进步，流水灯多么俗套，它都是电子爱好者入门的理想实验，当你学有所成之时，应该会和小伙伴们一起缅怀制作流水灯的日子。

在电子电路中能实现流水灯的方法不多，最常用的是十进制计数器/译码器芯片CD4017。CD4017并不是专用于流水灯的芯片，它只是众多CD40系列芯片中的一员，在其他芯片的配合下完成工作。各大芯片生产厂商把一些经典的、常用的电路集成到一片小小的集成电路芯片里，从而缩小电路体积和复杂度，就构成了CD40系列。比如前几节中用到的NE555芯片就是把一堆由二极管、三极管组成的时基电路集成到一个芯片中。NE555不是CD40系列的，不过没什么奇怪的，芯片系列有很多种，不需要每个都熟知，用到再找也不迟。CD40系列芯片是CMOS芯片，CMOS是一种制造工艺，不用深入了解，只要知道凡是CMOS芯片，输入引脚就不能悬空就行了。悬空不是让引脚飘在空中，而是说输入引脚不能什么都不连接，空荡荡地待着，必须把它连接在什么东西上。具体接到什么上面，我们后面会讲到。现在只要注意输入引脚不能悬空即可。

CD40系列芯片中的每一个型号都有其特定功能，比如CD4069是6路非门芯片，CD4011是4路与非门芯片。我们制作流水灯需要一款带计数器功能的芯片。所谓计数器是说在芯片上有几个计数输出引脚，它们都有着自己的编号。比如某个引脚表示“1”，另一个引脚表示“2”，还有“3”“4”“5”等。芯片上还会有一个“计数”的输入引脚，当“计数”引脚被接到高电平上（一般接电源正极），这一高电平在芯片内部引起一系列电路变化，最终让计数器输出加1。比如原来“1”引脚是高电平，加1后“2”变成高电平，“1”变成低电平了。只要测出哪个编号的引脚是高电平，就知道加了几次，起到了计数作用。听起来好像是古代结绳记事的电子升级版。了解了计数器芯片的工作原理，大家有没有感觉很熟悉？想一想刚才介绍的流水灯效果，有没有发现二者的高度相似之处？嗯，对！只要把计数器芯片的输出引脚上加一个LED，再按顺序从左向右排列，以一定速度不断地给触发输入引脚高电平，结果会怎么样？是的，那就实现了流水灯！看起来并不难呀！可是CD40系列中的计数器有好几种译码器输出方式。“译码器”是指计数器计数后的结果用什么形式表示出来。译码器包括有二进制译码、DCB译码、十进制译码、十六进制译码、七段数码管译码等。其中十进制译码正是我们所需要的让10个LED循环“流水”的方式。在CD40系列的芯片选型表中查找一下，“十进制计数/译码器”的型号正是CD4017，芯片的型号就这么确定下来了。

【CD4017初体验】

芯片型号选定了，接下来是找一片货真价实的CD4017出来。大家可以在我们的套件元器件清单中找到这款芯片。CD4017的外观与常见芯片没有什么不同，黑黑的塑料块两端伸出16个引脚。在没有了解它的接口定义之前，先根据上文猜想一下它应该有哪些引脚吧。十进制译码输出应该要有10个输出引脚，分别表示从“0”到“9”的输出；还应该有一个计数触发输入引脚；别忘了每个芯片都必须要有的电源正、负极引脚。这样10+1+2=13，已知CD4017有16个引脚，还多出的3个引脚是干什么的？如果不是空闲的，那芯片设计人员又会安排什么新功能呢？

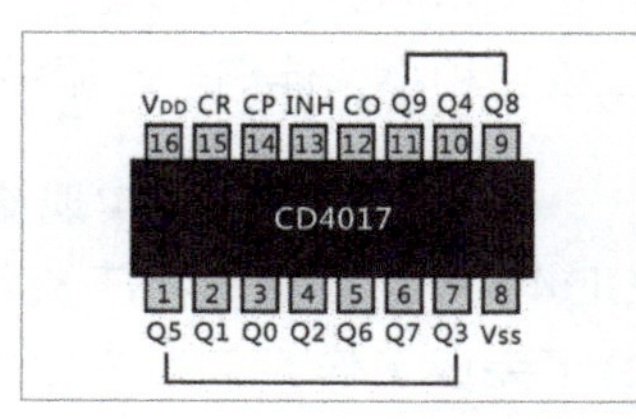

图 3.17 CD4017 接口定义图

看一眼CD4017的数据手册，原来这3个引脚是有功能的，它们的功能分别是“复位”（CR）、“进位”（CO）、“禁止”（INH）。先看“复位”是做什么的。通过我的实验证明，无论CD4017在任何计数状态下，只要给“复位”（CR）脚一个高电平，CD4017的计数都会“清0”，即“0”引脚输出高电平。芯片开发人员加入这个功能很方便，当我想重新计数时，只要“按下复位键”就行了。“进位”（CO）是一个输出引脚，它平时输出低电平，一旦计数器加满一个循环（即从“0”到“9”），再加1的时候，计数值又回到“0”处重新计数，同时“进位”（CO）引脚输出一个高电平脉冲，表示完成了一个循环。这是个非常巧妙的设计，后面还会讲到。再来看看“禁止”（INH）功能，它也是个输入引脚，作用是禁止计数器计数，此功能类似于音乐播放器中的静音功能。当播放音乐时，按下静音键，音乐消失了。播放器还在工作，只是禁止耳机发出声音。“禁止”（INH）引脚变成高电平后，从“计数”（CP）引脚发来的脉冲虽然被CD4017收到，但不会让计数器加1。此功能使我们在不想计数的时候不用断开“计数”（CP）引脚，只将“禁止”（INH）变成高电平即可。图3.17所示是CD4017的接口定义，请你认真熟悉一下。表3.1为CD4017的接口说明。

表3.1 CD4017接口说明

引　脚	接口定义	功　　能
1	Q5	计数/译码输出端
2	Q1	计数/译码输出端
3	Q0	计数/译码输出端
4	Q2	计数/译码输出端
5	Q6	计数/译码输出端

续表

引 脚	接口定义	功 能
6	Q7	计数/译码输出端
7	Q3	计数/译码输出端
8	V_{ss}	电源负极（地）
9	Q8	计数/译码输出端
10	Q4	计数/译码输出端
11	Q9	计数/译码输出端
12	CO	进位输出端，计数满后输出高电平脉冲
13	INH*	禁止输入端，高电平时禁止计数
14	CP*	计数输入端，高电平脉冲时加1
15	CR*	复位输入端，高电平计数清0
16	V_{dd}	电源正极，工作电压为3~15V

*为输入接口。

好了，未知的3个引脚弄明白了，回头再划分一下哪些是输入引脚。正如上文所说，CMOS芯片输入引脚不能悬空，所以要格外注意。输入引脚有“计数”（CP）、“复位”（CR）、“禁止”（INH）。14个功能引脚中有3个输入、11个输出。CD4017的工作电压是3~15V。关于CD4017芯片了解到这个程度就可以了。相信通过我细致地讲解，你一定对它的使用充满了信心和期待，那接下来就让我们做一款标准的流水灯电路吧！

【10个LED的流水灯】

图3.18所示是一款由10个LED组成的流水灯电路。计数输出只有10个接口，也接不了更多。大家可以根据这个原理图在面包板上做出实物电路，并不复杂。如图3.18所示，流水灯的计数是手动的，和前几节的内容一样，手动开关只是电路完善前的临时办法，在实验成功之后自然会换上“自动”电路。细心的你还会发现，原理图中多了两个电阻，其中R2是10个LED的限流电阻，防止LED因电流过大而损坏，也起到调节LED亮度的作用。R1的一端接在“计数”（CP）上，另一端接在电源负极（地）上，看上去是CP脚的下拉电阻（接到电源负极的电阻叫下拉电阻）。想一想R1起什么作用？没错，因为CMOS芯片输入引脚不得悬空，而CP接的又是个开关（S1），若开关S1断开，CP相当于悬空状态。为了不让它悬空，必须接点什么上去，电阻是最好的选择。但电阻的另一端是接负极（地）还是接正极，就要看具体情况了。假如把R1另一端接正极，那S1就算断开也没有用了。CP在R1的帮助下已经变高电平了。所以R1另一端接负极（地）才是正确的选择。大家可能又会发现，另两个输入引脚都是直接接负极（地）的，为什么它们没用电阻呢？其实它们可以用电阻，只是没有必要。因为在这个电路中“复位”

（CR）和“禁止”（INH）都没有使用，没使用的直接接负极（地）就行了。有使用的输入引脚看情况要加电阻。想一想如果原理图中R1换成导线会怎么样？当S1闭合时，电源的正极和负极会直接短路在一起，电路根本无法工作。现在知道R1的重要性了吧。

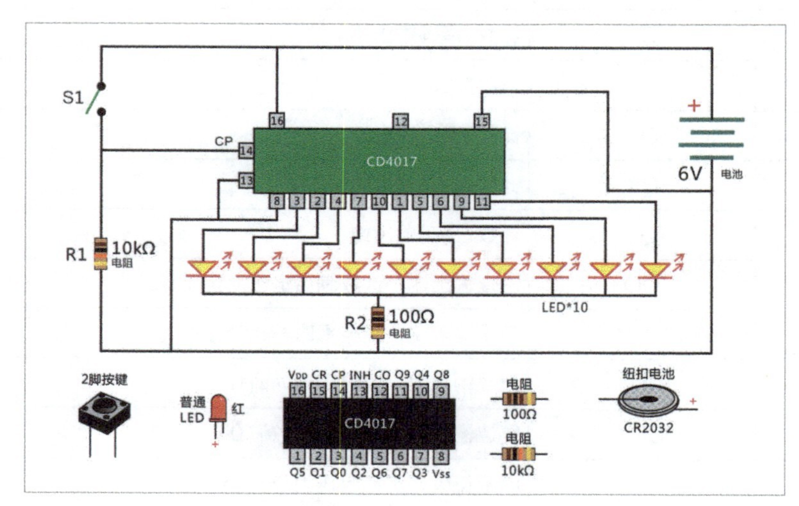

图 3.18 手动流水灯电路示意图

电路做好后，接通电源。此时Q0（第3脚）上的LED会点亮。闭合S1再断开，Q0熄灭，Q1点亮。再闭合断开S1，Q1灭、Q2亮。就这样一直到Q9后回到Q0。在实际实验时，可能会有一次跳变2、3个LED的情况，那是按键开关抖动导致的，以后换成“自动开关”就没问题了。那怎么换成自动开关呢？当然还是请NE555帮忙啦。图3.19所示是加入NE555的“自动”流水灯电路，调节NE555部分的电容、电阻能改变LED流动速度。NE555输出引脚直接连到CD4017的CP端，一款真正意义的流水灯电路就此完成。你也如法炮制一个，展示给你的小伙伴吧！把LED排成圆形、方形或心形，能做出各种炫酷的效果来！

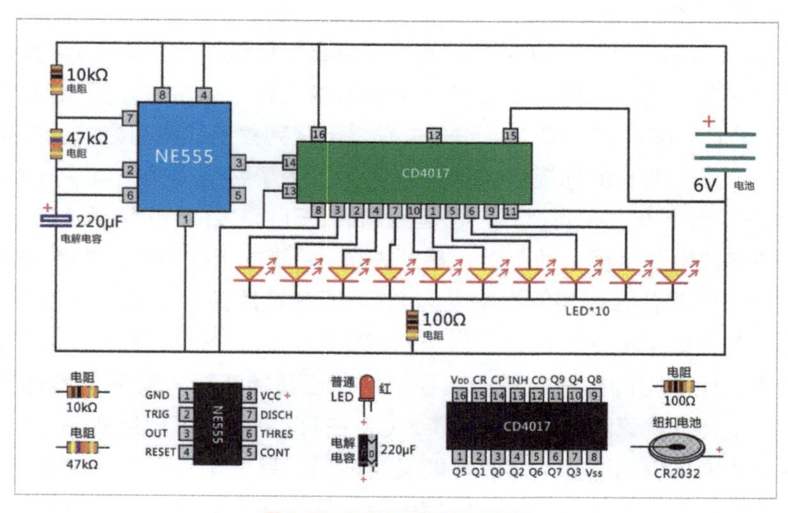

图 3.19 自动流水灯电路示意图

【少于10个的流水灯】

CD4017制作流水灯最多可接10个LED，可是我们要想做少于10个LED时要怎么办呢？直接拔出多余的LED并不解决问题，没有LED的引脚一样会占用流动时间，流水效果不再连贯。聪明的朋友会想到奇数点亮，即只接Q1、Q3、Q5、Q7、Q9这5个LED，流动时间间隔一致，数量就减到5个。这方法不错，但并不能实现10个以内任意数量的组合。这时“复位”（CR）功能将派上用场。在图3.20所示的电路图中，CR引脚直接接在Q8引脚上，看上去好像接错了，其实这正是利用计数到Q8时会输出高电平的原理，高电平正好使CR变成高电平，导致计数器复位，回到Q0输出。这样LED只有从Q0到Q7的8个LED有效，当Q8为高电平时，计数器马上复位，瞬间高电平回到Q0端。利用此法，能做出2 ~ 9个任意LED数量的流水灯。是不是很神奇呢？

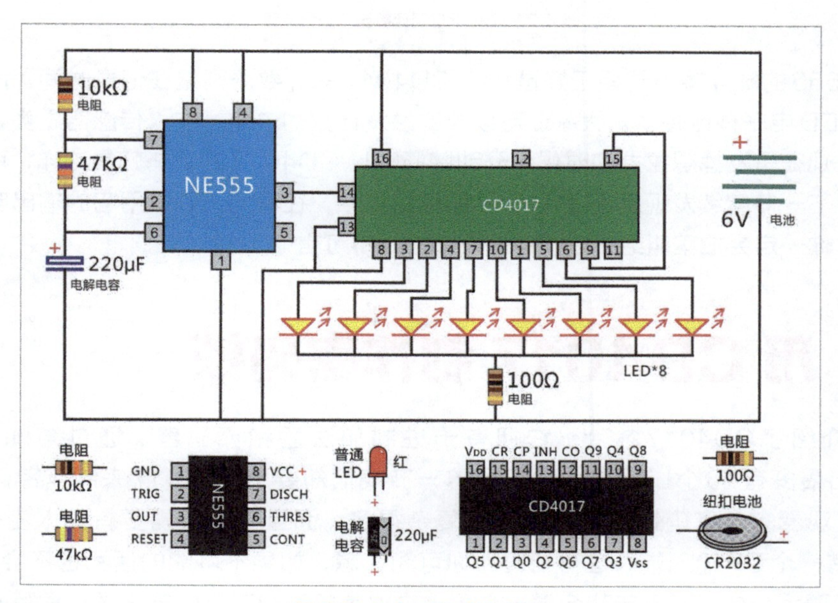

图3.20 8个LED的流水灯

【制作十进制计数器】

最后仍然是发散思维时间。我们来研究一下CD4017在开发之初本来的用途，那便是十进制计数器。有朋友会问了，流水灯不就是十进制计数器吗？没错，流水灯只是用到CD4017芯片10以内的计数功能，其实它还能计成百上千的数值。CD4017本来就是用于庞大数学计数的，做流水灯实在是委屈它了。图3.21所示是一款有十位和个位的十进制计数器电路，用到了“进位”（CO）功能。电路中用了两片CD4017，一片计个位，一片计十位。注意看，个位芯片上的CO引脚接到了十位芯片的CP上。十位芯片的CO还可以接到百位芯片的CP上，以此类推（图中省略）。当个位计满后（完成一个循环），CO输出的高电平脉冲使十位芯片加1。采用如此递进的设计，再多的数值也不在话下。

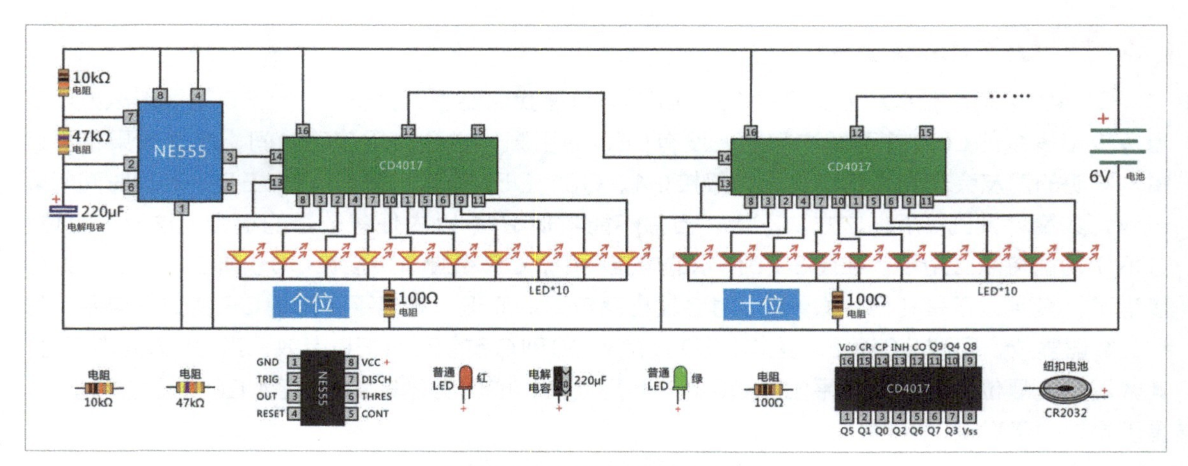

图 3.21 两位十进制计数器电路示意图

假设NE555的脉冲输出周期正好是1s，CD4017的计数器则是在记录时间。没错，一款新奇的十进制LED电子钟诞生了。大家还可以改变触发计数的电路，加入传感器之类，把计数器应用到生活里。现在是发挥想象力的时候，开动脑筋吧！CD4017的功能就是这样，可它的应用却远不止如此。下一节继续发现基于CD4017的电路创意，在看到巧妙运用它的输出电平来制作电子密码锁时，你一定会拍案叫绝，感叹电路设计的妙不可言。

3-4 用CD4017制作密码锁

上一节介绍了CD4017芯片，它拥有十进制加法器和译码器，通过与NE555芯片配合，能设计出最多有10个LED的流水灯，这一节我们却要用CD4017来制作密码锁电路（见图3.22）。直观看来，密码锁貌似比流水灯复杂得多，而且密码锁需要有输入密码用的键盘，CD4017只有一个CP输入端，这可能吗？你可能在想，如果不可能的话我也不会写出这一节，不过大家也不要太相信，说不定我会做一个看上去很美却不能工作的电路图，再写一些深奥难懂的文字骗过编辑之后再来骗你。判别真假最好的方法是如法炮制，实践是检验真理的唯一标准。请大家想一下密码锁是什么样子的。首先得有0到9的数字按键，使用者正确输入密码才能打开电子锁头，密码一般只有一个，一旦密码的数字不对、前后顺序不对或密码中插入别的数字都不能开锁。这种密码锁在生活中很常见，如办公楼的密码门锁、带密码锁的保险柜。出于安全考虑，这些密码锁是用单片机或专业芯片制作而成。用CD4017制作密码锁显然不安全、不专业，但我们并不在乎，因为我们的目的是学习电路技巧，从电路设计中得到知识和启发。所以先把安全性放一边，做个玩具级的密码锁玩玩吧。

图 3.22 密码锁键盘

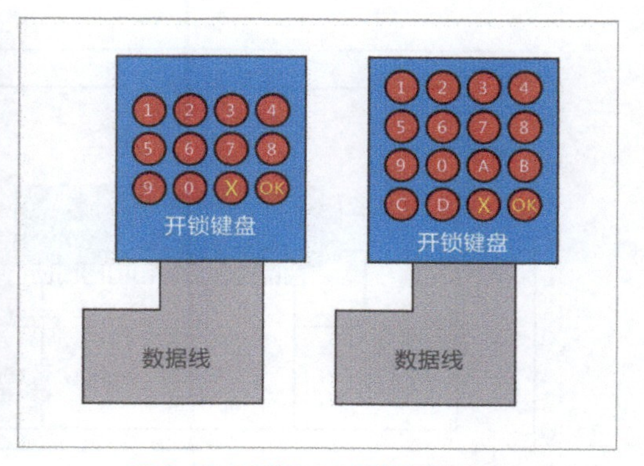

图 3.23 12 键和 16 键的键盘设计

【初级版密码锁设计】

第1步，思考怎么用CD4017芯片设计出密码锁的工作流程，密码锁的关键部件有哪些。首先是要有能输入密码的键盘，通常情况下键盘上有0到9的数字键，还有“清除”和“确定”之类的功能键，加在一起是12个按键。还有一些功能更多的密码锁有16个按键。图3.23所示是12键和16键键盘的外观设计，可以在面包板或洞洞板上插12个或16个微动开关，如果手边有现成的键盘就更好了。另一个关键部件是电子锁头，即用电磁铁控制的锁具，通电后锁头打开。当密码输入正确，CD4017会向电子锁头发出信号（一般是一个高电平什么的），门就开了。这里我们只是做实验，没必要真买个电子锁头，暂用LED代替吧，LED亮表示锁被打开。好了，确定输入部分（键盘）和输出部分（LED），接下来设计电路以达到加密开锁。仔细想想，与键盘连接的应该是CD4017输入端，CD4017有CP进位和CR复位2个输入端。CD4017输出端却有10个，理论上可连接2个按键和10个LED。可是我们需要的是12个按键和1个LED，根本没有那么多输入端连接键盘，在资源不足的情况下要怎么办呢？如图3.24所示，把KR复位端并联到12个按键中的11个，只有1个按键与CP进位端连接。再把输出端LED只接在最后一个Q9输出端。只有连续按9次CP进位端的按键才能开锁，若中途不小心按到任何一个CR复位端的按键，那么之前的努力作废，还要从头再来。连续按某个键9次，我想对于任何一个企图打开锁的人来说都是很难想到的，你还可以经常调换CP进位按键的位置（即修改密码）。就这样，一款妙趣而简单的密码锁做好了，你可以把它装在你家的房门上或是你的电脑机箱上面，通过密码开门或开机。但是有一点要注意，不要让你的家人朋友或可能试图开锁的人看到这本书，不然他会试着把每个键都按9次，不一会便把锁打开了。另外你还要在开锁之后随便按些别的键，如果总按一个键时间久了，就能看到除了CP进位按键之外的键都是崭新的。如果完美做到以上几点，你的密码锁对于我和本书读者之外的人便是安全的。不过总有些锁要更加保密，若你不太信任我和读者们的道德修养，那不妨试着发散思维，用创新的设计让密码锁更安全！

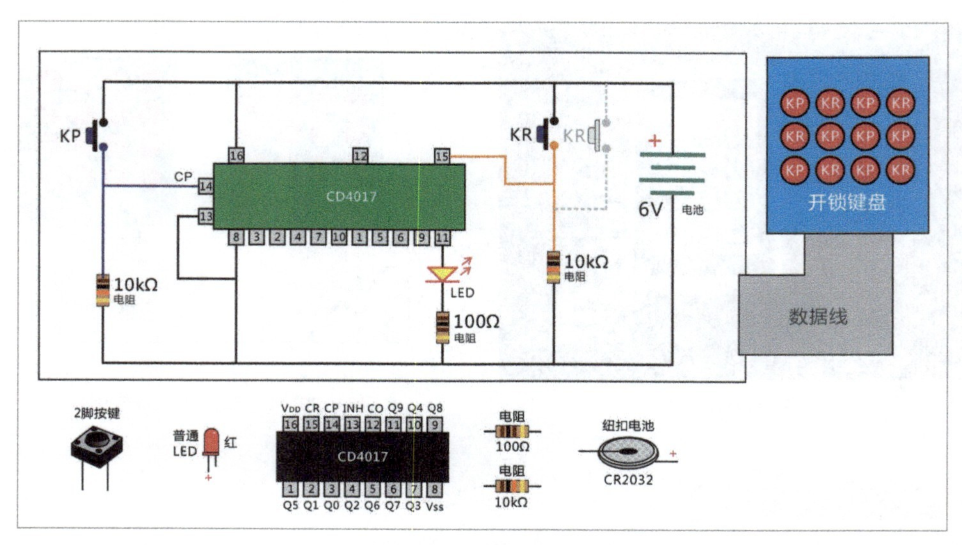

图 3.24 2 键式密码锁电路

【升级版密码锁设计】

总有人不满意一键到底的开锁方式，太没安全感了。可若不能改换芯片，那又有什么办法呢？我可以很负责任地告诉你，任何一款电路设计都有创新升级的可能，就看你能否打破思维常规，发现不寻常的设计。现在我们来思考一下之前密码锁的设计有哪些问题，然后再根据问题寻找答案。问题是密码太单一，根本原因是开锁的输入端太少，只有CP进位端和CR复位端。实际起到开锁作用的只有CP，而CR不过是迷惑敌人的烟幕弹。只有增加CP输入端的数量，问题才能解决。相信CD4017的生产商不会为你定制一款芯片，那要怎么增加输入端呢？先来看从芯片上能否找到多余可利用的资源，如果没有，再考虑扩展其他芯片。CD4017上可利用的资源并不多，只有Q0到Q8空置不用。可惜它们天生是输出接口，不能做成输入接口、你也许会叹口气，转向其他解决之道。但突破创新就是变废为宝，把不可能的资源巧妙利用。那怎么把Q0到Q8变成输入端呢？首先看看CP输入端所输入的是什么。当CP按键按下，CP与电源正极连接，输入高电平。那么除了电源正极有高电平之外，还有谁有高电平？没有错，Q0到Q8在CP进位的过程中依次输出高电平，在上一节流水灯的实验里已经讲过。能不能用Q0到Q8输出的高电平送到CP进位端，把一个CP按键变成9个CP按键呢？其电路原理如图3.25所示。

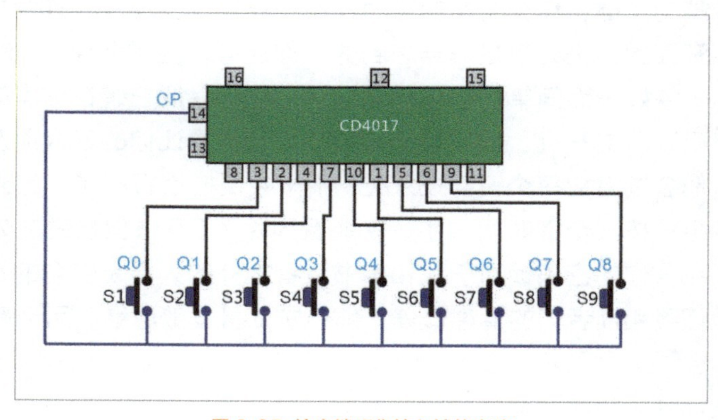

图 3.25 输出端巧作输入端的电路

一旦可行，实际按键数就从2个升级到了10个。开锁的方式也变了，不是一个键按9次，而是必须依次从Q0键按到Q8键。如图3.26所示，其原理是把Q0到Q8分别通过9个按键（S1到S9）与CP相连。注意CP是输入端，在按键没有被按下时，CP不能悬空，必须加10kΩ下拉电阻。工作过程是：上电时只有Q0输出高电平，Q1到Q8输出低电平。这时只有按下S1键，CP端才被输入高电平。当CP端一旦有高电平，芯片内部加1，结果跳到Q1输出高电平，这时只有按S2才能继续进位，其他Q端都输出低电平，按了也没反应。就这样依次按下S1到S9，通过不断地进位、跳转，最终Q9输出高电平，LED亮，电子锁打开。是不是很巧妙、很聪明？如此多键按次序开锁，功能是一键开锁的升级版。如果再多并联些CR复位键到键盘上，就能产生更多干扰，安全性会大大加强，妈妈再也不用担心我的小秘密了！其实明眼人不难看出，升级版密码锁的重点不在于安全性的升级，而是从电路角度，巧用输出变输入，在电路关系上不固守传统、灵活多变。

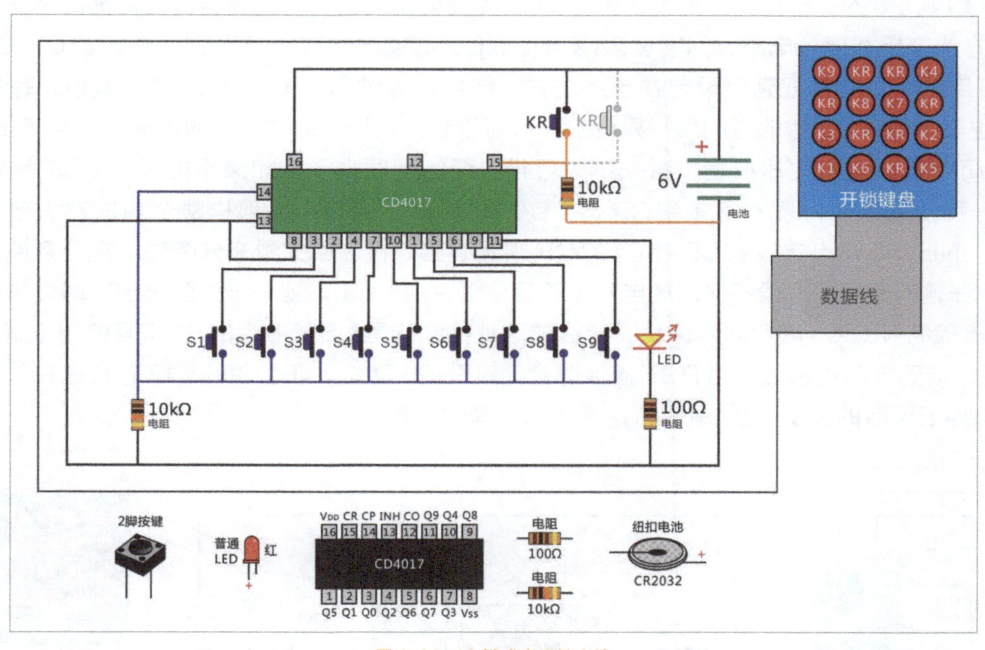

图3.26 10键式密码锁电路

【带延时自动复位的密码锁】

巧用输出变输入有很多应用之处，也有不少改进的空间。在此我点到为止、抛砖引玉，希望各位高手继续探索发现。另外，升级版的CD4017密码锁还有很多可改进的地方。比如在应该按S3时我按了S5，电路不会有反应，只要不按到CR键，在任何时候接着按S3都有效。这样一来密码可以反复尝试，安全性还是不高。想想能否再通过改进电路让开锁具有时效性。例如开锁限时10s，如果10s内没有正确输入密码，之前的输入会自动清空，也就是说，在升级版的基础上加入延时自动复位的功能。听上去挺智能，用起来也一定很棒，可要如何设计呢？

图 3.27 面包板上的实验电路

延时自动复位，提到“复位”，应该是把什么东西接到CR复位端上。提到“延时”和“自动”，我们再熟悉不过了。之前几节中一直反复讲的不就是“自动”代替“手动”的电路吗？！对，正是NE555芯片。它的功能是延时，同时能代替手动按键的功能。如果把NE555芯片第3脚输出端接到CD4017芯片的CR复位端，是不是就搞定了呢？我们来试试看！我为了证明这一点，在面包板上制作出NE555的经典延时电路，又把CD4017的部分按升级版密码锁电路接好（见图3.27）。面包板上空间有限，我没有制作键盘部分，于是将一根导线接在CP接口，再用导线的另一头去触碰Q0到Q8的输出接口。如图3.27所示，完成电路之后，首先我尝试着用最简单、最容易想到的方法连接两部分电路，如图3.28所示。NE555输出端直接接到CD4017的CR复位端。NE555用电阻、电容把延时设定在50s左右。结果是每过50s CD4017芯片复位，每次复位50s。也就是说在100s的时间里，只有前50s可以输入密码，如果过了时间你就得再等上50s。电路是简单了，实用性却很差，看来不太可行。新的问题来了：如果不把NE555输出端接到CR端，那接到哪里好呢？不接到CR端，CD4017就不会复位，那样整个功能都失效了。也就是说，NE555输出端接到CD4107的CR端是必要条件。回头看充分条件，充分条件是要让NE555在输入密码的时候不输出高电平（不复位），在密码输入到一半就超出50s时才复位。需要做的是控制NE555的启动与停止。能达成这种控制的是NE555上的RST复位端（第4脚），RST平时接到电源正极上，当RST接地时会让NE555复位。可是CD4017芯片还有什么能反过来控制NE555的RST复位端呢？这是非常关键的问题。

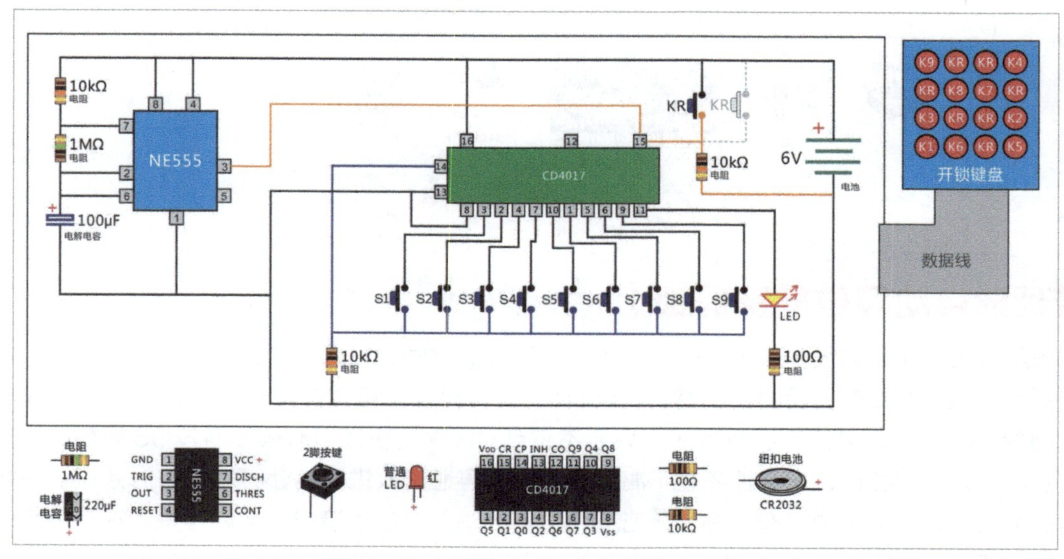

图 3.28 带延时复位的密码锁电路

有一个不是办法的办法，即在键盘里设计一个按键“RST”，按键与NE555的RST连接，如图3.29所示。平时NE555就以50s的周期输出高低电平，不去管它。一旦我们要输入密码，就先按一下RST键（只有自己知道哪个才是RST键）使NE555复位。复位之后就能保证在随后的50s内都能输入密码了。这个办法需要人的记忆和参与才能完成，严格地说是投机取巧，并不是真正的延时自动复位，而是延时手动复位。不过说是这么说，如果没有更好的办法，也只好这样。CD4017毕竟不是专用的密码锁芯片，能做到这个水平已经很不错了，大家都洗洗睡吧。

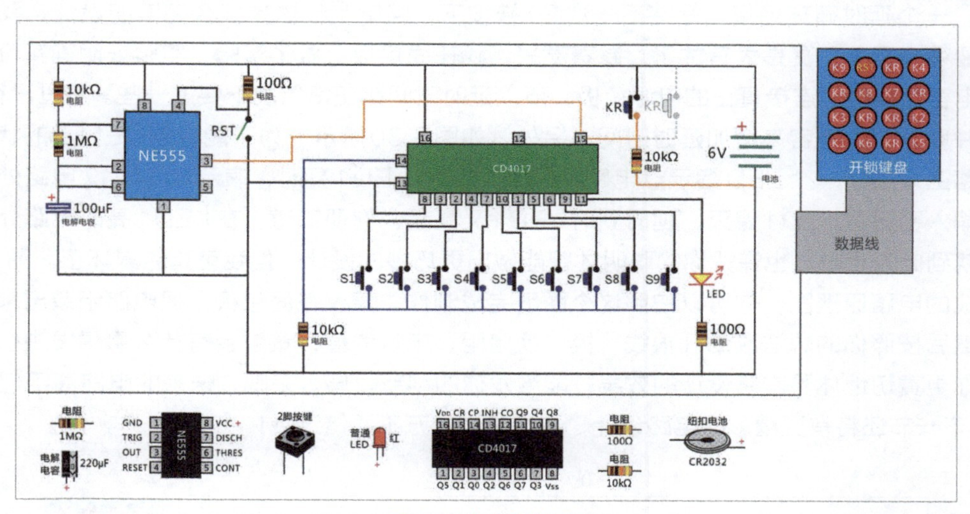

图3.29 加入复位按键

【真正的自动复位功能】

你是不是认为还有更好的办法，只是没有想到呢？是呀，我也觉得。我们不能止步于现状，应该会有更好的解决之道。于是我开始反过来想：CD4017有什么能代表“开始输入密码”这件事。只要能检测到“开始输入密码”这一事件，就可以在这个事件出现时马上令NE555复位。这个事件是什么呢？对，这就是“输入密码的第一个数字”，也就是“按下密码的第一个按键”。按下第一个按键S1的结果是Q0从高电平变成低电平，Q1从低电平变成高电平。对呀，如果我把NE555的RST复位端接在Q1上，当S1键被按下，Q1变成高电平，正好使RST为高电平，NE555复位。脑子一热，我也没多考虑，就开始动手实验，结果发现失败了，因为我忽略了一个问题，NE555的RST端是低电平复位，而刚说的Q1是输出高电平的。当CP再次进位时，Q2为高电平，Q1变低电平时，NE555又复位了，没能到达延时时间。如果加一个三极管把输入电平的高低转换一下可以解决问题，但电路会变得复杂。一时又陷入了僵局！

既然RST复位端用不上，能不能找找NE555上别的控制其启动与停止的部分？大家都知道了，NE555可以产生延时的重要部分是电阻和电容所组成的RC电路。这个部分决定了延时长度和延时是否启动，意思是，如果电容或电阻被从电路中拔出来，NE555自然没法工作。如果我能想个办法把NE555的电容断开，不也能解决问题吗？我把目光投向了电容的负极部分，如果电容的负极不是直接接到电源负极（地），而是接到CD4017的输出端上会怎么样呢？如前面所说，第一个键S1按下时Q0变低电平、Q1变高电平。答案好像就在眼前了。如果我把电容的负极接到Q0上面，当电路上电时，Q0是高电平，电容的两极都是高电平，电容没法充电，所以NE555不能工作。当按下S1键，Q0从高电平变成低电平，正好使电容的负极为低电平，电容可以充电了，NE555开始工作。在输入密码的整个过程中，Q0一直都是低电平，所以NE555不会复位。直到延时时间到了，NE555的第3脚才会输出高电平使CD4017复位，Q0重新输出高电平，一个延时循环结束，等待下一次S1被按下。哇哈哈！这是多么完美的设计，我自己都忍不住要夸自己了！真是太有才了。趁着高兴，我在面包板上做了实验，实验证明确实可行！只是因为电容负极不是连接真正的电源负极，所以延时时间比正常情况下要短一些。不过没有关系，可以多并联几个大电容来增加延时时间。另外，如图3.30所示，为了能看到NE555的状态，我还在电路上增加了一个LED指示灯电路（LED1），当LED1亮时，表示CD4017电路处在复位状态，输入密码时LED1熄灭，延时到时LED1又亮起。你便知道，在LED1亮时电路处于复位状态。就到此为止吧，也许凭你的聪明才智能做出更巧妙的设计，但我可真的累坏了。图3.30是最终完成的电路原理图，你可以按照这个图纸完成制作。建议在面包板上把电路组装出来，看看效果，然后按照你的想法改动几根线，换一换电阻、电容的值，看看会有什么事情发生。亲手实做能让你更真切地体验电路设计的效果，能激发你的创新灵感。来吧，未来的电路高手们，Just do it！下一节还将有更精彩的电路设计，走过路过千万不要错过哦！

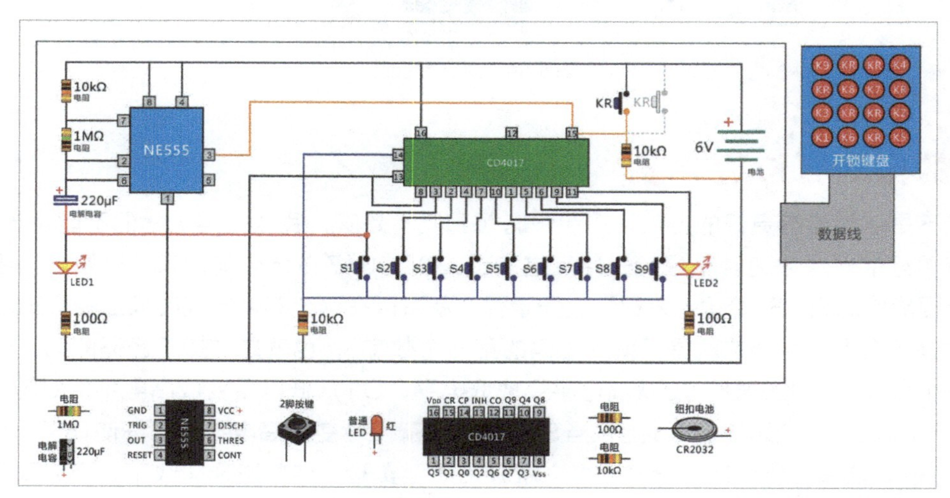

图 3.30 加入指示灯

3-5 用CD4026制作数码管计数器

上一节我们研究了CD4017这款芯片，当时我说CD4017包含两个功能部分——十进制计数器和译码器，其实这两个功能算是一个组合。其实计数部分还有十六进制计数、八进制计数、二进制计数，译码部分也有很多种，如CD4017是十位直接输出的译码器，除此之外还有输出

BCD码和特殊应用的译码器。也就是说同样的十进制计数器，译码输出可能不同，可以用在不同场合。CD4017能制作十进制计数器，用10个LED显示。如果用数码管显示计数值，就需要一款同样是十进制计数，但译码输出适用于数码管显示数字的芯片，在《CD40系列芯片选型指南》中可以查找，型号是CD4026。

【CD4026简介】

关于数码管的知识已经在本书第二章中讲过了，现在我们主要来研究CD4026芯片以及它怎样与数码管连接。CD4026和CD4017一样，共有16个接口。已知CD4017的16个接口中，电源占2个，CP进位输入占1个，CR复位占1个，译码输出占10个，INH禁止计数占1个，CO进位输出占1个。想一下CD4026应该有哪些接口？电源是必要的，CP、CR、CO、INH也应该有，因为两款芯片都是十进制计数的，只是译码器不同。CD4026是用7段数码管作为输出，应该有7个输出接口，对应数码管上的a到g，比CD4017少3个。大家猜猜剩下来的3个接口是空的还是芯片设计师加了新的功能？带着这个问题来看表3.2，我们猜得八九不离十，V_{dd}、V_{ss}、CP、CO、CR都有，7个输出也有，INH是禁止计数接口，为高电平时禁止计数。数码管的数字显示效果如图3.31所示。

表3.2 CD4026接口定义

引脚号	接口名	功　能	接口模式	说　明
1	CP	计数进位输入	输入	
2	EN	禁止计数（使能）	输入	高电平禁止计数
3	DEI	显示控制输入	输入	低电平禁止显示
4	DEO	显示控制输出	输出	
5	CO	计数进位输出	输出	
6	f	数码管接口f	输出	
7	g	数码管接口g	输出	
8	V_{ss}	电源负极（地）		
9	d	数码管接口d	输出	
10	a	数码管接口a	输出	
11	e	数码管接口e	输出	
12	b	数码管接口b	输出	
13	c	数码管接口c	输出	
14	“C”	c接口反向输出	输出	
15	CR	复位	输入	
16	V_{dd}	电源正极		3~18V电压

如图3.32所示，CD4026中的3个“神秘接口”分别是DEI（3）、DEO（4）、“C”（14），看来芯片设计人员应该和我一样是处女座的，不喜欢空缺，总会把事情做得满满的。现在，看

看他们都加了什么功能。DEI和DEO是显示控制的输入和输出端，显示控制就是控制CD4026是否允许a到g的输出端输出电流给数码管。也就是说，当我想计数但不想把数值显示出来的时候，只要把DEI接地（低电平），数码管就不再显示。DEO则是输出当前数码管有没有显示的状态。接下来是接口“C”，这个有点复杂。CD4026数据手册上有一张芯片内部电路的原理图，“C”这个接口是通过一个反向器（可以把电平反转的逻辑门电路，以后会讲到）接在数码管输出c上面。也就是说这个接口在数码管输出c为高电平时，“C”是低电平；c为低电平时“C”是高电平。这里有两个问题:（1）为什么是接在数码管输出c上，怎么不是a、f或别的。（2）为什么有这个功能，作用是什么呢？在此我只能回答第1个问题，之所以选择数码管输出c是因为在0到9这10个数字里，c所在的LED段最特别。对照图3.31来看你会发现，只有显示数字“2”的时候LED段c的位置不亮（数码管中c的位置请参照图3.33）。即显示数字“2”时c输出高电平，“C”输出低电平。用“C”接口能判断什么时候到了数字“2”，不过我们已经有CO进位输出接口了，从9跳到0时给出进位脉冲，那么知道数字“2”的意义又是什么呢？鄙人不才，没能找到答案，如果你有兴趣可以找找看。就算找不到原因也不影响我们继续使用CD4026，“C”接口暂时空置不管。另外，CD4026有4个输入接口：CP、CR、INH、DEI，因为目前还不用控制显示的开关，也不用“禁止计数”功能，所以INH接低电平，DEI接高电平。CP是进位输入端，CR是复位端，功能和CD4017中的相同，复位的状态是计数器归零，数码管显示数字“0”。CD4026的工作电压是3~18V，而数码管是电流驱动器件，只要电压高于1.8V（红色数码管）就能正常工作。

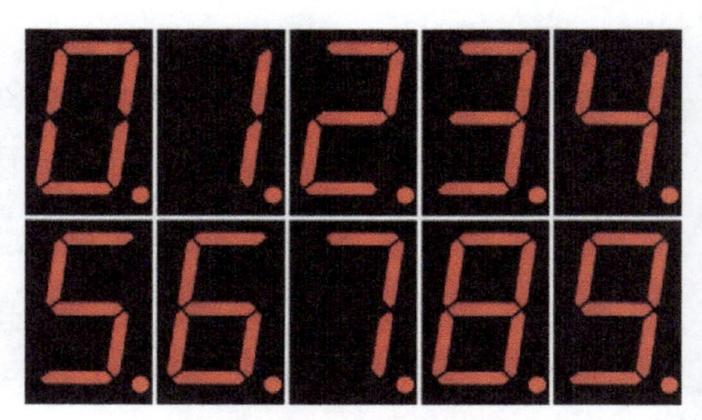

图 3.31 数码管的数字显示效果

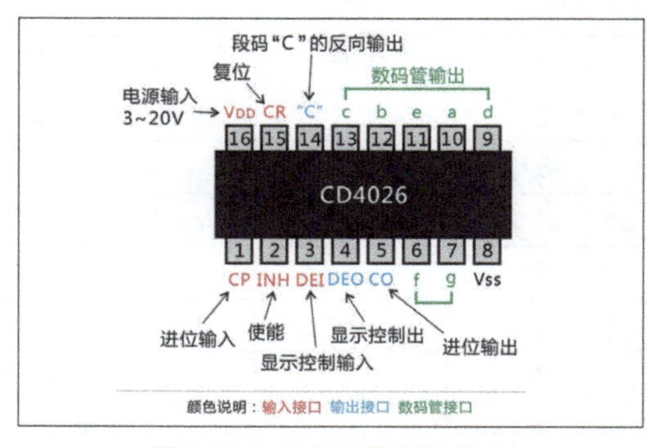

图 3.32 CD4026 芯片接口定义

【制作一位按键计数器】

说完了接口定义，下面就来制作一款简单的CD4026应用电路——用按键控制一位数码管的计数器。需要准备的元器件非常少：按键开关、电阻、CD4026、共阴极数码管各1个，电池3~18V均可，这里依然采用两块纽扣电池串联组成的6V电源。实现的功能是按一下按键，数码管上的数字加1，加到9后归0。图3.34所示是一位数码管计数器的电路原理，是不是非常简单？正因为前面有

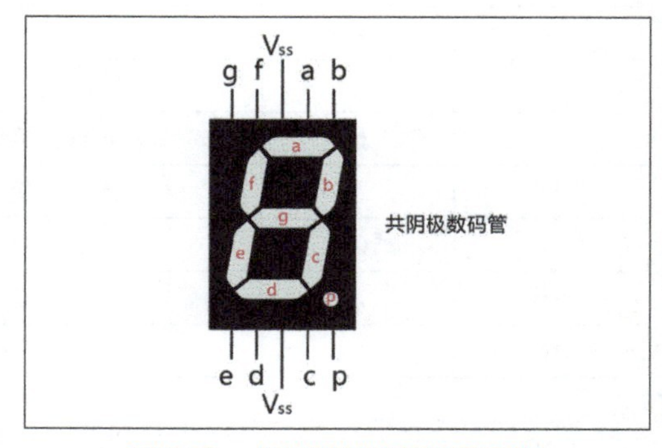

图 3.33 一位共阴极数据管的接口定义

CD4017的铺垫，才有现在的轻车熟路。注意芯片输入端一定不能悬空，INH和CR接低电平，DEI接高电平。电路制作完成，按下按键，数字加1。不过有时数字会多加几次，这是因为按键在按下时发生了抖动。正是有抖动，你才会听到按下时的“啪”声。抖动使得CD4026误以为你很快速地连续按了几次，数字就多加了几个。解决方法如图3.35所示，在按键两个引脚上并联一个0.01~0.1μF的电容即可。电容能减慢电路中电流变化，于是按键的抖动减小了。如果并联电容的效果不理想，就更换更大的电容值，直到稳定为止。

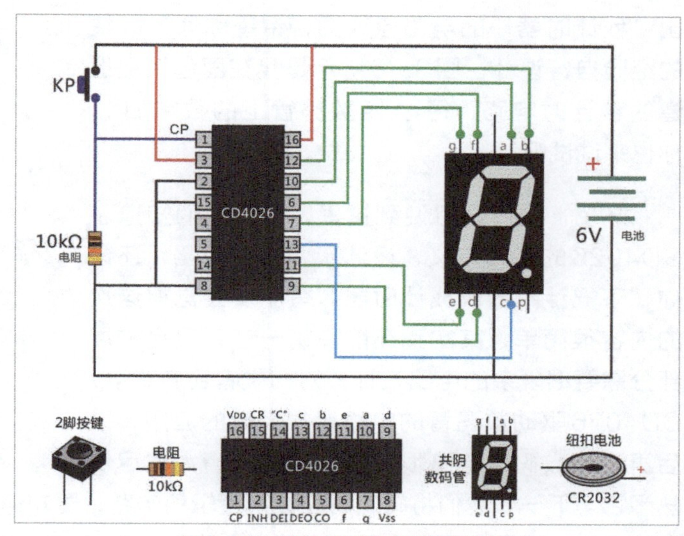

图 3.34 一位按键计数器的电路示意图

【制作两位按键计数器】

做完了一位计数器是不是感觉不过瘾，那就多加几位吧。CD4026和CD4017一样，支持多位连接。方法和CD4017一样，把低位的CO接在高位的CP上，如此类推就能加到十位、百位、千位了。图3.37是一款两位计数器的电路原理图，大家可以照样制作。如果位数扩展太多就会有一个问题，想把所有位清0不如一位那么简单。所以设置复位键显得非常有必要，把一个按键接在所有CD4026的15脚CR端，只接一个下拉电阻。有了复位键就能全局清0，随时重新计数。多位计数器能做什么好玩的呢？我想到一个不实用但很好玩的点子，做一个千位的计数器（需要4个CD4026和数码管），把它安装在房门上。关门时门板会撞到按键，这样每次关门都让计数加1。在每月1日把计数清0，然后便可记录每天、每月出门的次数。你还可以在出门时记住当前数字，若回来时发现数字变了，就说明有人来过（希望不是小偷）。另外，在工业生产上，计数器也是很常用的东西，而且稍稍改一下电路便会有更多应用。比如，把计数器变成计时器要怎么做呢？从理论上讲，计数是记录某事件发生的次数，计时表面上是记录时间，其实时间也是以秒（或分钟）为单位的事件。计时实际上是记录发生了多少次1s（或1min）这件事。所以把计数改成计时，只要给计数器一个1s（或1min）的事情触发即可。想一想什么电路能产生时间并输出电平呢？不错，还是NE555（呃！为什么总是它），NE555芯片很乐意参与到各种电路扩展当中。它能产生不算精准的1s（或1min）延时，把NE555的第3脚输出端接在CD4026多位计数器中个位的CP端，NE555便能代替手动按键触发。对于经验渐渐丰富的你来说，这并不困难！为了证明你的实力，我没有给

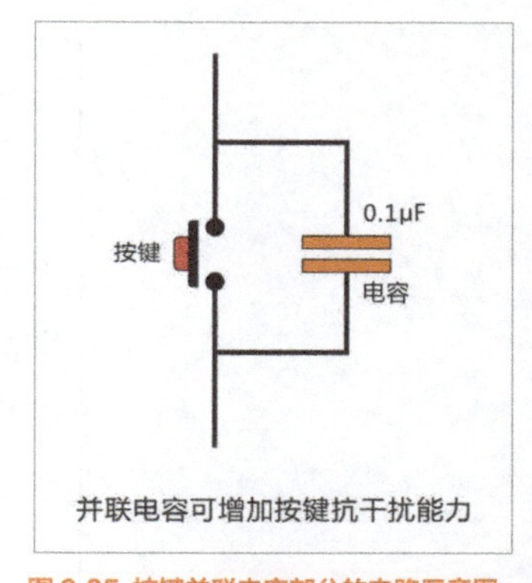

图 3.35 按键并联电容部分的电路示意图

出“秒计时器”的电路原理图，希望你通过以往的经验自行设计。图3.36所示是我在面包板上组建的秒计时电路，每过1s数码管上的数字加1，你也来试试吧。

图 3.36 秒计时电路

好了，本节暂且说到这里。刚刚我们知道了CD4026的接口定义，设计了两款计数器，还请你私下把计数器改成计时器。有朋友会觉得这次的内容很简单，其实我还能多讲一些，只是扩展部分需要很复杂的电路设计，对初学者还有难度。CD4026驱动数码管的电路是很经典的应用，以后再设计数码管电路很可能会用到，请大家尽快熟悉它。下一节我们将转向研究数字逻辑门电路，要知道它很重要。我们使用的电子计算机、手机什么的，就是由无数个最基本的门电路组合而成，熟练掌握逻辑门电路的原理与设计，能让你的小伙伴们都惊呆了！

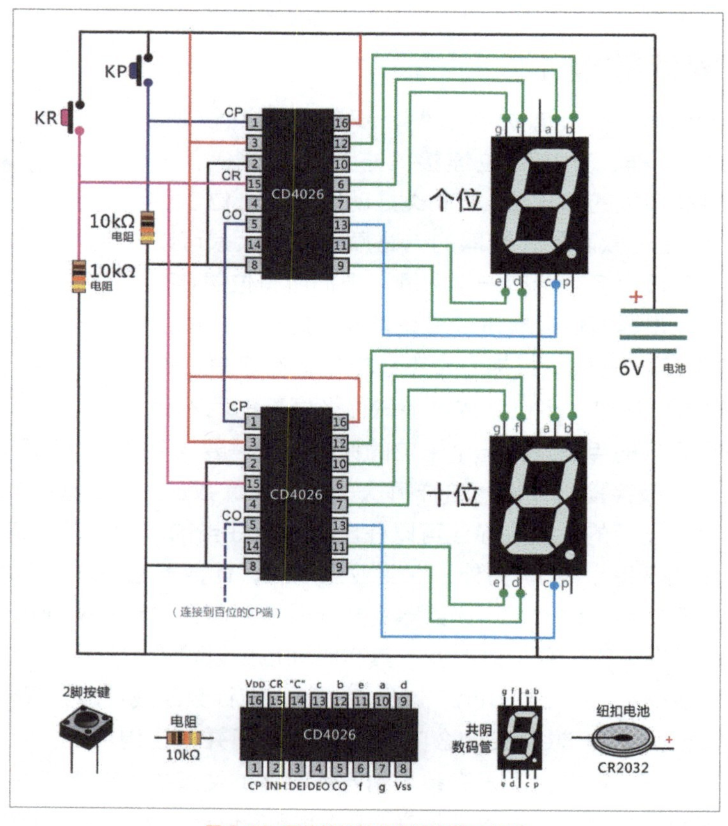

图 3.37 两位按键计数器的电路示意图

3-6 用CD4069制作按键开关

【初识逻辑门】

学过了CD4017和CD4026这样的特定功能的电路，会不会感觉受到了限制呢？芯片的功能在出厂时就已经确定下来了，只能按照经典电路来制作。好像木偶，厂家已经设计好了外形，我们只能让几个关节简单运动。有没有一种芯片是开放的设计，我们可以用它组成任何想要的结构，好像搭积木一样自由灵活。这种芯片是有的，一种叫单片机，使用电脑软件程序来达到目的；还有一种是逻辑门电路，它是组成电子计算机的基本单元。单片机的内容比较复杂，后面会讲到。接下来的时间我将介绍逻辑门电路，它将从电路设计的角度带给我们更多启发。什么是逻辑门电路呢？从名字上看，“逻辑门”应该是指有逻辑关系的门。门是种比喻，表示这种电路和门有着相同的特点。如果在名字里直接写上特点会显得太长，而用类似的事物代替，既简洁又形象。那“门”有什么特点呢？有人说门可以走人。电路里当然不能走人，电路里走的是电流，在我们之前讲的电路中电流走过各种元器件，有的被减弱，有的被截断，有的原样不变。门的特点应该和电流的变化有关。门可进可出，电流可以进入门电路还可以返回。这确实是特点之一，但也有一些门是单向的，且上面会写着“推”或“拉”。其实还有一种最关键的特性，门只有开和关两种状态。你可以说“门开着”或“门关着”，但不会有没开也没关的状态。因此门电路的特点是只有开、关两种状态，也就是说电流只有通过和截断两种可能。再看看“逻辑”，生活中常说“这事不符合逻辑”，意思是不符合事物的因果关系。比如太空飞船上的安全门有两道，设计时规定：当一道门被打开后，另一道门不能打开。以防止飞船里的气压下降。这一规定就是飞船舱门设计出来的逻辑关系。如果有一天两道门一起打开了，那是不符合逻辑的。在电路中，逻辑门事先规定好开关状态关系，且逻辑门只有开（高电平）和关（低电平）两种输入、输出状态。具体是什么逻辑关系要看逻辑门的种类。

明白了逻辑门，下一步要看看都有哪些种类的逻辑门。逻辑门的种类包括：与门、或门、非门、与非门、或非门、与或非门和异或门等。其中常用的是与门、或门、非门3种。乍听很复杂，一个一个解释你也听不明白。于是我不解释它们，在今后的文章里一点一点举例子、慢慢谈。我先讲一个简单的逻辑门——非门，它有一个输入端和一个输出端，逻辑关系非常简单，即输入端输入高电平时，输出端输出低电平。反之，输入低电平时则输出高电平。总之，输入和输出的电平永远相反，所以它也叫反相器。非门不是一个元器件，而是由许多三极管、二极管之类组成的一个达到反相逻辑关系的电路。为了使用方便，前辈们把它封装成芯片。图3.38（a）所示是非门在电路图中的表示方法，图上用一个正方形框和一个小圆圈表示，小圆圈表示“非”。还有把正方形画成三角形的，看上去使电流方向感更强。我个人喜欢正方形，这里统一用正方形的画法。其他逻辑门有不同画法，我们以后再说。如图3.38（b）所示，一个非门芯片至少需要4个引脚，包括输入端（用A表示）、输出端（用Y表示），还有让非门工作的电源正、负极（V_{DD}和V_{SS}）。不过，你在市场上买不到4个引脚的非门芯片，因为大部分的电路设计会用到多个非门，单独把一个非门封装成芯片实在太浪费了。一般是把4到8个非门放在一个芯片里，并共用一组电源正、负极。在CD40系列芯片中就有一款含有6个非门的芯片——CD4069。

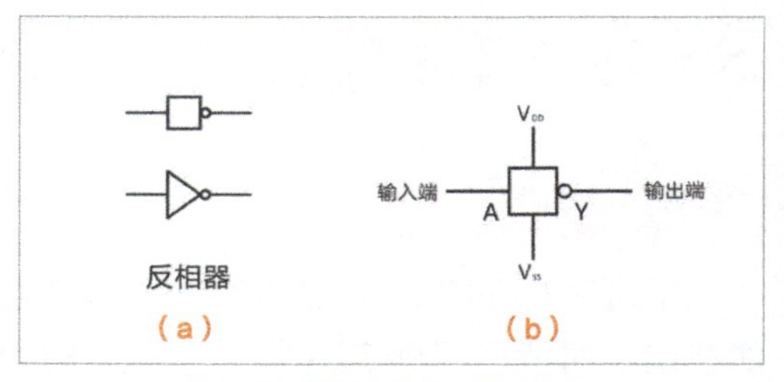

图 3.38 非门的符号及接口定义

【CD4069简介】

CD4069芯片内部有6个非门，每一个都是独立的。输入端A和输出端Y单独引出来，整个芯片共用V_{DD}和V_{SS}。虽然CD4069是CMOS芯片，但因为各非门独立，所以不使用的非门输入端（A）悬空也没关系，反正影响不到“别人”。CD4069的接口定义如图3.39所示，为了让大家了解芯片内部结构，我在图3.39（b）画出了内部非门个体的对应关系。通常情况下，在电路原理图中不会画出CD4069芯片和接口，这一点和之前的电路图画法不同。因为我们真正用的不是CD4069，而是非门单元。市场上还有很多型号的非门芯片，电路图中只要画出非门单元在电路中的连接，至于用什么型号的芯片是你自己的选择。电路图中通常也不画出非门芯片的V_{DD}和V_{SS}在电路中的连接。因为非门芯片要想工作必须有电源，没有例外。又因为在单独的非门符号上画V_{DD}和V_{SS}不方便，所以都省略了。在实际制作时一定不要忘记连接电源部分。图3.40所示电路图为了表现芯片和非门的关系，用虚线画了芯片的范围，但正规的电路图不会这样画，不画芯片才显得专业。好了，下面来做一个小电路，试试非门的效果吧。按照图3.40所示的电路在面包板上完成制作，看看当按键被按下后，LED会是怎样的状态。若你事先猜对了，那恭喜你已经理解了非门。图3.41所示是一个3个非门串联的电路结构。用3个LED分别表示非门的输出状态，上电时最左边的非门输入端被下拉电阻置于低电平，那么其输出端自然为高电平，LED1亮。中间的非门与左边非门输出端相连，即输入高电平、输出低电平。LED2灭，同理，LED3亮。当按键被按下，左边非门输入高电平，3个LED状态全部反转。请大家试着制作这款电路，看看是不是这样。

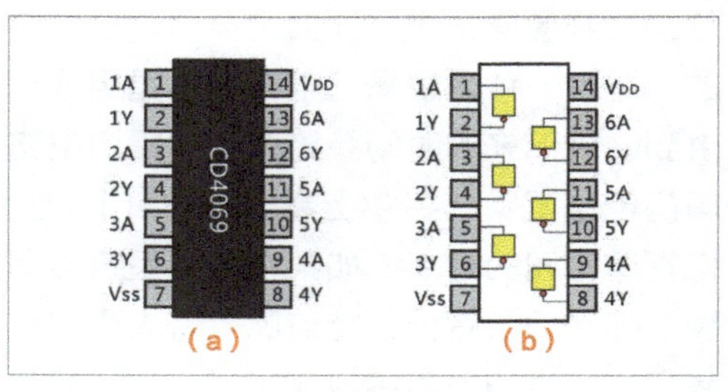

图 3.39 CD4069 的接口定义

细心的朋友可能会问了：非门是会用了，可是把输入状态反转有什么意义呢？电路中根本用不到啊！（其实没人问，是我自问自答，人艰不拆哦。）嗯，问得好！简单的非门在电路中发挥不了什么作用，可是多个非门巧妙地组合却能有无限可能。要知道如今电脑的CPU就是由无数个逻辑门组成的。逻辑门就像一块砖，单枪匹马没有用，当成千上万的砖组合起来，便有无数种美妙的建筑。

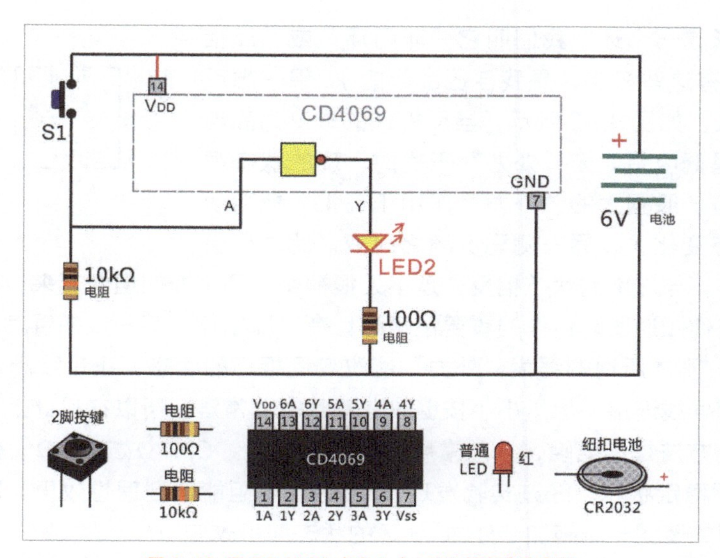

图 3.40 用 CD4069 点亮 1 个 LED 的电路示意图

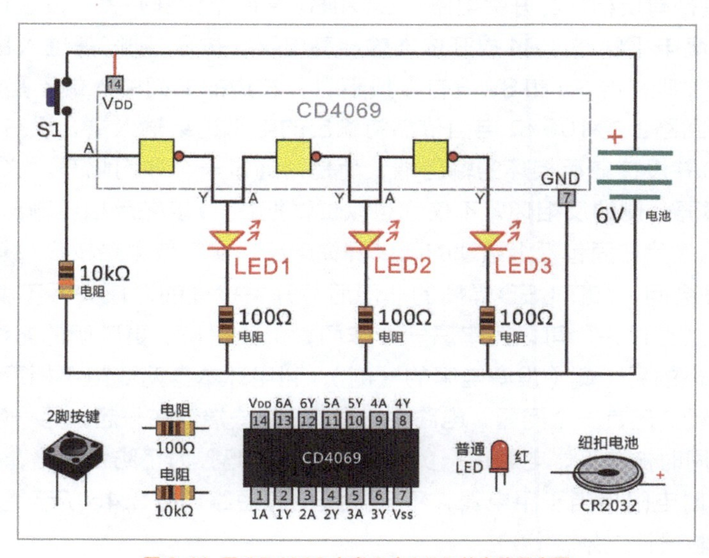

图 3.41 用 CD4069 点亮 3 个 LED 的电路示意图

【制作两键开关电路】

现在我们用非门来做件不可思议的事，制作一款带锁存功能的开关。在电路中设计两个按键，一个键被按下点亮LED，另一个键被按下熄灭LED，我们的任务是仅用一个CD4069实现如此效果。上文说过CD4069是反相器，只能反转电平状态，没说有锁存功能呀！那要怎么做呢？如果你能自己思考一会再看答案，会得到更多乐趣。答案就藏在两个反相器的组合之中，一个非门输入高电平，一个输出低电平，那两个非门串联会怎样？应该是负负得正，输入高电平输出还是高电平，输入和输出电平相同。如果我把第二个非门的输出接回到第一个非门的输入会发生什么？没错，形成一个环。我们叫它“非门环”或“反相环”（其实根本没有这些名字，是我自己乱起的）。想一想反相环里发生着什么。如图3.42所示，当反相环的一侧为高电平时，另一侧必是低电平。无“外力”干扰时，环的状态很稳定。如果突然有一股强大的“外力”作用于环上，把随便哪一侧的电平状态变化了，另一侧马上随之改变。此时环进入了新的稳定状态，与之前的状态相反。是不是很神奇，两个非门组合起来，瞬间成了带锁存功能的反相环。现在你知道团队合作的重要性了吧！有了反相环，下一步来看怎么把它放入按键和LED的电路中吧。刚才所说的强大“外力”能改变反相环的状态，正是我想通过按键达到的效果。如果反相环用导线连接，想用小小按键改变其状态非常难。所以在设计上先要削减环一侧的牢固程度。简单的方法是加电阻，之前常用的阻值有1kΩ、5.1kΩ、10kΩ，但这些电阻都还不能有效削弱反相环稳定状态，经过实验发现用100kΩ电阻能达到理想效果。阻值大，环的稳定性大减，在有电阻的薄弱一侧施加“外力”，环的状态即可改变。

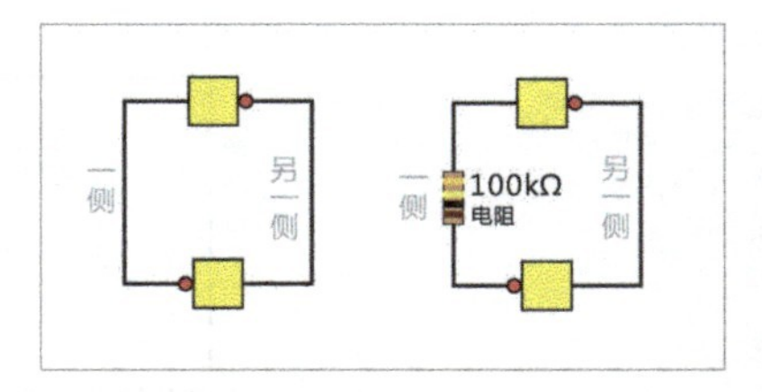

图 3.42 “反相环”的电路连接图

图3.43所示是带有反相环的开关电路，S1和S2是两个按键开关，按S1时反相环被输入高电平，环进入稳定高电平状态，S1放开依然输出高电平。按S2则同理进入稳定的低电平状态。另一个细心的朋友发现：当S1和S2没有被按下时，左边的非门输入端不是悬空了吗？其实并没有，因为反相环回路上的100kΩ电阻依然将输出的电平送给输入端，没有悬空。接下来你会发现，电路中LED并没接在反相环的输出端，而是再通过一个非门隔开。这样做的目的是不让LED电路干扰到薄弱一侧的反相环。不信你可以试试把LED接在反相环输出端，反相环会马上失灵。图3.44所示是我在面包板上组建的两键开关电路，实际效果是按S2键LED亮，按S1键LED灭。有朋友又会问：加了LED隔离的非门后，开关按键的对应关系不就反转了吗？是的，但没关系，如果想“正过来”可以再串联一个非门，负负得正。更聪明的方法是把LED隔离非门输入端接在反相环的另一侧（没有电阻的一侧），利用环本身两侧电平相反来达到负负得正的效果，请大家试试看。还有一个问题，电路中 S1、S2的一端连在一起，另一端分别接在电源正、负极上，如果两键同时被按下，电源正、负极不就短路了吗？为了防止短路，可在S1或S2上串联一只电阻。按键时电阻相当于用电器，不会导致电源短路。图3.45所示是改进后的电路，请大家照着制作，体验设计之妙。

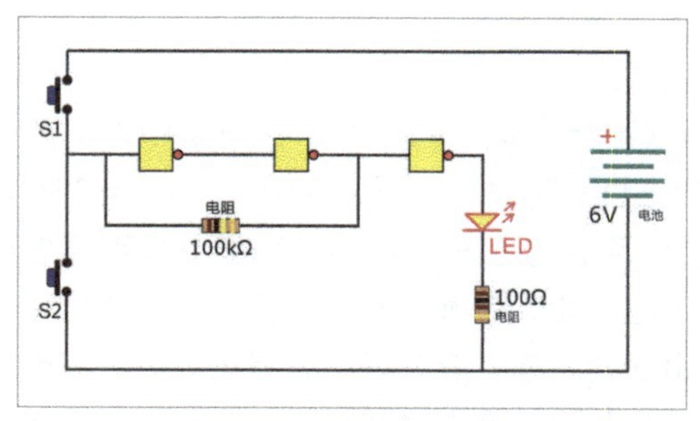

图 3.43 两键开关电路示意图

图 3.44 两键开关在面包板上的制作

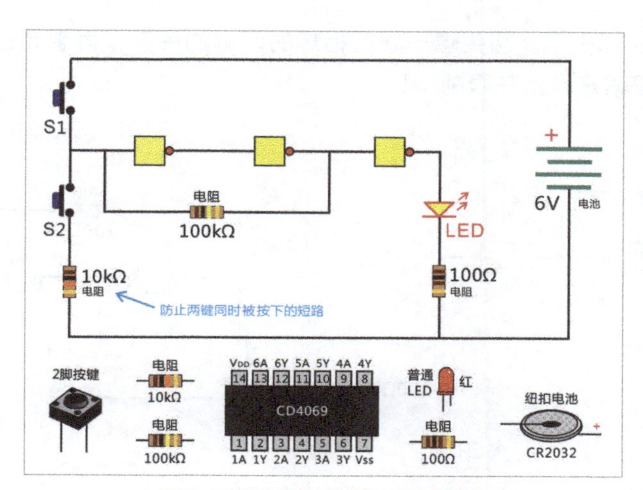

图 3.45 防短路的两键开关电路示意图

【发散思维：单键开关电路】

反相环是巧妙的设计，它还有更多可发挥的空间。接下来的发散思维环节，让我们想想如何把两键开关改成单键开关。按一下键，LED亮；再按一下键，LED灭。也就是说单键开关具有自动切换输入状态的功能，当反相环输出高电平时，按键要给它输入低电平；输出低电平时，按键又能自动输入高电平。到哪里能找到能自动切换电平的电路呢？哈哈，远在天边，近在眼前，反相环的另一侧就是答案。最简单的方法是把按键两脚直接连到反相环的两侧，如图3.46所示。因为环的一侧很薄弱，另一侧很牢固。按下按键后，牢固一方自然会改变薄弱一方，环的状态随之转换。真的这么简单吗？让我们实验看看。我在面包板上组建了电路，开始几次确实能开关LED，可后来发现其状态改变并不稳定。有时需要按好多次才行，实际效果好像丢硬币一样，你不知道下次按键会亮还是会灭。如果制作“电子丢硬币机”的话，现在就是绝佳的设计。可是要稳定地开关LED，必须让按键稳定下来。首先要找出不稳定的原因，才能对症下药。

按下按键，LED会亮，但亮度不高。为什么LED的亮度只有大约原来的一半呢？按下按键后，反相环中左边的非门输入和输出相当于被短接，结果是右边的非门输出的电平直接送到输入，状态不断、快速地变化，LED随之快速亮了又灭，结果就是LED半亮。显然手动按键是有时间长度的，在按下的时候会导致电平状态快速变化。有没有什么办法能在按下按键后让短接只在一瞬间，然后断开，于是我想到了电容，电容具有通交流、阻直流的特性，也有在充电或放电瞬间相当于导线导通，充放电完成后相当于断路的特性。如果把电容串联到按键上，在按键被按下瞬间通过，在电容稳定（充放电完成）后断开，不是正好达到要求吗？图3.47所示就是串联电容后的电路。经过在面包板上实验发现，最开始的一次按键是有效的，可再按时电容因为没有充放电回路，导致在第一次按键之后就长期处在稳定的断开状态了，按键开关成了“一次性”的。有一种解决办法是在每次按键后把电容的两个引脚调换，下次按键时，电容反向充放电又能瞬间导通。每次按键都调换一下电容，肯定不好玩。有没有办法让电容自动充放电呢？只要找到这个办法，问题就彻底解决了。回头想一想反相环的两侧的关系，再想想在NE555延时电路中电容的充放电原理，答案好像就在眼前了！

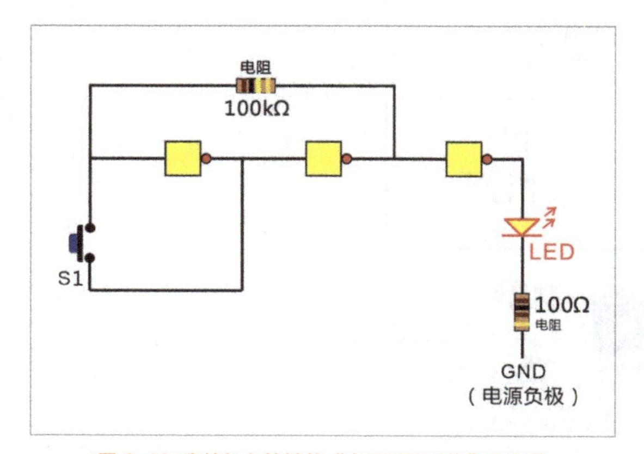

图 3.46 直接加入按键的“电子丢硬币机”示意图

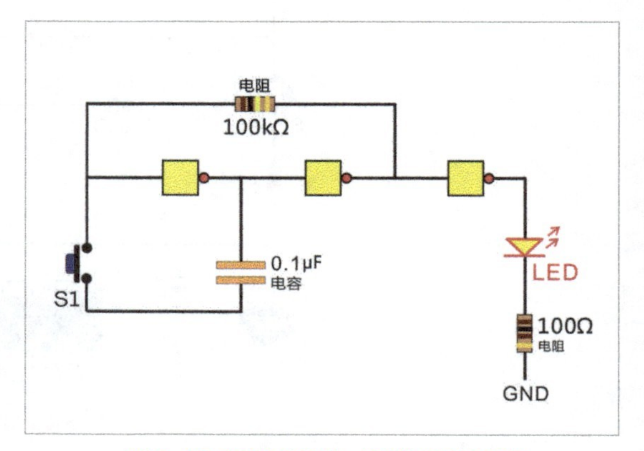

图 3.47 串联电容的“一次性”开关示意图

最终我们得到了图3.48所示的终极版电路。图中依然用到了电容瞬间通过、断开的思路，只是电容一端是接地的，另有一只1MΩ 电阻串联在按键部分。用这么大阻值的目的是为了按下按键时不会改变反相环的状态。大家会问了，不改变环的状态，那电阻还有什么意义呢？其实1MΩ 电阻主要是给电容充电、放电用的，真正改变反相环状态的还是电容。我来讲一下电路工作原理，一讲你就明白了。假如电路初始状态是左边非门输入端（A1）为高电平，输出端（Y1）必然是低电平，此时经过1MΩ 电阻，电容两端（CA和CK）都是低电平，电容内部没有存电。按下按键，与按键连接的电容一端（CA）是低电平，则输入端（A1）变低电平，反相环状态反转。这时虽然左侧非门输出高电平（Y1），可有1MΩ 电阻挡在那里，不会再次改变反相环状态。就算按键没有放开，环状态仍然稳定。现在按键被放开，会发生什么？左侧非门的输出端（Y1）的高电平经1MΩ 电阻给电容充电，不一会儿电容充电完成，处在饱和稳定状态。细心的朋友会问了，刚才按下按键时为什么没有充电？问得好，因为当时环中右侧非门输出端（Y2）是低电平，通过100kΩ 电阻和按键的连接使电容端（CA）也是低电平，电容两端（CA和CK）都是低电平。只有放开按键，1MΩ 电阻和电容才有了单纯无干扰的充电状态。好了，说回刚才，电容充电后稳定了，电容一端（CA）是高电平。按键再次被按下，电容中的高电平送入了左侧非门输入端（A1），反相环状态反转。按键被放开后，因左侧非门

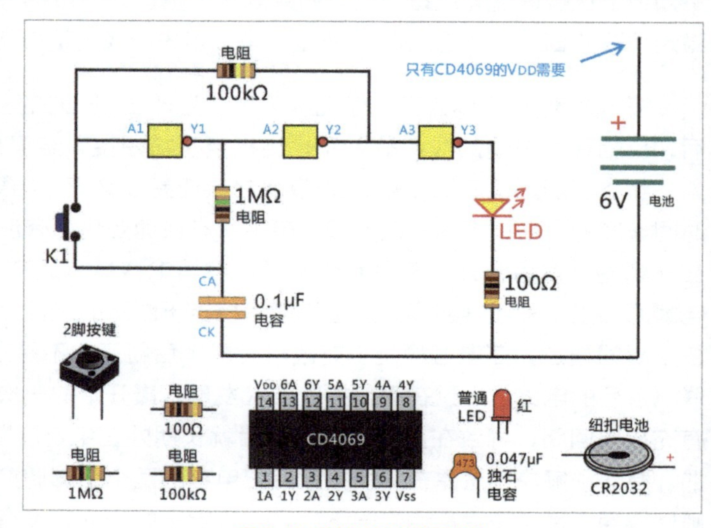

图 3.48 单键开关电路示意图

输出端（Y1）是低电平，所以电容中的电通过1MΩ电阻放掉，直到完全放光。电容两端都变成低电平的稳定状态。现在又回到了初始状态，再次按键则重复此循环。

大家有没有惊呆，这么简单而妙趣的设计是谁想出来的？反正不是我，我在初次学习时也不由地发出赞叹。电路之美，美在原理，也美在设计，在意料之中、情理之外。把电路在面包板上组装出来，测试效果非常棒。完全能制作出有实用价值的按键开关灯。现在你是否对非门电路高看一眼了呢？不要高兴得太早，非门的作用远不只这些。下一节我将继续介绍更好玩的非门电路！

3-7 用CD4069制作警报器

上一节介绍了自锁开关电路，那是非常巧妙的设计。电容和电阻在与反相器（非门）配合时发挥了神奇功效。反向器和电容、二极管一样是通用的电路单元，它好像积木，能任意组合出新奇的设计。这一节我们继续研究反相器，通过电路的重新设计，完成与NE555一样的延时电路，并用它设计一款功能完备的警报器。真能做到吗？请看下去！

【单个反相环】

两个反相器连在一起实现稳态（稳定的电平状态），上一节已经讲过。如果现在我们把单独一个反向器首尾相连，会有什么效果呢？会稳定吗？脑中试想一下，一个反相器的输出电平直接送回输入端，比如输入高电平，输出低电平，低电平马上送入输入端，输入端马上变成低电平。输入端变低后，输出端即变高，输入端刚稳定一瞬间，又要改变。一会高，一会低，无终无始，循环不止。变化速度有多快？理论上是很快的，应该会达到芯片的性能极限。这时电路的性质有所变化，单个反相环便具有了信号放大功能，原理下节再说。现在我们至少知道了单个反相环具有自动变化电平的功能，也就是说它能产生一定频率的波动，是一个天然的频率发生器。如果能设法人工调节频率，就能像NE555一样做成时基电路了。想想学过的知识，什么元器件能调节频率呢？调节频率，控制速度，你会想到NE555闪灯电路对LED闪烁速度的调节，还有CD4017流水灯电路也用了同样设计。没错，那就是电容！不同容量的电容在电路中形成不同的充放电时间，虽然充放电时间也与电容相连的限流电阻有关，但电容依然是主角。只要在高频率的单个反相环中加入电容，频率就能随意调节了。可是电容要怎么接入单个反相环电路中呢？

根据上一节的经验，我先给单个反相环加一个电阻，如图3.49的左侧电路所示，然后再考虑在它的输入端和输出端加上电容。加入方法有好几种，最容易想到的是把电容串联到反相环之中，如图3.49的中间电路所示。可是这样的结果是当电容放电或充电后，电容相当于断开状态。环断开了，频率都没了，显然不行。还有就是把电容并联在电阻的两端，如图3.49的右侧电路所示。当电平改变时，电容会充电、放电，拖延变化时间。看上去很有道理，于是我在面包板上做了实践，结果并不理想。是呀，在电路中创新，首先试用最简单的方法，如果不行再试着加入更多元器件，这里我本想只用一个电容解决问题，看来不行，还需要让电路变得再复杂一些。

经过不断的努力，我终于得出了一款可用的时基电路设计。如图3.50所示，2个反相器、2个电阻、1个电容，组成2个“单反相环”。图中环1是有主导作用的环电路，把图3.49中的一个电阻分成了R1和R2两个。在两个电阻之间的线上连接了电容C1，C1另一端连到第2个反相器（右侧）的输出端。电路的原理并不复杂，在看我的讲解之前，你最好可以自己分析看看。原理是这样的：先来看环2，环2把电容串联到电路中，电路在电容充电和放电时是有效的，可是一旦电容充放电完成，电容的特性就相当于把电路断开了。这时需要“外力”改变环2中反相器的电平状态，好使电容重新处在充放电状态。于是我在环2的输入端又加了有协助功能的环1。环1的电平改变被输入环2中，给C1充放电，而C1变化的结果又通过R1送到环1输入端。这个过程比较不好想象，如果你没有看懂也没关系，试着在纸上画出电路，然后假定输入端为高电平，然后推理电路状态。经过一段时间的研究，慢慢就能明白了。如果你还学不会也没关系，熟悉原理并不如熟练应用重要，只要会应用也很优秀了啦。电容充放电时间和R2电阻的值决定了输出电平的变化时间，也决定了整个电路的输出频率。改变C1和R2的值就能改变输出频率，这和NE555芯片相似。

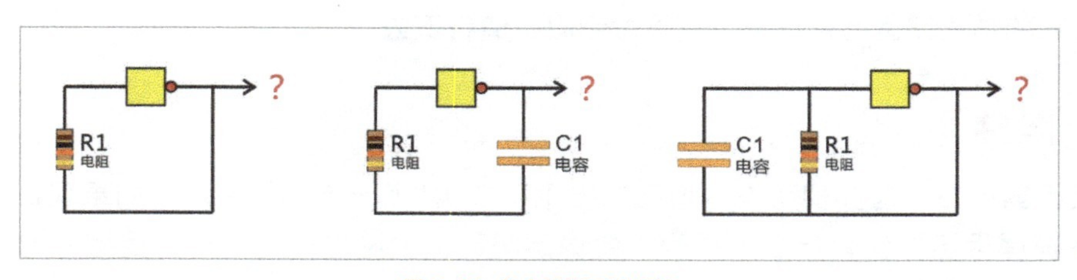

图 3.49 单个反相环的设计

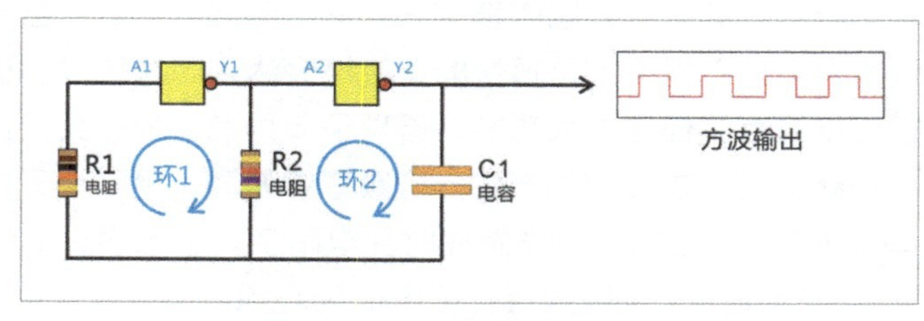

图 3.50 CD4069 频率发生器电路

好，现在我们有了和NE555一样的时基电路。有朋友会问了，非门的时基电路比NE555好在哪呢？实话说并没有什么特别的好处，只是能证明CD4069也可能做时基电路，大家从中能学到新方法。图3.51所示是用CD4069芯片中的3个反相器制作的LED闪灯电路，LED以每秒闪烁一次的频率闪烁。想达到此频率，R2采用4.7kΩ电阻，C1用100μF电容。为了让LED电路和时基电路隔离，又在后面加了隔离用的反相器。反正CD4069上有6个，不用白不用。请在面包板上把电路制作出来看看效果吧。

【警报音的产生】

完成了LED闪灯电路，即达成了反相器的时基功能，下面用这一功能来制作一款间断音频的警报器吧。所谓间断音频就是断断续续的鸣响音，“嘟……嘟……嘟……”的警报音，你懂的！既然能做出每秒闪烁的频率，改成更高的频率自然不成问题。1Hz能用眼睛看到，20~20000Hz就能听到了。图3.52所示是把LED换成扬声器的电路原理图。电容C1的值改成了0.1μF，调整此电容值会产生不同的音调。接好电路后，扬声器会发出一个单调的声音（在实际制作中我使用了2节纽扣电池，输出电流的能力有限，扬声器发出声音小，若改用碱性电池声音会大很多）。这就是警报器的声音，不过我们还需要让它间断发音才行。怎么间断？其实还是时基电路。区别只是间断电路延时较长，并且还要能控制单音电路发声。问题的关键是：怎么让“间断”控制“单音”的有无。最容易想到的方法是直接把“间断”的输出连接到“单音”的输入端。这样只有间断电路输出允许发音的电平，单音电路才工作。不过现实制作中并不可行。试想无论“间断”输出什么电平，都会让“单音”的输入端固定在高电平或低电平而无法变化，单音电路不能工作。而我们需要的是这样一种电路：当想发音时，间断电路不输出任何电平，自然不会干扰单音电路的工作。想不发音时，只要让间断电路输出任意电平，即把扬声器的电平固定住了，阻止了单音电路的工作。哎呀，有什么电路是能在输出电平和不输出电平之间切换的呢？答案在意料之外却在情理之中，那便是二极管。只要在两个电路的连接部分反方向串联一个二极管就能达到想要的效果了。加入二极管之后，间断电路输出高电平时，由于二极管的单向导电特性，高电平的电流不能到达单音电路那边，相当于没有电平输出。而间断电路输出低电平时，在单音电路一边的高电平电流会反流到间断电路一端，使单音电路的输入端固定为低电平。结果间断电路输出高电平时发音，输出低电平时不发音。复杂的问题只用一个二极管就轻松搞定！请记住二极管的这个应用，今后还会用到。图3.53所示是加了二极管隔离的间断警报电路。电路中依然用到了上文的元器件参数，间断电路中的电容是100μF，产生大约1Hz的频率。调节这个电容值可使警报音或缓慢或急促。单音电路中的电容是0.1μF，产生大约800Hz的频率，此参数决定了音调。我在面包板上测试了，发音效果良好。看看，从单个反相环到警报电路都很顺利，最后一步是给警报器加装永久触发电路。

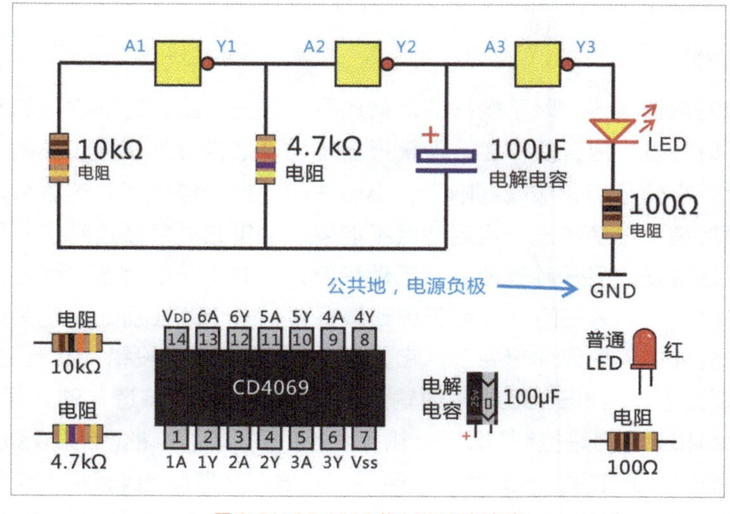

图3.51 CD4069的LED闪灯电路

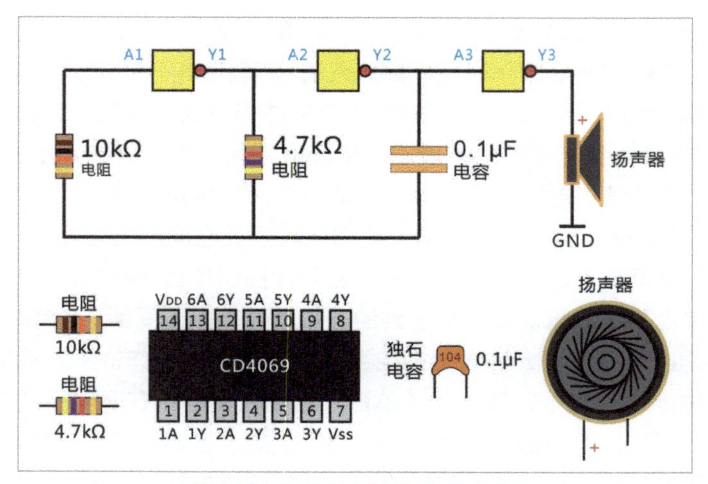

图 3.52 CD4069 蜂鸣单音电路示意图

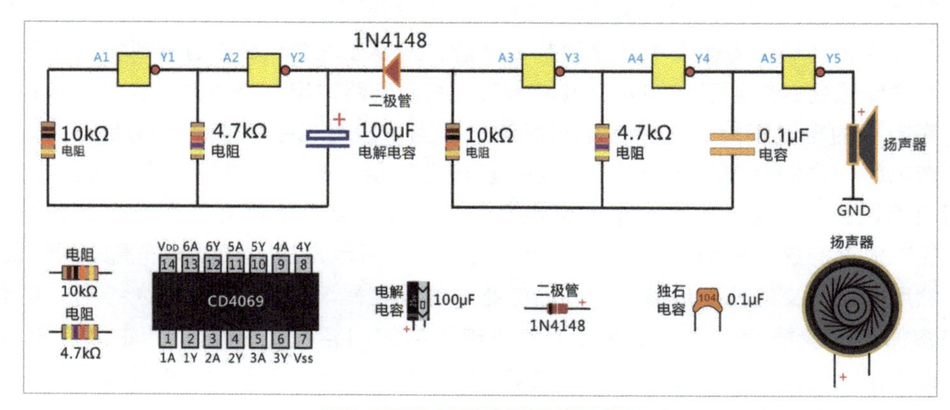

图 3.53 CD4069 报警音电路示意图

【永久触发电路】

因为我们要做的是警报器，除了警报的声音还要有触发电路。之前学习的都是可逆触发，比如按键开关，按下时触发，放开后停止。但警报器是为了报告意外事件和坏人入侵的。如果把按键开关装在房门上，小偷开门，报警器响了；小偷关门，报警停止了，这怎么能行？小偷会嘲笑我们的。所以必须加装一个使触发一旦启动就不能停止的电路。怎么达到这一要求呢？请大家转换一下思维，永久性触发的另一种理解是：启动和停止并非同一触发源，而是分开的。也就是说警报器要有2个按键，一个装在门上只用于启动警报，另一个藏在别处用于关掉警报。想一想哪个元器件是开、关异处的？也许你想到了，它就是NE555芯片（没错，又是它）。虽然在时基功能上CD4069可取代它，但NE555的阈值输入设计是不易被“仿造”的。回想NE555的原理介绍，我说过第2脚和第6脚是控制NE555输出状态的阈值输入端。当第6脚输入高电平，3脚输出低电平。当2脚输入低电平，3脚输出高电平。只要在2脚和6脚各接一个按键（也可多接几个做多点触发），分别用于触发（启动）和复位（停止）。图3.54所示是最终完成的警报器电路，图中两个触发按键电路部分各加了一个二极管，二极管能去掉反向电平干扰。两个按键因为都是不可逆的触发，所以不用加滤波电容。如法炮制便完成了一款优秀的警报器电路。图3.55所示是我在面包板上制作的实物，电路的触发部分改成了2条导线，方便与干簧管制成的磁控开关连接（磁控开关装在门上）。复位开关被藏在面包板的角落，被一团导线挡了起来，不知情的人很难发现，哈哈。请大家动手制作吧，手脑并用，熟练掌握所有的知识点。警报器做好了，你对非门是否更亲切了呢？我们对非门的探索还没结束，下一节内容更加精彩。

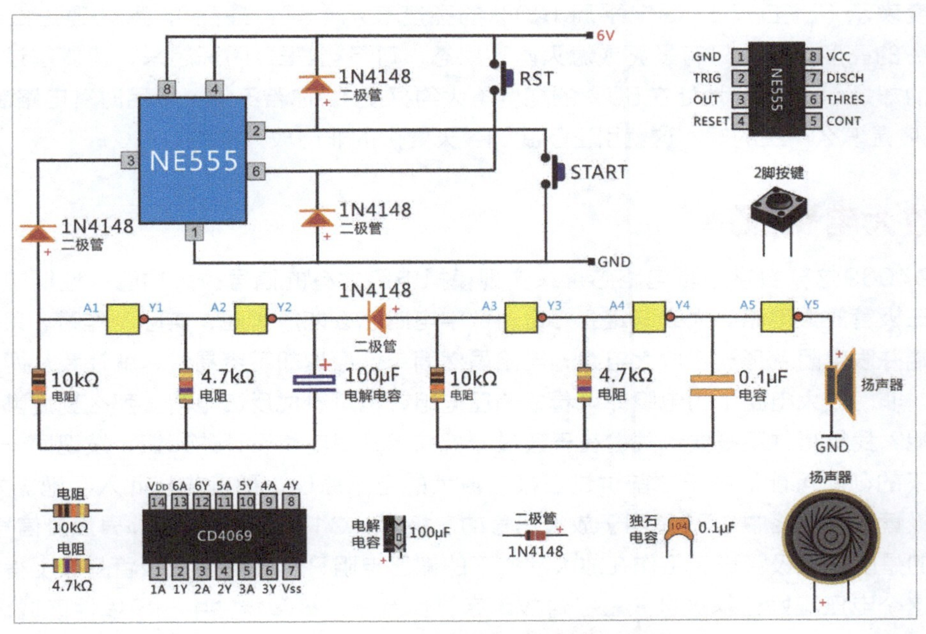

图 3.54 加入触发和复位功能的报警器电路示意图

图 3.55 在面包板上制作的 CD4069 报警器电路

3-8 用 CD4069 制作放大电路

之前我们研究了非门组成的时基电路，当单个反相环首尾相连时会产生自我电平的不断反转。当反转速度足够快时会产生一种全新的电路属性。以前留下的悬念，这一节来破解吧！电平反转达到一定速度会有怎样的事情发生，电路的新属性又是什么呢？为了更形象地说明，我不得不做个并不算贴切的比喻。试想用一个LED的亮度来表示电平反转的状态，假如低电平用0的亮度表示（LED灭），高电平用100%的亮度表示（LED最亮），那么理论上不会出现0 ~ 100%的亮度，因为只有最亮或熄灭两种状态。可是当LED闪烁起来，速度超过24次/s，我们看到的却是LED稳定地处在50%的亮度（大约亮度）。你若不信，可用时基电路制作证明。50%的亮度是怎么产生的呢？这就引出了我们今天要讲的非门放大电路。

【非门放大电路原理】

用CD4069这款数字逻辑电路芯片来实现模拟电路才有的信号放大功能，性能如同我们之前学过的三极管放大电路。大家一定会好奇，数字电路怎么能放大呢？实际制作时，只要在一个非门的两端并联电阻就形成了放大电路，电路虽然简单，原理却不容易讲，就让我从两个角度讲解一下吧。非门放大电路中的电阻即可看成偏压电阻，也可看成反馈电阻。那么到底哪个理解才是正确的呢？我觉得并不重要。关键在于通过分析来提升对电路设计的知识，发现同一电路在不同理解之下的创新可能。由于之前讲过三极管放大的电路原理，那就先从此入手吧。如图3.56所示，三极管放大电路中VT1是用于放大信号的三极管，C1和C2是隔离外界直流信号的电容。最为关键的是能让三极管稳定工作在放大状态下的偏压电阻R2。R2使三极管基极上得到一个恒定电压，这个电压正好让基极进入三极管放大区，也就是三极管特性中一段线性区域。R2的阻值太大或太小都会影响到放大的状态，所以这个偏压电阻很重要，可以说它开启了三极管的放大功能。图3.57所示的非门放大电路中的电阻也有偏压电阻的作用。非门的输入端（A1）相当于三极管的基极（b），输出端（Y1）相当于三极管的集电极（c），而事实上三极管和非门是不同的东西，怎么等同理解呢？这里就得考虑到非门的内部结构了。说白了，所有元器件都由PN结组成，好像原子组成万物一样。一个PN结能构成二极管，两个PN结能构成三极管，多个PN结构成多极管，就好像多个原子会构成分子一样。接下来，多个三极管、二极管在电路上组合起来，最终实现电路功能，就好像多个分子聚在一起形成世间万物。而非门不是原子或分子，而是由分子组成的物质。非门的内部其实就是由多个三极管这样的东西组合而成的，只要这样理解，问题就

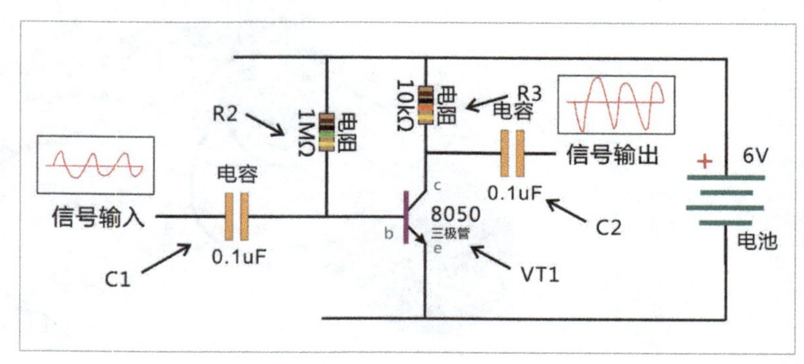

图 3.56 三极管放大电路原理图

简单了许多。图3.58所示是一个非门内部的结构等级示意图。如果按此三极管电路替换，会有和非门同样的功能。这时再看图3.58中的1MΩ偏压电阻，是不是和图3.56中的R2相似呢？

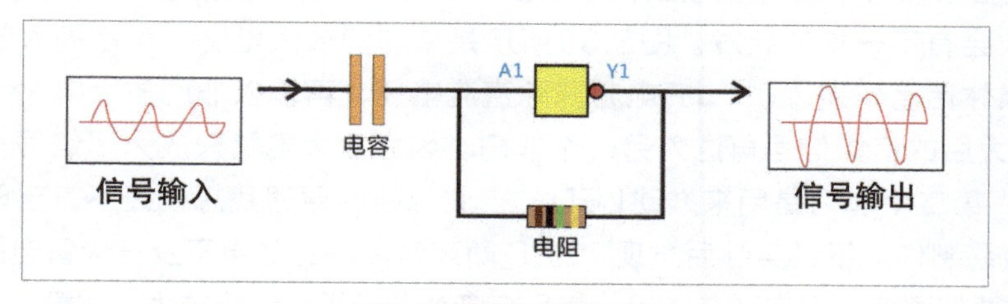

图3.57 非门放电基本电路

让我们按三极管放大电路的原理去分析非门放大电路，是不是轻松很多？不过图3.58所示的电路毕竟是简化的假想图，若非门内部电路不是如此或各厂家有不同的内部电路方案，我们的假设就失去了说服力。不过还有另一种把非门看成一个整体的分析方法。正如本节开篇提出的比喻，在单个反相环电路中，反相环不断变化，速度太快，使它进入50%电平的状态。若在上面接一个LED会发现，LED不是全亮，不是熄灭，也不是闪烁，而是以50%左右的亮度保持稳定。大家都知道数字电路只有开或关、1或0两种状态，模拟电路才会有中间电平。显然，单个反相环已经属于模拟电路状态，这时了解非门的放大线性关系就非常重要了。图3.59所示是非门输入、输出电平之间的关系。假定输入端的电压在0~1.8V，输出端输出恒定5V（高电平）。输入端电压在3.2~5V，输出端恒定输出0V（低电平）。而在1.8~3.2V中有1.4V的波动空间，输出端则是0~5V的波动空间。这时的放大倍数就是5/1.4，即3.6倍。图中的线性坡度越陡，放大倍数就越大。在单个反相环中，电压保持在约50%的位置，也就是2.5V，正巧落在线性图的放大区域。只要外部输入一个小小的电压波动，输出的波动就是0~5V（假定使用5V的电源）。这款线性图同样适用于三极管放大电路的原理，之前说的偏压电阻也是让三极管基极进入这一区域。以上就是非门放大电路的两种分析方法，你喜欢“偏压电阻说”还是“中间电平说”呢？无论哪种都基于器件开关之间的一小段线性变化状态。而所有器件都会有这段区域，不可能是绝对的开或关，这是由器件的物理特性决定的。当你明白这一层面，放大电路就不再神秘了。接下来想一想怎么用非门放大电路做我们想要的东西吧。

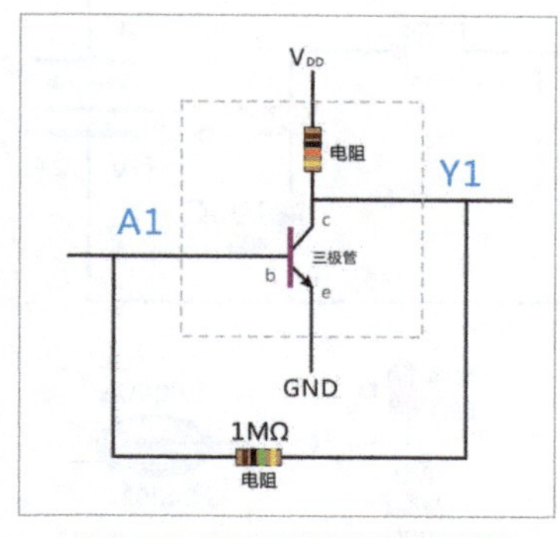

图3.58 非门内部结构等效示意图

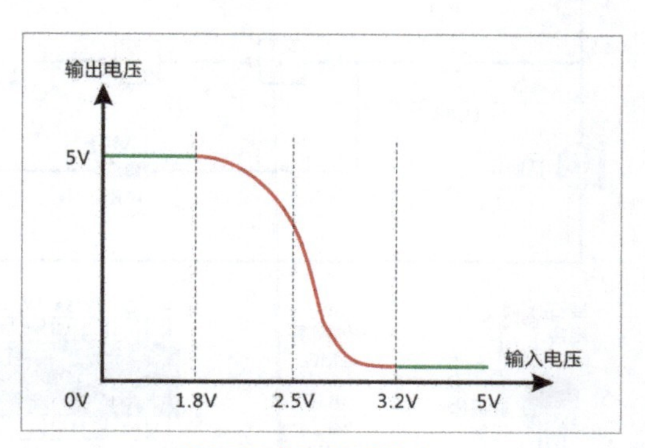

图3.59 非门电压线性表

【声控LED闪灯电路】

放大电路在音频信号中最简单的应用实例是声控LED闪灯，虽然前文用三极管做过了，但用非门再制作一次会有不一样的启发。图3.60所示是单非门放大电路，声音输入部分依然是加了偏压电阻的驻极体话筒，通过0.1μF电容滤除直流电压，再输入非门放大电路。在非门上并联1MΩ电阻，放大后的音频信号再送入另一个非门。因为放大电路只放大了信号，而没能提供推动LED的电流，第二个非门是用来推动LED的。此电路的原理我想已经不言自明了，相比三极管放大电路要更易制作。不过实验后发现，LED随声音闪烁的效果不及三极管电路灵敏。若想提高放大倍数，需要把更多非门串联在一起，信号在多个非门里会逐级放大。注意，串联的非门数量一定要是奇数，如果是偶数就成了稳态电路了。图3.61所示是串入3个非门的放大电路，放大倍数更高，实际效果比用三极管放大还要优秀。

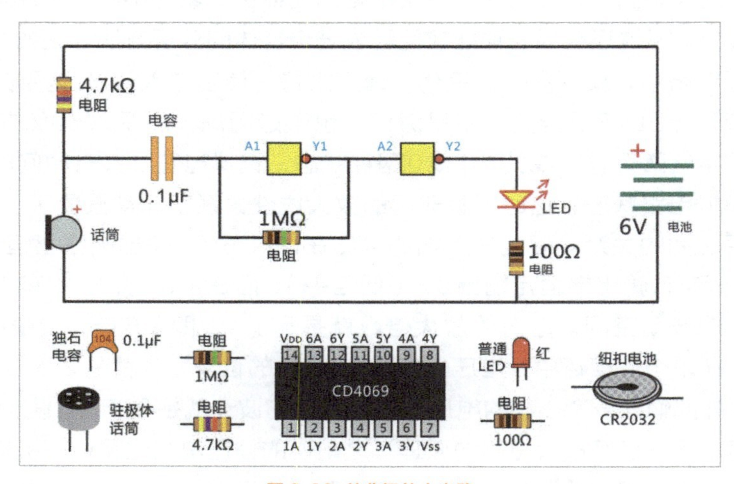

图3.60 单非门放大电路

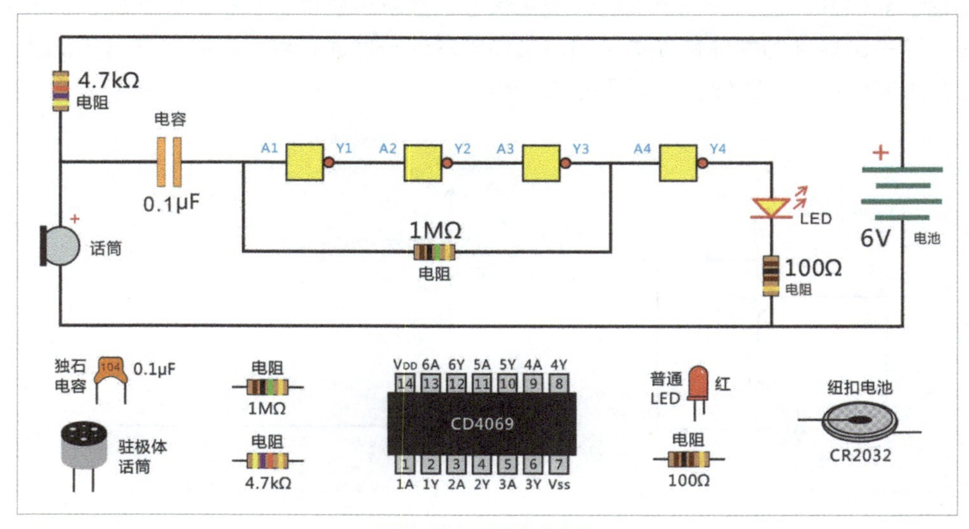

图3.61 3非门放大电路

【肌肉电脉冲监听电路】

在人身上有很多可以检测的微弱信号，接下来的扩展环节就来看看如何让放大电路检测到最微弱的信号。是心跳吗？心跳还不算微弱，把耳朵贴在胸前就能听到。我们要尝试放大那些听不到的声音——肌肉的声音。有朋友会问了，肌肉怎么会有声音？好像从没听过。其实肌肉动作是由电脉冲驱使的，肌肉运动时非常微弱，幸好非门放大电路能帮助我们聆听肌肉的声音。图3.62所示是肌肉电脉冲监听电路，图中把输入端的两条导线贴在手臂肌肉的两侧，用胶带贴好。监听时不要用另一只手触碰导线，放大的输出端可与耳机连接。电源用6~9V的电池，不要用变压器，因为此电路是多级放大，放大倍数很大，使用变压器或靠近任何电子设备都会产生信号干扰。电路上电后，耳机里会出现如收音机无电台时的背景噪声——“哗哗”声，有时还可能听到混合在一起的广播节目，这是正常的。不过这些都无关紧要，关键是要听到肌肉的声音。此时把贴有导线的手攥成拳头，用力一点，你会在耳机里听到“吱吱”的声音。没有错，那就是肌肉的电脉冲，试着用别的肌肉发力，听听声音有什么变化。我相信你还会有更好的点子去玩转高倍放大电路。图3.63所示是在面包板上制作的放大电路，手臂运动时会有很有趣的声音从耳机中发出。

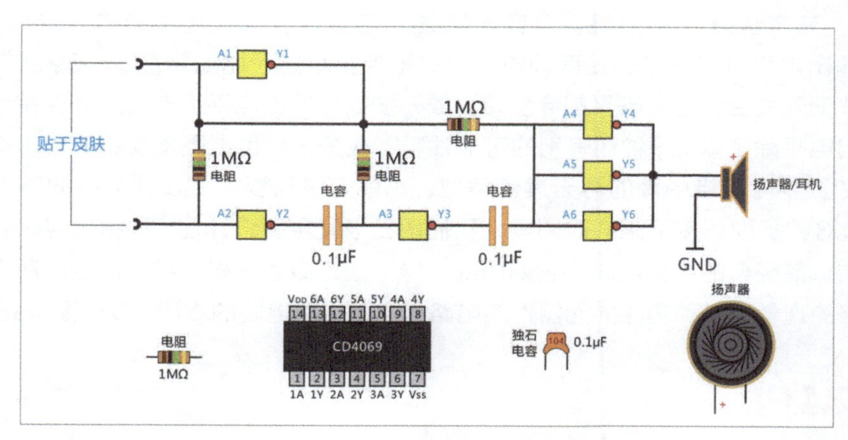

图 3.62 用于人体肌肉电脉冲监听的高倍放大电路

关于肌肉脉冲监听电路的工作原理，我就不细细分析了。相信大家通过前面的学习已经有了独立分析电路的水平，现在就是你小试牛刀的时候。到此，关于CD4069非门电路的全部内容暂告一段落。由于你的认真学习和实验，所有电路想必都已烂熟于心，这款小小的芯片带给我们不少快乐与启发。下一节中我们将暂别芯片的学习，回归分立元器件的设计与制作，用三极管制作出更复杂、有趣的电路设计。温故知新，继续前行。

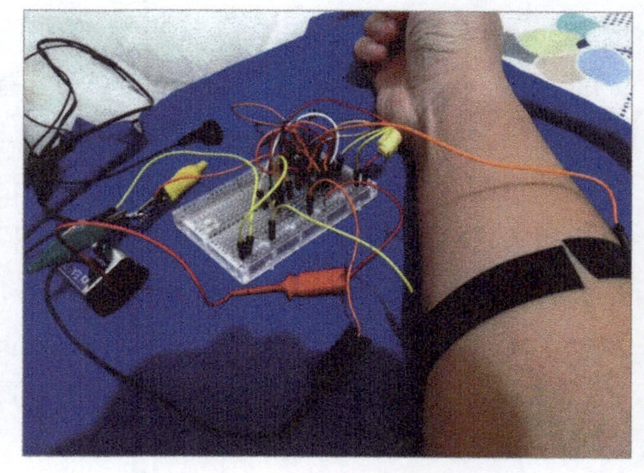

图 3.63 正在监听肌肉电脉冲

3-9 三极管闪烁延时灯

前几节我们研究了芯片电路，通过不同外围电路的设计仍能做出不可思议的新功能。常用的CD4000系列芯片有很多，但我无意撰写一部《芯片使用手册》，我们的重点是电路设计的技巧。所以先把芯片的故事停一停，回过头重拾以三极管为主的分立元器件，看看还能拿它做点什么。嗯，好像该做的都做过了。没关系，之前用芯片做过的事再用三极管重新做一次。芯片其实就是由分立元器件组成的。如果用最基础的材料设计那些早已熟悉的电路，我想应该会有新启发。

【无稳态、单稳态、双稳态】

什么是稳态呢？顾名思义就是稳定的状态。那谁要达到稳态呢？当然是电路输出的电平，如果在一段时间内观察电路输出电平，电平在高低之间不停变化就是无稳态。比如之前做过的LED闪灯、音频发生电路都是无稳态电路。相同的原理，单稳态就是电路输出电平长时间保持高电平或低电平。可能你会问了，如果一直不变化，那还有什么意义呢？其实不是一直不变啦，单稳态只是长期处在一种电平状态，偶尔也会变化。比如早期制作的声控LED闪灯，没有声音时LED不亮，有声音时LED点亮。声音一消失LED熄灭，这就是单稳态。双稳态更好理解，意思是电路输出电平可以在高、低两种电平状态下保持稳定。比如用CD4069制作的单键锁定开关，每次按下开关后，输出电平都会反转，放开按键后输出电平仍然稳定地保持当前状态。想一想电路输出电平除了以上3种还有别的可能性吗？很多前辈也试图发现新的稳态类型，但在只有高低电平的数字电路当中真的再无其他类型。也就是说只要我们设计电路的输出是高低电平的，即只有此3种类型。接下来的时间里，我们用三极管重新设计这3种稳态电路。这将会是最基础、最简洁、最经典的单元电路。它如同红、绿、蓝三原色一样，组合出世间所有色彩，也令我们透过电路的现象（各种功能的元器件的电路组合）看到电路的本质（3种稳态的组合）。

【单稳态电路】

在3种稳态电路中，单稳态最好理解。单稳态电路是在电路输入端触发时产生电平变化，触发结束后又回到平时的电平输出状态。图3.64所示是我设计的一款按键延时灯电路。按键S被按下时，电容C开始充电，当按键被放开后，电容C中的电量经过100kΩ 限流电阻给三极管VT1基极电流，使VT1导通。此时VT2基极也变成低电平，使VT2也导通，LED点亮。按键被放开后，电容C的电量慢慢放光，VT1和VT2断开，LED熄灭。调节电容C的容值可得到不同的延时时间。你看，单稳态的原理几句话就讲明白了。因为在之前的学习中我们有了足够的经验积累。图3.65是这款单稳态电路的电平变化示意图，可以看出单稳态用两只三极管通过电容充放电，使电平短暂地保持。顺便说一下，LED和其限流电阻可串联在VT2集电极上，也可放到发射极上，其效果相同，只取决于你的喜好。图3.64中如果去掉VT2，直接把LED串联到VT1集电极（c）上也可以，之所以用VT2是希望在结构上把延时处理和LED驱动分开，让大家更好理解。

【无稳态电路】

三极管无稳态的经典电路是两组相同的电路单元交叉在一起，形成互相触发的效果。这和之前学过的内容不大一样，大家在理解上可能会有难度，所以我们慢慢来讲吧。相信经过这么长时间的学习，理解新电路并太不困难。图3.66所示是一款经典的无稳态谐振电路，所谓“谐振”即以一定频率（规律的电平变化）振动。从结构上看这款电路最特别的是中间部分有一个X形的接线，如果在X形的中心纵向画一条线，你会发现线的两侧是对称的。嗯，对称的东西总能带给人美感——直观上的电路之美。再看电路的组成：X形下部是2只三极管，上部是2只电容和4只电阻，排列相当整齐。我们以电容为参考点，左侧电容的一侧接着100Ω电阻到电源正极，同时连接在左侧三极管的集电极上。电容另一端连接一只10kΩ电阻到电源正极，同时连接到右侧三极管的基极上。右侧电容也同样如此。换句话说，电容连接着一侧三极管的集电极和另一侧的基极，这意味着两只三极管的输出与输入首尾相连，形成环形电路。看起来是不是很熟悉？在CD4069制作的多款电路中也用到环的概念哦，环中的电容起到了相互控制的作用。

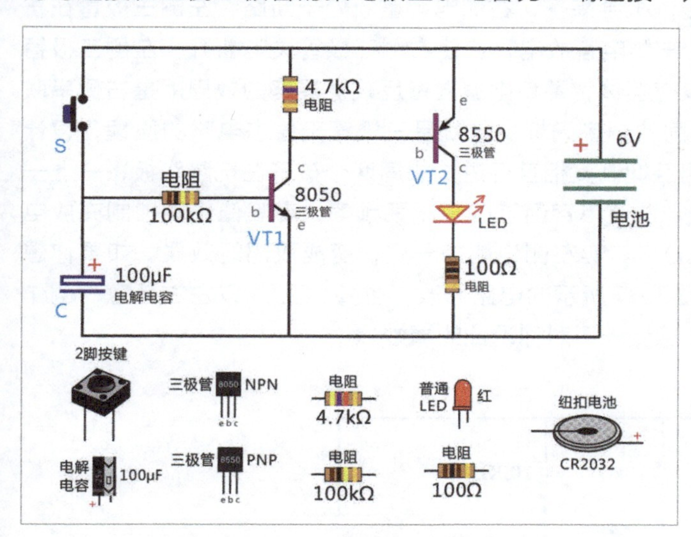

图 3.64 按键延时灯电路示意图

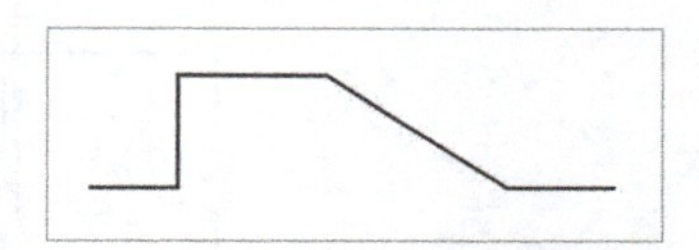

图 3.65 单稳态延时灯的电平示意图

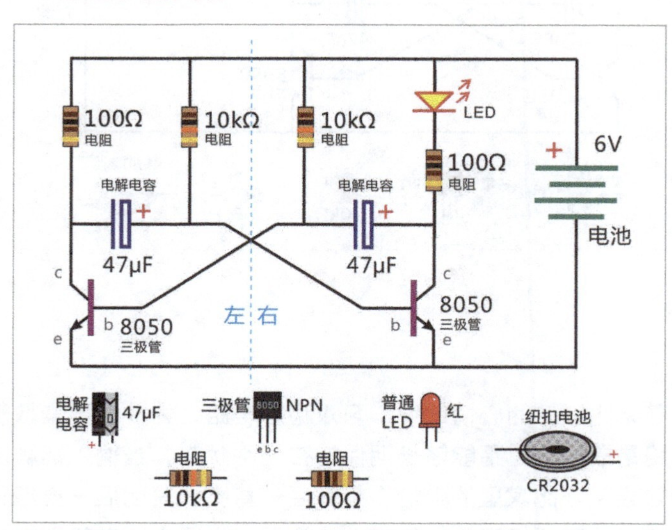

图 3.66 三极管无稳态谐振电路示意图

从原理上讲，电路上电时，两个电容开始充电，充电中的电容相当于短路。此时，电源正极的电流通过电容到达两个三极管的基极，使三极管导通。两个三极管不可能同一时间导通，电容和三极管的品质差别都会导致导通有先有后，好比一场争先恐后的比赛。假如左侧的三极管先导通，会使左侧电容的一端为低电平，左侧电容马上开始放电，放电过程也使电容相当于短路，结果右侧三极管的基极失电断开。左侧抢先一步迫使右侧断开，这是你死我活的状态。接下来左侧电容电量慢慢放光，左侧电容断开。断开使右侧的三极管有了喘息的机会，它借助左侧的10kΩ上拉电阻给自己的基极供电，结果右侧三极管得电导通，这一导通又使右侧电容的一端变成低电平。放电过程相当于导线，把左侧三极管的基极也拉到了低电平。左侧三极管还没到享受到喜悦就又被迫失电断开。不过它没有灰心，它会等到机会。同一时间左侧的电容也会借机充电，为自己蓄积电量。等右侧电容放电结束，报仇机会来了，右侧电容重新处于断路，左侧三极管在右侧10kΩ电容的帮助下重新得电导通。让左侧电容放电，迫使右侧三极管失电断开，左侧三极管重拾胜利。故事还没有结束，右侧阵营没有罢休，蓄积电量准备反攻。最终的效果就是右侧串联的那只LED以两个三极管“拉锯战”相同的频率闪烁。这就是三极管无稳态电路的原理，设计者巧妙地利用两套相同的部分，使它们相互抑制又相互促进。如同两个孩子在玩跷跷板，一上一下，不断往复。在图3.66所示的电路中，调节电容值能改变振荡频率，电阻值也能控制充放电时间。不过，该电路中只在右侧加了LED，其实左侧也能加一只，变成双闪灯效果。如果你想做一款谐振（方波）输出电路，那就按图3.67所示的电路修改，去掉LED，以左右任意一侧作为输出端。请大家在面包板上实际制作，感受一下对称设计的精妙！

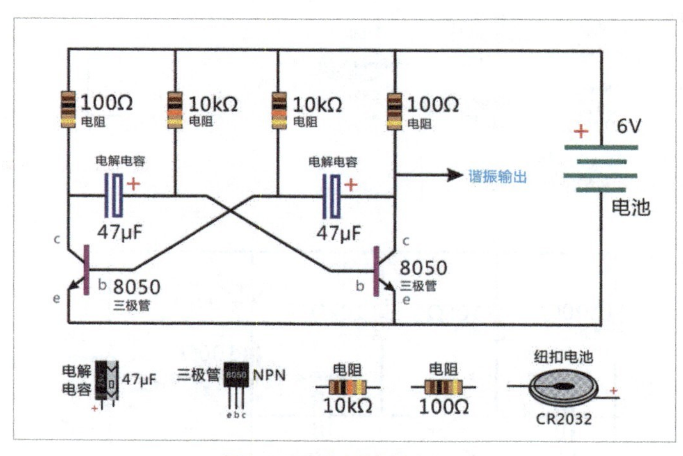

图 3.67 无稳态谐振输出电路

【双稳态电路】

接下来让我们怀着无比崇敬的心情继续学习双稳态电路，为什么要崇敬呢？因为它的设计实在太强了。双稳态电路是指输出电平能够长期保持在一种状态，当输入端触发时，可切换到相反状态并保持。直观的效果就好比家里的电灯，打开后一直亮，关闭后一直熄灭，不会有闪烁（无稳态）或按下开关时亮、放开后熄灭（单稳态）的问题。生活中所有带锁定功能的开关都是双稳态的。双稳态电路有两种触发方式：双键触发和单键触发。双键触发相对比较简单，因为两种电平输出状态分别由两个键触发，彼此不干扰。双稳态电路要有保持当前电平的功能，无论是高电平还是低电平。其次它还得有切换电平的功能，两个键独立切换。先看保持电平的功能，联想之前学过的电路，看有没有能直接用上的。刚刚学过的无稳态电路好像可以保持电平状态，只是因为有电容的充放电作用，迫使电平只能保持片刻，试想如果去掉电容能否可行。如图3.68所示，将电路中的电容换成10kΩ电阻，去掉上拉电阻。没有了电容的帮助，X形电路的两侧只具有相互抑制的作用。上电后，一侧导通的三极管迫使另一侧的断开，然后因为没有电容的充放电，电路保持当前状态不变。下面轮到按键登场了，S1和S2是分别强制将左、右两个三极管基极电平接地的触发电路。假如左侧三极管是导通的，那按下左侧按键即可切换到右侧三极管导通。原理可参考无稳态电路。如此下去，分别按下S1和S2即达到开关LED的效果。电路设计比无稳态还要简洁一些呢！双按键的双稳态电路可以制作“开”和“关”分开的设计，在应用上存在不少局限性，比如制作声控开关灯，拍手开灯、再拍关灯，这必须要单个触发源才能实现，必须把双键改进成单键触发才行。

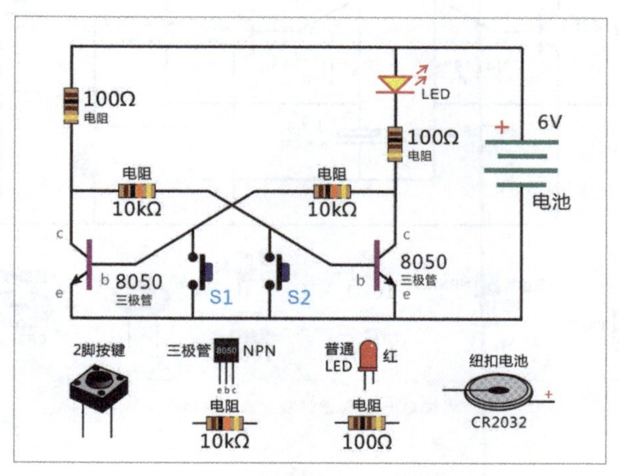

图 3.68 双键触发双稳态电路

在双稳态电路中加入单键触发的效果，需要考虑在电平反转后，同一输入端还能使电平再次反转。这部分就不带着大家推导了。图3.69所示是单键触发双稳态的经典电路。电路比之前多加了一只LED，可达到交互点亮的效果。但这不是重点，重点在下边扩展的2只二极管和2只电容上面。二极管和电容的设计是左右对称的，旨在当按键S被按下时，任何一端三极管基极有电流时，顺便会给同一侧的电容充电。充电的过程中，电容相当于短路，基极被拉到低电平，随后电平反转。可是如果没有R1和R2两只电阻，那只要按键S不被放开，电平就一直反转不止，变成了无稳态电路。R1和R2的功能是在电平首次反转后继续给电容充电，直到电容饱和断开。假如左侧三极管导通，S被按下，三极管基极为低电平（接地），三极管断开。这时左侧的电阻R1一端通过100Ω电阻接到电源正极，另一端接在电容正极。通过R1继续给电容充电，而右侧的三极管导通，右侧电容通过R2使两端都为低电平，电容放电。两只二极管的作用是防止从R1和R2过来的高电平重新作用于三极管的基极。二极管的单向导电性让电流只能从三极管基极流向电容。另外，按键没有被按下时触发端也不能悬空，那会让电路非常不稳定。所以按键处接了4.7kΩ 上拉电阻。如此一来，一款单键触发双稳态电路就设计完成了。是不是很酷！

三极管双稳态是我最喜欢的电路设计，因为我能拿它做各种实用的电器开关。它的设计如此精美，对称的结构、环环相扣的原理，还有对元器件性能的巧妙发挥，使它犹如一件艺术佳作。电路设计是电流操控的艺术，让电流从何出发，到哪停止，以你想要的方式流动，在需要的位置发挥功用。电路设计就像玩一场大型的多米诺骨牌游戏，既要在宏观上达到漂亮的效果，又得关注每一张牌的位置是否正确。这是费时耗力的活儿，幸好你我都为此着迷。

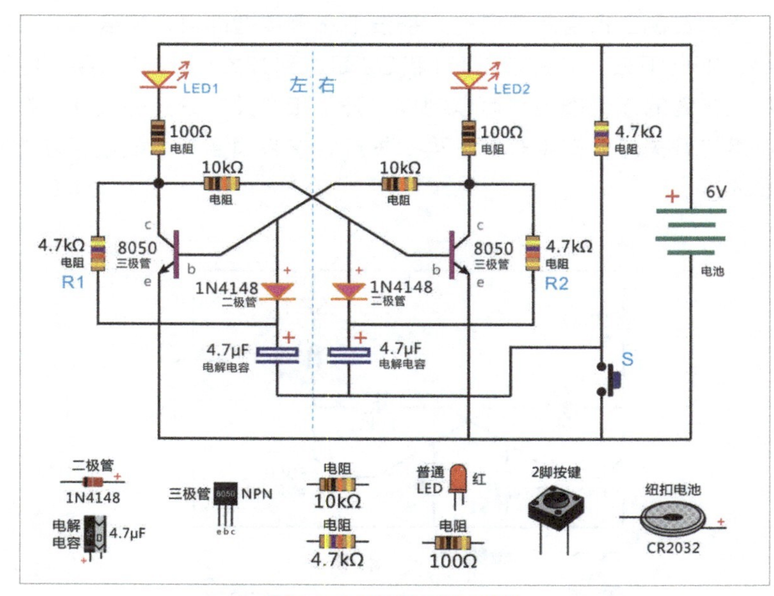

图 3.69 单键触发双稳态电路

3-10 三极管声控开关灯

我们学过了模拟电路中的三极管放大，也学过了多种数字电路中的3种稳态，那就以一个简单而有意义的电路作为收尾吧！让模拟放大与数字开关相配合，制作一款声控开关灯的实用电路。要达到的效果是当我击掌（或大喊一声）时，灯自动点亮，再击掌时灯熄灭。只要能设置好话筒响应的音频范围（比如重点采集击掌的频段）就能有效地防止其他声音的干扰。可是要怎么做到呢？首先看看实现声控开关灯需要哪些电路组成部分。话筒不可少，之前已经用话筒制作声控闪灯电路了，当时用到了三极管放大电路，看来可以照样采用。接下来是灯的开关控制部分，这里用到锁定开关状态的双稳态电路，上一节正好讲过，用它作为开关的锁定应该是最好的选择。

图3.70所示是声控LED闪灯电路，电路左半部分的话筒和三极管是音频放大电路，正是我们所需要的。图3.71所示是按键式双稳态触发电路，每按一次按键S，双稳态的输出状态反转一

次。图3.72所示电路把两款电路直接组合在一起，取了图3.70所示电路的放大部分，接在双稳态电路的输入端。为了让两款电路的电平隔离，在连接处加了4.7μF的电容（C2）。R1是为双稳态输入端配置的上拉电阻，要知道双稳态电路的输入端在平时是不允许开路的。这款电路的原理非常简单。首先，话筒通过10kΩ上拉电阻偏压，当有声音传入时，话筒正极就会有微弱的电压波动，波动通过0.1μF电容（C1）进入三极管放大电路。放大之后的声音波动信号再通过4.7μF电容（C2）送入双稳态电路。不过这个电容（C2）的选择是有门道的，电容值太大会让反应变慢，灵敏度下降；太小又会让输入双稳态的波动增多，灵敏度太高，出现反复开关的问题。我经过反复调试发现，选用4.7μF电容可以达到理想的效果，如果你如法炮制且效果不佳，就请尝试其他的电容值，直到达到最棒的效果。双稳态电路的工作原理在上一期已经讲过了，这里不再重复。

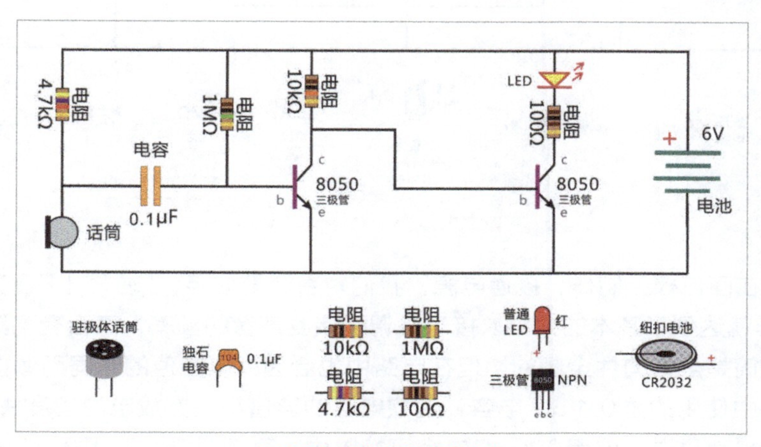

图 3.70 声控 LED 闪灯电路

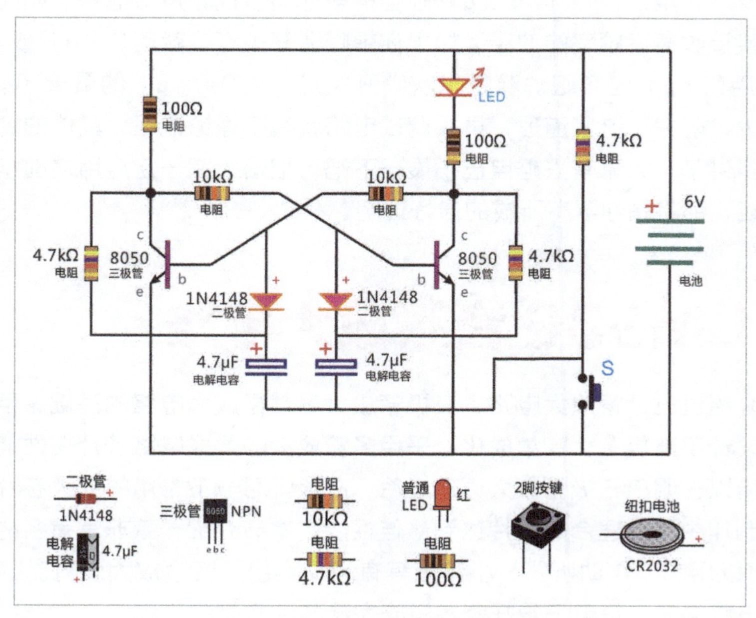

图 3.71 按键双稳态触发电路

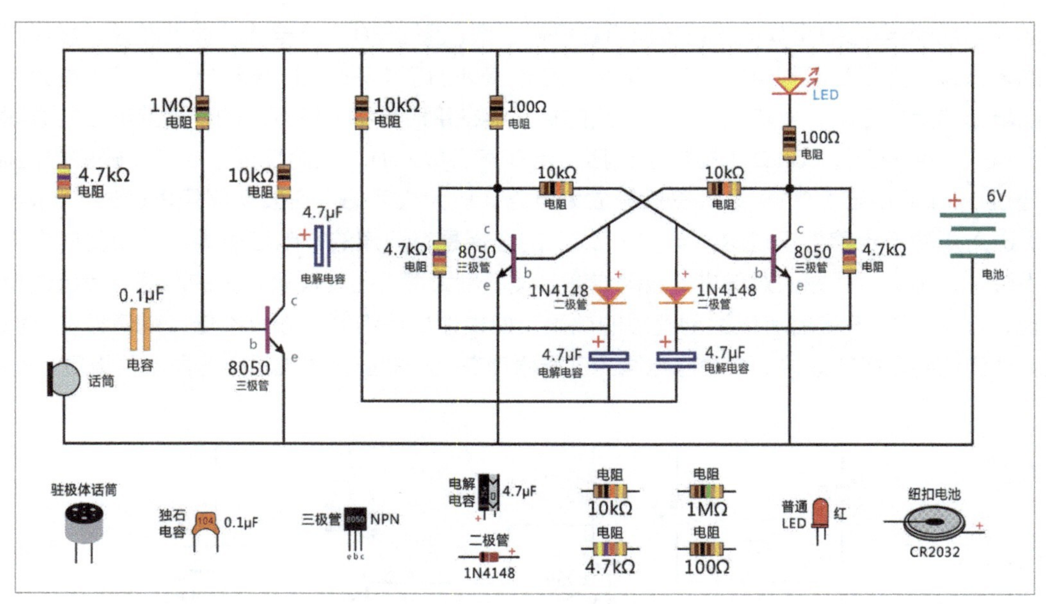

图 3.72 声控开关电路示意图

按照该电路在面包板上制作，接通电源。我们对着话筒拍手，“啪”，LED亮了。再拍一次，LED熄灭。这样就达到了基本的效果。接下来调试接收声音的频率。声音有高频、中频、低频，虽然我们用的话筒是全指向性全频的，但在电路中也会因为电容值的不同而倾向于某一段频率。话筒偏压的电路中使用的是0.1μF电容，这款电容的容值小、充放电的速度快，对高频声音有很好的通过率。也就是说，使用0.1μF电容可接收中、高频声音。改用0.01μF电容则只会接收高频的声音。反之，用2.2μF或4.7μF则会更多地通过低频声音信号。如此一来，靠更换电容值便能达到调整接收声音频率的效果。如果你想喊话开关灯，就用2.2μF或4.7μF电容。想击掌开关灯，就用0.1μF电容吧。若是想吹哨开关灯，用0.01μF的最棒了。声音频率越高，受到的干扰就越少，明白了这些道理，再去调试电路就有了理论依据。具体的制作过程和拓展的电路设计我就不多讲了，大家有兴趣自己拓展一下吧，相信大家一定能用之前学过的知识举一反三，发现创新可能，那将是你学有所成的最好证明。

3-11 LM386音频放大电路

之前的内容介绍过三极管放大电路，三极管放大虽然是放大电路的基础，但实际上很少单独使用。因为电路设计不断复杂化、集成化，采用多管放大的集成电路芯片在性能和功能上都优于独立的三极管。所以在明白三极管放大原理之后，应该学习一下常用的放大芯片作为补充，在今后的电路设计与制作中用最适合的芯片达到最佳性能。本节介绍一款非常有名的音频功率放大芯片LM386，你可以用它制作助听器、小音箱等有趣又实用的音频放大装置。LM386的引脚少、外围元器件少、电路简单，是电子爱好者入门放大器芯片的首选芯片。

【认识LM386】

LM386是美国国家半导体公司生产的音频功率放大器芯片，2011年该公司被德州仪器公司（TI）收购，所以现在由德州仪器公司生产。不过好东西总是会有很多人卖，其他公司也有与LM386引脚、功能完全兼容的芯片，如NJM386D、UTC386、NB386、D386、F386，它们只是开头的品牌字母缩写不同，型号都是386，所以大家在市场上没有找到LM也可以买别的，一般可直接替换。LM386共有8个引脚，有直插DIP8和贴片SOP8两种封装。作为一款音频功率放大芯片，它的主要功能是提高音频信号的驱动能力。一般的音频输入端的电流都很小，不能驱动扬声器产生足够的音量，LM386有0.5W的驱动功率，听上去不大，用手机大声播放音乐大概也就是这么大功率，日常使用足够了。它的输入电压是4~12V，放大倍数是20~200倍，静态工作电流是24mW，也就是说在没声音时很省电，适用于电池供电的设备。

试想一款音频放大电路至少需要几个引脚呢？首先要有电源正、负极，在LM386上对应的是第6脚Vs（电源输入正极）和第4脚GND（电源负极）。然后要有音频输入端，LM386音频输入有两个引脚，分别是第2脚- INPUT和第3脚+INPUT。为什么要两个输入端呢？难道能输入两路音频信号吗？其实两个引脚只是同一个输入端的正、负极，这一概念在三极管电路里没有。使用时将其中一个引脚接音频输入端，另一个引脚接地。哪个引脚输入、哪个引脚接地就要看你想得到怎样的相位波形，如果你和我一样只想放大，不在乎相位，那就不必考虑，喜欢用哪个输入都行。有了输入还要有输出，输出端没相位正、负极的说法，只有一个引脚——第5脚Vout。好了，8个引脚用了5个，还有3个是干什么的呢？

余下的3个引脚中，第1脚和第8脚是增益设置端GAIN，第7脚BYPASS是旁路接口。刚才说过LM386有20到200倍的放大倍数，设置多少倍呢？这就要用到GAIN增益设置端。如果两个端口悬空则放大倍数是20倍，如果在1脚和8脚上加10μF电容，放大倍数即成200倍。如果要设置50倍、100倍、150倍之类，则在10μF电容上串联一只电阻，阻值大小与放大倍数成反比，下文中会有电路实例。第7脚旁路接口的功能是滤波。大家都有这样的经验，不好的音频电路里都会有杂音（或者说噪声），特别是在电源开关的瞬间。为了去除LM386可能产生的杂音，第7脚接4.7μF或10μF的电容到GND，电容可减缓芯片内部电压变化，使部分杂音被滤除。如果你不在乎什么杂音，或者电源及音频源都没有杂音，那第7脚可以悬空。如果你只想要20倍的放大，1脚和8脚也可以悬空。

图3.73左侧所示是LM386的外观与接口定义，右边所示是其在电路图中的画法。大家一定好奇，为什么LM386的电路图画法是三角形，而不是矩形。如此画法并不是我别出心裁，而是放大器大都画成三角形，而且输出端要画在一个角上，两个输入端要画在输出端对面的边上，其他相关的引脚有连接的画在三角形另

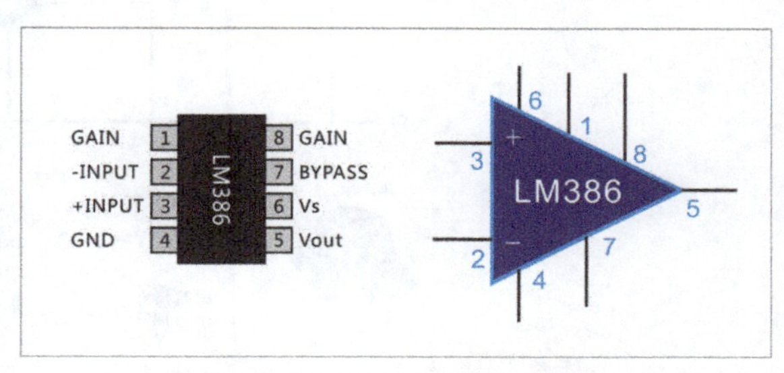

图 3.73 LM386 的外观与电路图画法

外两条边上，无连接的不画。总之在电路图中画放大器要用三角形，看到三角形即表示放大器。图3.74所示是LM386芯片内部电路，其中有10个三极管和多个电阻、二极管，若用分立元器件制作会很麻烦，多谢集成电路的发明者呀。图3.74中标出了各引脚与电路的关系，通过分析可从根本上了解这款芯片，有兴趣的朋友可以看看。

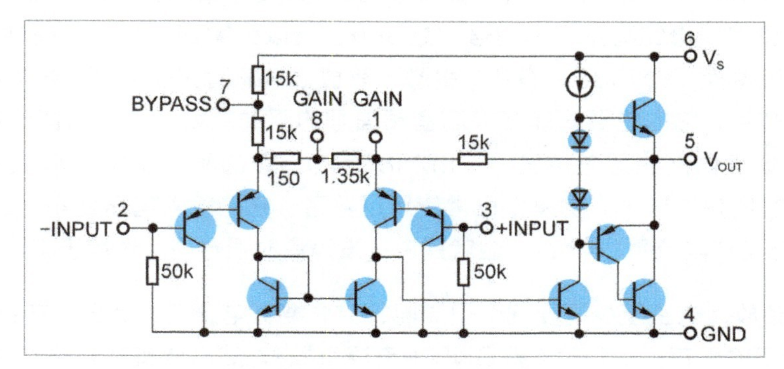

图 3.74 LM386 内部电路

【LM386的经典电路】

LM386的使用方法其实没有太多可自由发挥的，在厂商的技术手册里给出了几个不同放大倍数的电路图，电路设计和制作都很简单，不用调试，直接可用。不过关于如何选择倍数和杂音（噪声）处理上还有讲究。通常情况下，放大无源音频时（比如话筒），因其音源内部没有处理电路，所以输出的电流很小，需要高倍数放大。放大有源音频信号则需要低倍数调节，不然会溢出失真。音量是通过输入端或输出端串联电位器调节，而不是调节放大倍数。这些问题在大家实际制作后会有切身体会。下面给出3种倍数的电路实例（见图3.75~图3.77），需要注意的是：如果音源有直流电压，则需要在输入端串联1~4.7μF的电容，以滤掉直流电压。

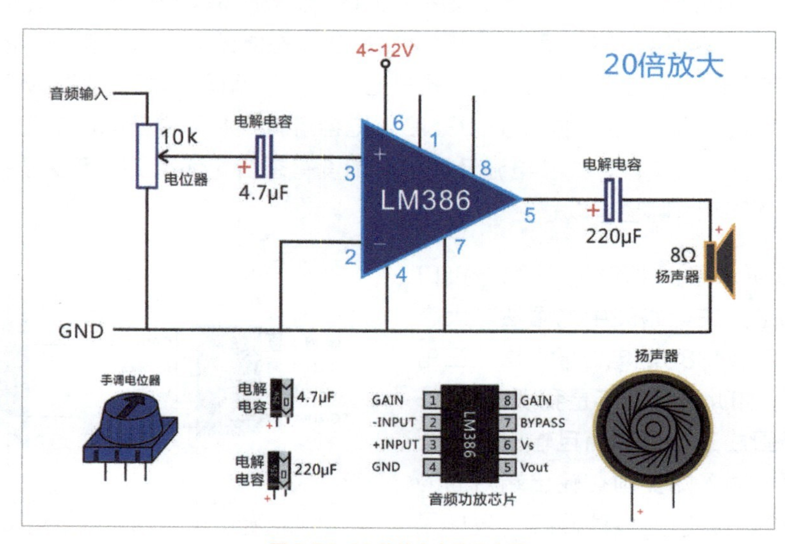

图 3.75 20 倍放大电路示意图

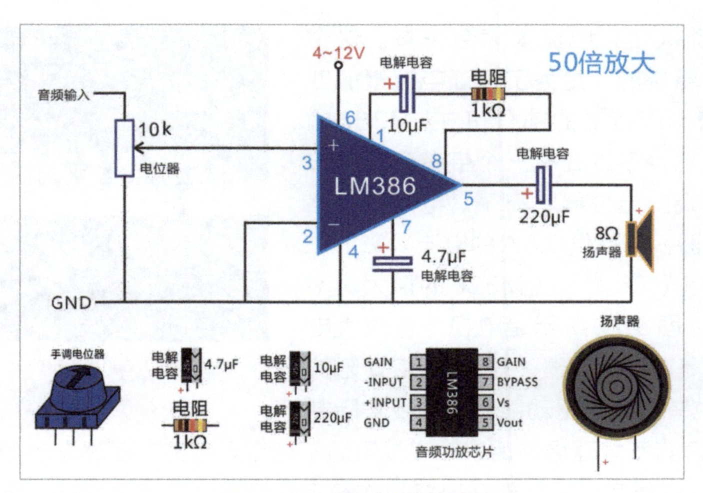

图 3.76 50 倍放大电路示意图

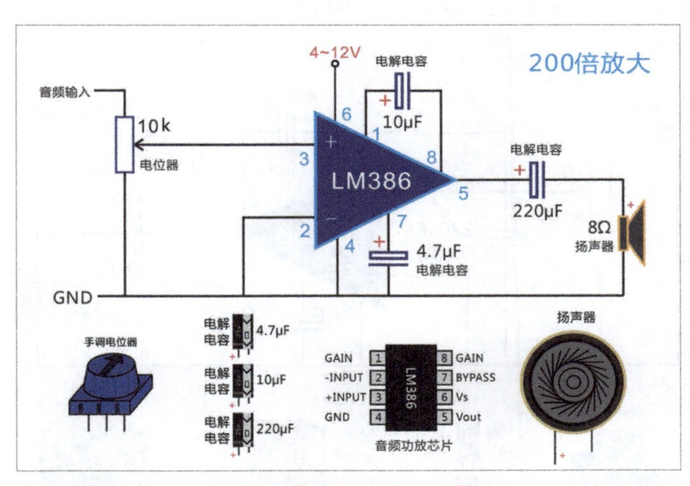

图 3.77 200 倍放大电路示意图

【制作电视音频放大器】

我奶奶今年84岁了，喜欢看农村题材的电视剧，因为耳朵背，必须得放大声音才能听见。声音一大，我就没法安心写稿了。如果你觉得这书写得不好，都是因为我奶奶打扰的，哈哈！为了有一个和谐美好的家庭环境，我决定给奶奶戴上耳机。家里的电视机可有年头了，没有耳机插口，这可怎么办呢。为了实现“电子制作让生活更美好”的愿望，我决定自己制作一个音频放大器，把电视机（或机顶盒）上的AV音频输出端子当作音源（电视机的AV音频输出端子如图3.78所示），用LM386作放大芯片，让奶奶听大声的电视伴音。即使你没有耳背的奶奶也可以跟我制作，因为它也是有源音频信号放大的实例。

电视AV音频输出端的电流不大，而奶奶需要更大的音量，所以LM386设置为200倍放大模式。AV音频输出本身没有直流电压，不需要输入端的滤波电容。通过输入端的电位器来调节输入LM386的电流大小，电流太大会失真。这个电位器是在装配时粗调的，是为了保证电流量的匹配，可用电阻代替。调音量的部分可在LM386输出端再加一个电位器，不过我有一个带有音量调节的线控耳机，输出端的电位器就省了。电源部分采用5V的USB充电器，可提供0.5A的电流。算下来可支持2.5W的功率（$P=UI$），LM386的最大功率是0.5W，够用了。图3.79所示是电视伴音放大电路，图中输出部分是8Ω扬声器，如果用32Ω阻抗的耳机，LM386也有足够的驱动能力，经我实际制作发现，放大后的声音不太理想，后来知道是电源不稳定导致的，于是在电源正、负极上并联一只220μF的电容，以稳定电源。现在电路工作稳定，奶奶试用感觉良好，全家人都为有我这个发明家而开心。原来“科技改变生活”是对电子爱好者说的。

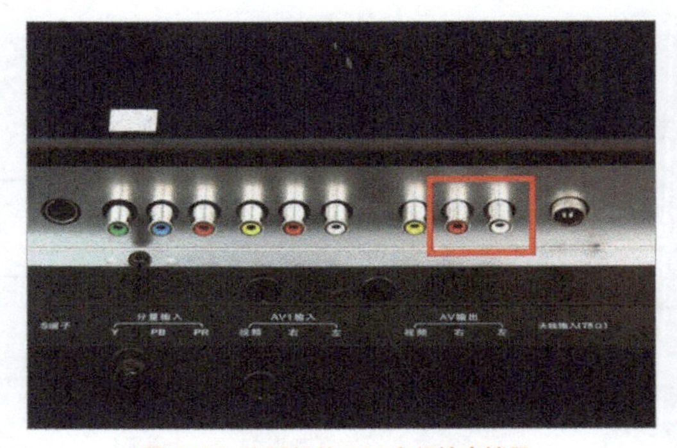

图 3.78 电视机的 AV 音频输出端子

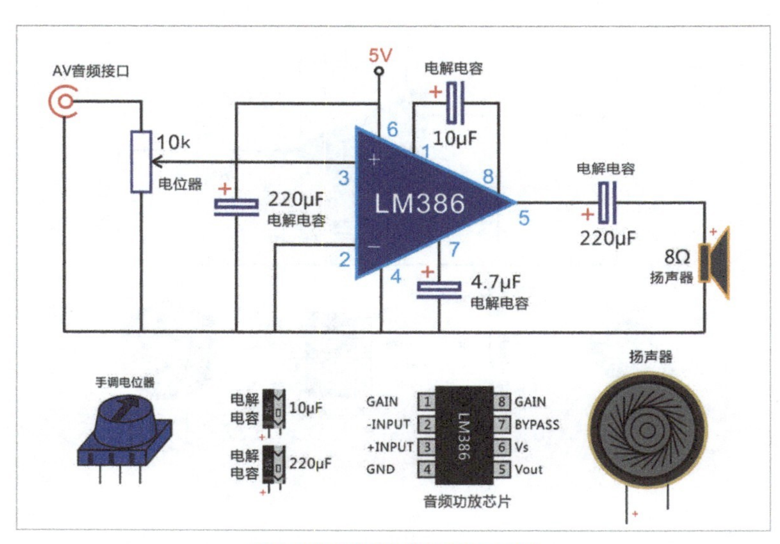

图 3.79 电视音频放大电路示意图

【制作“大声公”】

做过了有源音频，再看无源音频的功率放大吧，最经典的无源放大就是话筒。大家会在超市、商场见过如图3.80所示的“大声公”，“大声公”听上去亲切有趣，学名叫扩音器。“大声公”分喇叭型和音箱型，图3.80所示是音箱型。黑盒子里是扬声器、电池和放大电路，上方有一个旋钮是调音量的电位器，用导线延长出来的是驻极体话筒。驻极体话筒只要给一个偏压电阻就能工作，其输出电流相当小，LM386依然采用200倍的放大模式。图3.81所示是“大声公”的功率放大电路。话筒上接了4.7kΩ偏压电阻，再用4.7μF电容滤掉直流，送入LM386输入引脚。音量是用串联在输出端的电位器调节。需要注意一点，这款电路对电源功率的要求比较高，建议使用4节5号电池供电。如果你还是觉得音量不够大，除了加大电源电压之外，还可以将两个LM386的放大电路首尾相连，做成二级放大，可得到更大的放大倍数。如果还觉得不够，就只能换大功率放大芯片了。

图 3.80 小型扩音器外观

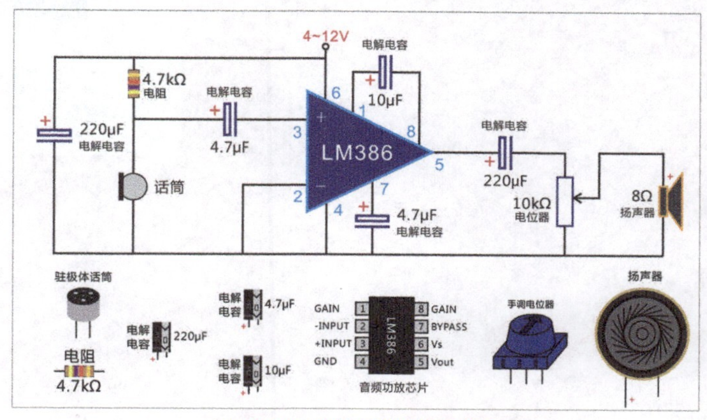

图 3.81 小型扩音器电路示意图

【更多的功放芯片】

LM386是所有功率放大芯片中功率比较小的一款，因为别的放大芯片制作复杂且不太常用，所以没在此介绍。但你不要认为LM386是唯一的功率放大电路。要知道功率放大芯片不计其数，常用的也有几十种，如TDA2030、TDA2004、MC34119、TDA2822，我们所学的只是功率放大电路中的入门级别。LM386是小功率单声道的，TDA2822是小功率双声道的，TDA2004是大功率20W双声道的（见图3.82）。它们功率不同，制作难度不同。拿我最熟悉的TDA2004为例，当年我用它来制作电脑的有源音箱，自己买元器件和扬声器，完全自己焊接，效果比市场上买的300多元的低音炮还要好。结果做好就被朋友要去了，再做一个又被另一个朋友要去了，做了3个都没留住，索性我也不做了，随便找个音箱将就听，音质不好但很省钱。虽然不能给你展示我制作的实物照片，但我制作的经验可是被迫丰富了呢。图3.82所示是双声道功率放大芯片TDA2004，它有20W的输出功率，可接4Ω扬声器。它有11个引脚，后背有散热片螺丝口。大功率放大要有大电流，电流一大就会产生热量，LM386的功率只有0.5V，热量很少，而20W的功率所产生的热量能使温度达到几十到几百摄氏度，不加散热片的话芯片会烧掉。除了散热问题，TDA2004还需要正、负12V双电源供电，意思是除了有+12V电源和地（GND）之外，还要有-12V电源，这-12V从哪来呢？限于篇幅就不讲了，关于功率放大芯片的故事就先说这么多吧。如果你对音响产生了兴趣，就要找相关的专业书籍来学习。

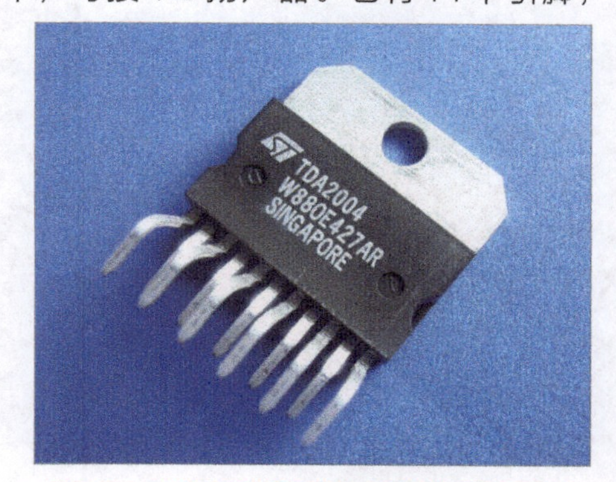

图 3.82 双声道 20W 功率放大器芯片 TDA2004

第四章　单片机

只要是有一些数模电路基础知识的朋友都可以学会并玩转单片机，学习单片机就像纯美的爱情一样，不分年龄、身份、穷富，只需要一份执着的爱和热切的心。

4-1 初识单片机

在我看来，单片机就是一块集成电路芯片，和我们之前介绍的CD4069、NE555在硬件结构上没有区别，但从芯片的功能性上看有天壤之别。传统的集成电路芯片只能有固定的功能，如果想改变功能，就只能改用其他型号的芯片。而单片机在一块芯片中集成了一定规模的微型计算机，因此被称为“单片微型计算机”(single chip microcontroller)也叫微控制器。简单地说，单片机是一种可以输入程序的微型计算机，也就是大家所谓的电脑。它以集成电路块的外形出现，我们可以向单片机写入不同的程序来完成不同的功能。就好像电脑的硬件都是一样的，但你在电脑上打开不同的软件就可以听音乐、玩游戏、看电影，软件不同，功能就不同。那单片机到底能干什么呢？其实在我们的生活中到处都有单片机的身影，洗衣机里就用到了单片机控制，设定好洗衣时间和方式，它就会按照你的设置按时上水、洗涤、脱水。电磁炉、微波炉也用到了单片机，由它控制火量、时间，做出香喷喷的饭菜。由于单片机是用程序进行控制的，所以节省了许多硬件电路，让电路更加精准、小巧。当你学会了本书前面的模拟电路、数字电路的相关知识，再来学习单片机就会更加容易。图4.1所示为各种封装的STC系列单片机，图4.2~图4.4所示是使用了单片机的各种制作。

图 4.1 各种封装的 STC 系列单片机

图 4.2 用单片机制作的机器人小车

图 4.3 用单片机设计的多功能电子钟

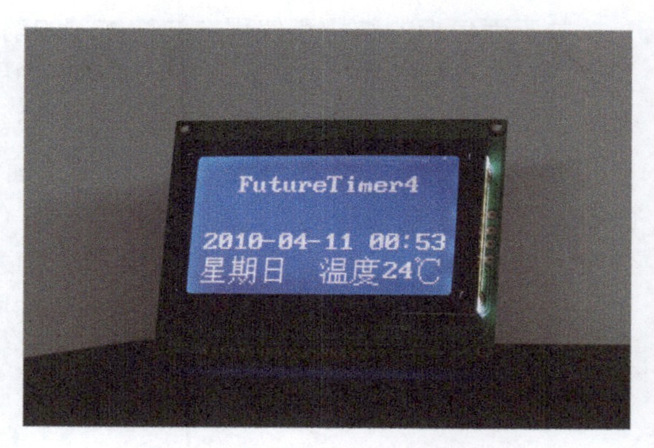

图 4.4 用单片机设计的液晶显示屏电子钟

现在，单片机及以单片机为核心的嵌入式系统可谓无处不在，上到卫星、飞机，下至手机、电饭煲、空调无不涉及。采用单片机与嵌入式系统技术进行物联网开发是未来高精尖科技领域不可逆转的趋势。说了这么多，有朋友会问了：单片机这么好，贵不贵呀？哪里能买到呀？我应该怎么学单片机呢？单片机虽然是一种比较高级的电子产品，但并没有我们想象的那么高不可攀。单片机初学者入门常用的是8051系列单片机，这种单片机已经非常成熟，在国外已经有了几十年历史，可以说不管是它的稳定性还是可靠性都尽乎完美。而这样的一块单片机（以89C51这一款较常用的单片机为例）价格却不超过8元，这种单片机在各大电子元器件市场和网上均有销售。只要是有一些数模电路基础知识的朋友都可以学会并玩转它，学习单片机不分年龄、身份，只需要一份执着的爱和热切的心。

今天，单片机技术已经有了非常大的发展，各种不同功能、用途的单片机也层出不穷。据我了解，单片机家族中有以MCS-51（即8051）为内核的单片机（如STCAT11F60、AT89S52、89LPC231）、AVR单片机（如ATmega128、ATtiny11）、PIC单片机（如PIC18F8720）、ARM单片机（如STM32单片机）等。但使用最广、资料最多、也是最基本的单片机就是以51为内核的单片机。51内核的单片机8051是Intel公司最早推出的一款8位的单片机，后来的不少大公司如Atmel、Philips、宏晶都借用8051系列单片机的内核开发出了有自己特色的增强型8051单片机产品，目前初学者学习、实验使用最广的当属Atmel公司的89系列单片机（如89S51、89S52），该系列单片机也是采用51内核并支持ISP（In System Program，在系统编程）下载程序功能，现在大多数单片机入门类图书是以89系列单片机为例。这里将使用国内主流的宏晶公司的STC系列单片机作为讲解实例，这是我目前使用过的最容易入门，也很方便上手的产品，保证让你的入门轻松、愉快。

4-2 制作单片机闪灯电路

怎么让单片机实验变得更简单、更容易，当然还是要利用我们熟悉的面包板来搭建电路。使用面包板可以使我们在10分钟内快速制作电路、下载程序并看到实验效果。

关于面包板的结构和使用方法在本书的前文已经介绍过了，这里不再赘述。但需要注意的是，由于单片机的电路搭建中需要用到更多的插接区域，小尺寸的面包板已经很难满足我们的需求，于是这里使用了尺寸更大的长条形面包板。这种面包板的结构与之前用过的小尺寸面包板完全相同，只是在尺寸上有些变化。大尺寸的面包板按行、列划分，共有63行（1~63）和10列（a~j），两侧有电源连接口。每一行的前5列（a、b、c、d、e）为一组，它们之间是连接在一起的；后5列（f、g、h、i、j）为一组，它们之间是连接在一起的。两侧的电源连接口是列向全部连接在一起的，但还有一些面包板的电源连接口是列向分几段连接在一起的，如果不确定连接关系可用万用表测量。图4.5所示为面包板外观与内部结构，图4.6所示为面包板内部电路连接关系。

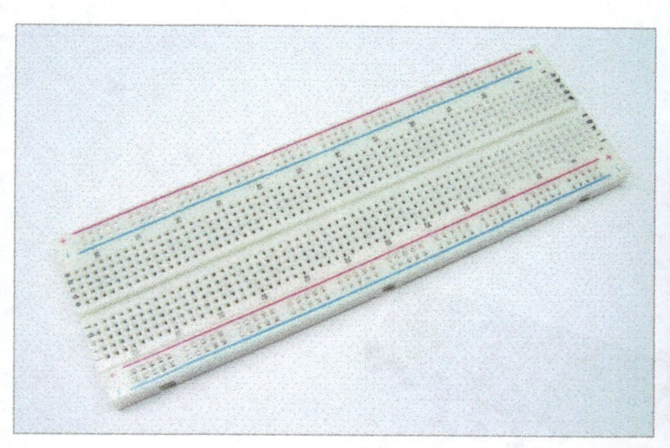
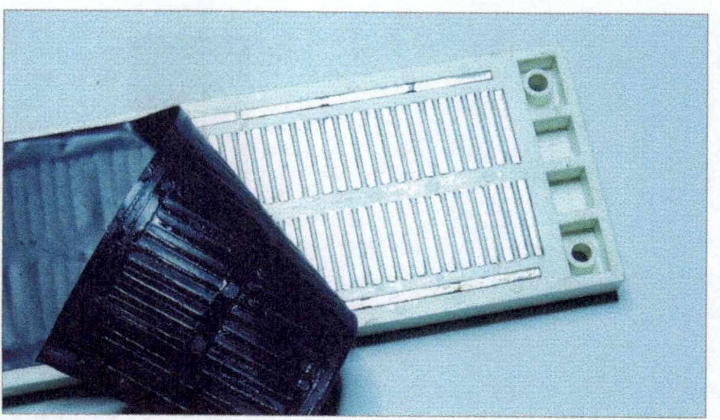

图 4.5 面包板外观与内部结构

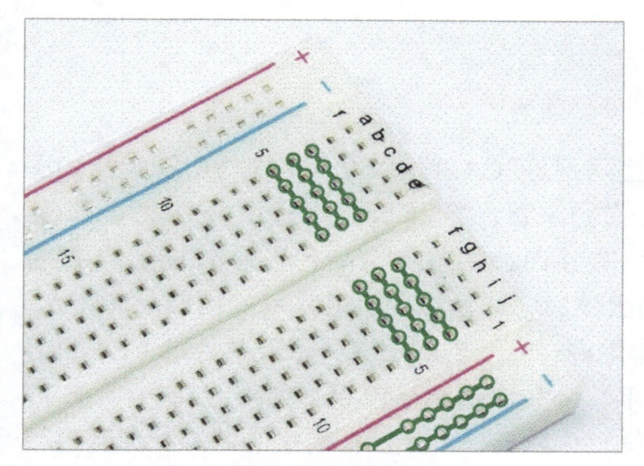

图 4.6 面包板内部电路连接关系

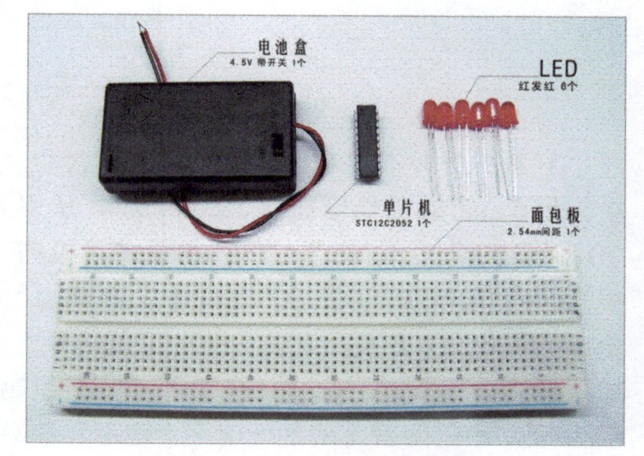

图 4.7 完成实验所需元器件

接下来我们就要在面包板上搭建单片机电路了。需要的元器件有一块单片机、一个电池盒、一个LED、一块面包板，还有一个充满激情的你。元器件如此之少，连数模电路也不能与之媲美。正因为元器件极少，所以制作简单，可以在10分钟内完成制作并看到实验效果。顺便说一下，学习单片机是必须要有一台电脑的，目前市面上可以买到的普通电脑都可以，但一定要安装Window 7以上的操作系统，这样才能兼容某些开发软件。表4.1是完成制作所需要的元器件清单，实物如图4.7所示。

表4.1 元器件清单

品名	型号	数量(个)	参考价(元)	备注
电池盒	3节7号	1	2.00	可选择其他电池，保证输出电压在4.5~5V
单片机	STC12C2052	1	5.00	可用STC12C2052AD替换
LED	直插 ϕ 5mm	6	0.20	可选择各种其他颜色和型号的LED
面包板	2.54mm间距	1	10.00	

图 4.8 STC12C2052 单片机实物图与引脚定义

下面讲一讲本次制作的主角——单片机，其型号是STC12C2052，实物与引脚定义如图4.8所示。它的工作电压是3.5~5.5V，从引脚定义图来看，第20脚是电源正极（VCC），第10脚是电源地（GND）。第19脚是单片机的一个I/O接口，名为P1.7。什么是I/O接口？顾名思义，就是IN/OUT接口，写成中文就是输入/输出接口，这是单片机最基本的接口。那输入、输出的是什么东西呢？不是别的，正是电平。简单地说，一个电路里有一个公共地端（GND），如果还有一个5V的电源（VCC），则5V是高电平，公共地端是低电平。如果还有一个-5V，那么-5V和前两者比就是低电平。电平和身高一样，你自己一个人没有高矮的概念，你要是和姚明比你就是低电平，他是高电平；你要是和武大郎比，你就是高电平，他是低电平。一个单片机电路里有公共地端和5V的电源端（如果用3节电池供电就是4.5V，但通常习惯上是用5V电源供电，用电池只是我想出来的妙计），所以说5V是高电平，公共地端是低电平。另外要注意电平不单指电压，就好像说健康不单指身体一样，我们只是以电压为例来说明。

I/O接口可以输入、输出电平又是怎么回事呢？我们先来看输入，输入的意思就是传输给单片机，让它知道我们提供的是高电平还是低电平，这样我们就可以控制它了。下载一个程序，让它在检测到我们输入高电平的时候做什么事，检测到低电平的时候做什么事，它就会被我们玩弄于股掌之间。反过来输出也是一样，单片机可以自己向外传输高电平或是低电平。我们就可以写一个程序，让它在I/O接口上输出高、低电平去控制一些东西，或者我们读出它输出的高、低电平状态来观察它在干什么。

一个单片机上有好多个I/O接口，现在用的STC12C2052上就有15个I/O接口，还有具有32个、64个和更多I/O接口的，以后我们会慢慢了解。我们可以通过写一个程序，让单片机的某几个I/O接口作为输入，来接收我们的命令；再把另几个I/O接口作为输出，来控制我们要控制的东西。比如我们在一个I/O接口上连接一个小开关，假设这个I/O接口是P3.4（第8脚），开关的另一端接到5V电源（VCC）上。在另一个I/O接口上接一个小灯泡，假设是P1.7（第19

脚），小灯泡另一端接在公共地端（GND）。写一个小程序告诉单片机，当接通开关时（P3.4与VCC短接）则接在P1.7上的小灯泡点亮（P1.7输出了高电平）。程序运行时，单片机就会不断地检查P3.4接口的电平状态，当P3.4接口输入为高电平时（开关接通），单片机就会迅速输出高电平给P1.7接口，让小灯泡点亮。这就是单片机I/O接口的功能之所在。

我使用的电池盒是容纳3节7号电池的（见图4.9），体积小巧，自带开关，2元一个，很实惠。你也可以用5号电池、5V的电源变压器、USB充电器或是其他电源，只要保证给单片机电路供电的是3.5~5.5V的直流电源即可。电池盒正、负导线出厂时就镀了一层锡，可以直接插接在面包板上。注意红线是正极，黑线是负极。使用的LED如图4.10所示。

图 4.9 电池盒

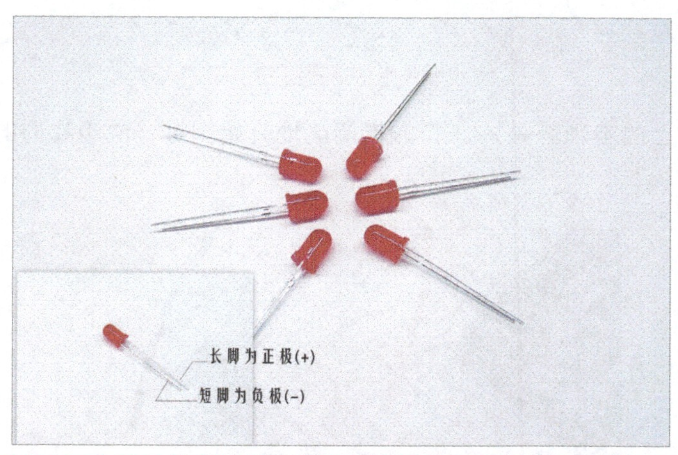

图 4.10 因为拍照的原因才买了红色的 LED，你当然可以选择自己喜欢的天蓝色或是清纯的白色的 LED

电路搭建过程

1. 首先将单片机固定在面包板中央。单片机的20脚接电源正极，10脚接地（负极），如图4.11所示。

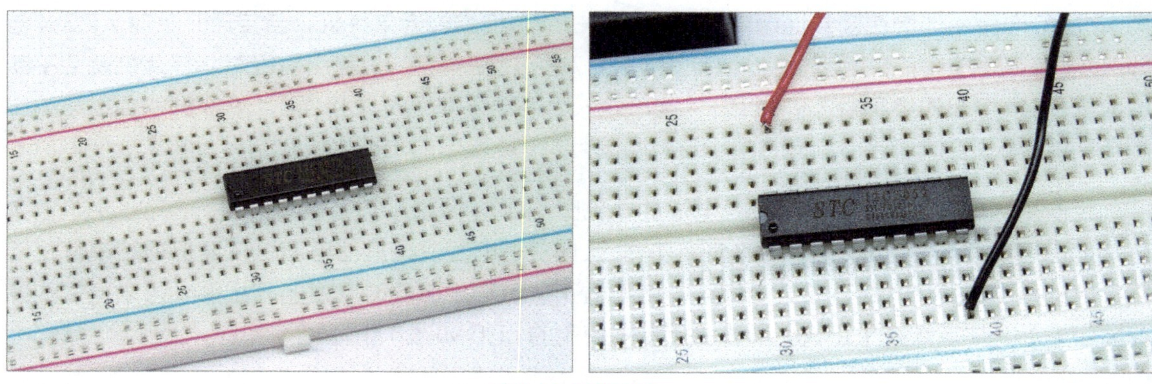

图 4.11 固定单片机

2. LED正极与单片机20脚连接，负极与单片机19脚连接。所有连接完成。如图4.12所示。

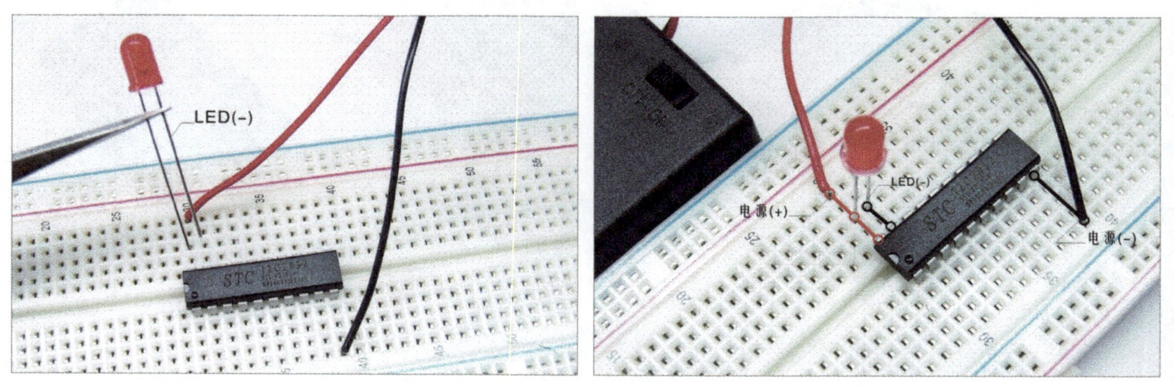

图 4.12 连接 LED

3. 打开电池盒上的电源开关，LED非常明亮地开始闪烁，说明我们的实验成功了，如图4.13所示。

图 4.13 打开开关

为什么还没有给单片机写程序，LED就会闪烁呢？这是因为单片机在厂商生产时候就写入了一个彩灯小程序，这是为了快速验证单片机的好坏，也正好帮助我们完成了第一个单片机的实验。有人会说了，就一个小灯一闪一闪亮晶晶有什么好玩的？别急，下面我们还是用这个测试程序来玩3个LED的实验。

发散性实验

按照图4.14中的样子在面包板上插入3个LED。连接3个LED产生流水灯的效果，有没有发现这次LED的亮度没有上一个实验中单个LED的高了？是不是因为接了3个LED把亮度平分了呢？还是连接的位置不同而亮度不同呢？不要着急并保持这份好奇心，后面章节自有答案。表4.2为电路连接说明。

图4.14 插入3个LED

表4.2 电路连接说明

	LED极性	单片机引脚
第1个LED	正极（+）	19脚
	负极（-）	18脚
第2个LED	正极（+）	17脚
	负极（-）	16脚
第3个LED	正极（+）	15脚
	负极（-）	14脚

按照图4.15的样子在面包板上插入6个LED，我把它们排成一个V字形，表示成功、胜利的意思。成功在快乐闪烁的LED之中，胜利在我们轻轻松松地和单片机来了个第一次亲密接触。连接6个LED产生更好玩的流水灯的效果。发挥你的想象力试一下别的接法，也许会有意想不到的彩灯效果也说不定。表4.3为插入6个LED的电路连接说明。

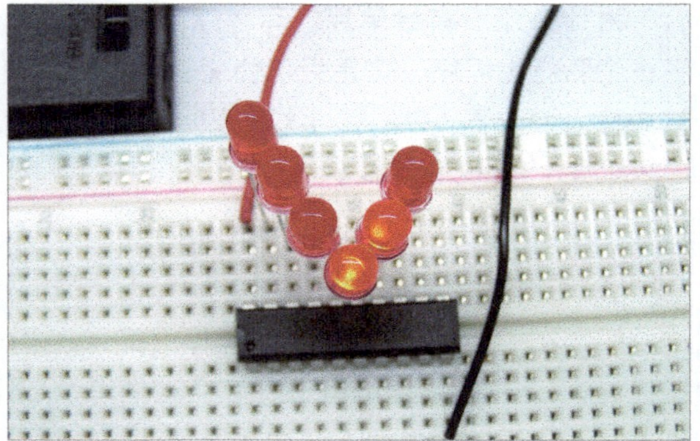

图 4.15 插入 6 个 LED

表 4.3 电路连接说明

	LED极性	单片机引脚
第1个LED	正极（+）	19脚
	负极（-）	18脚
第2个LED	正极（+）	18脚
	负极（-）	17脚
第3个LED	正极（+）	17脚
	负极（-）	16脚
第4个LED	正极（+）	16脚
	负极（-）	15脚
第5个LED	正极（+）	15脚
	负极（-）	14脚
第6个LED	正极（+）	14脚
	负极（-）	13脚

4-3 如何下载程序

我要下载

单片机之所以可以傲视数字电路，就是因为它可以写程序。用软件程序代替硬件电路来实现更多的功能，成本和制作难度不可匹敌。单片机下载了程序就活了过来，它就是另一个克隆的你自己，输入你的思想，帮你完成你想实现的构想。有了程序的单片机即被赋予了七十二般变化，同时加上LED闪灯电路，在不同的程序下能呈现不同的效果。我正沉迷于它的神奇之中，用我们的智慧，启动单片机的奔腾之芯。

给单片机下载程序的方法有很多种，最常用的是UART串口下载。只要拥有一个叫“USB转UART串口模块”（以下简称“USB模块”）的东西，就可以将单片机与电脑相连接，再通过专用的下载软件完成程序的下载。同时USB模块还自带5V和3.3V电源输出，可以省去电池盒直接给单片机供电。电路连接也非常简单，只需要4根导线即可。表4.4为所需元器件清单，实物如图4.16所示。表4.5为导线连接说明。

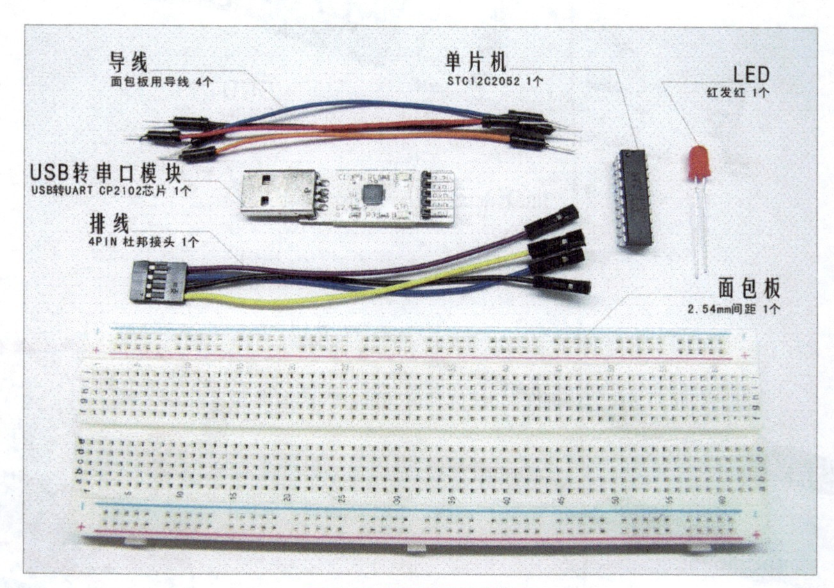

图 4.16 所需元器件实物图

表4.4 所需元器件清单

品名	型号	参考价（元）	数量（个）	备注
USB转UART模块		15.00	1	CP2102芯片核心
单片机	STC12C2052	5.00	1	20脚 DIP封装
LED	直插 ϕ5mm	0.20	1	可选各种其他颜色和型号的LED
杜邦接口排线	0.1m长，4芯	2.00	1	
面包板	2.54mm间距	10.00	1	
面包板用导线		0.10	4	一捆70条10元左右

表4.5 导线连接说明

USB转UART模块	STC12C2052
TXD	2脚
RXD	3脚
GND	10脚
+5V	20脚
用导线直接连接以上引脚	

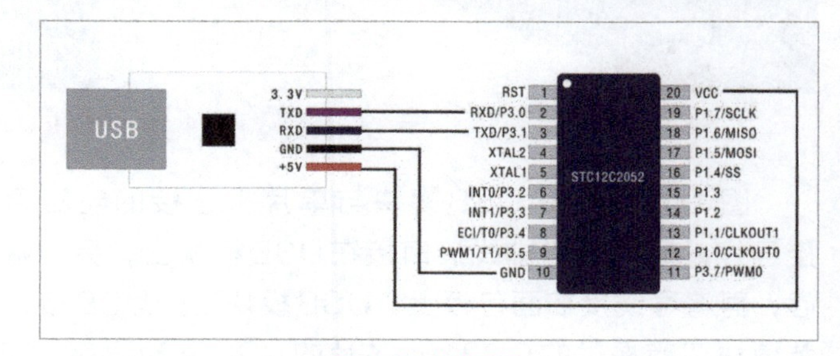

图 4.17 电路原理

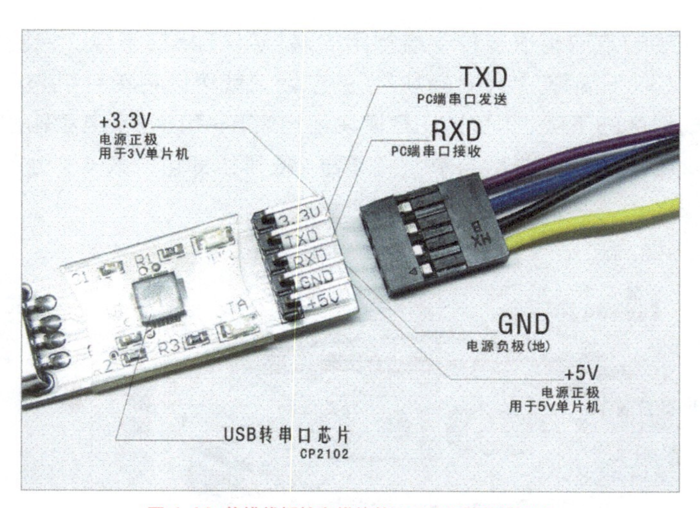

图 4.18 将排线插接在模块的 UART 端的接口上

图 4.19 按图连接硬件

图4.17所示是USB模块与单片机连接的电路原理图。按图4.18和图4.19的说明来连接导线，把杜邦的排线接口接在USB模块上，另一端的针孔可以和面包板用的导线插接在一起，再将导线接在面包板上。USB模块上的USB接口可插入电脑的USB接口上。在电脑上安装模块厂商提供的CP210x芯片的USB驱动程序，如果你的电脑运行的是Window 7及以上

的系统，只要连接网络，系统会自动下载并安装驱动程序。安装成功后，USB模块上的绿色指示灯会点亮。在电脑桌面，鼠标右键单击“我的电脑”，在弹出的菜单中选择“属性”，然后找到“设备管理器”。在设备管理器的“端口”一项中找到“CP210x USB to UART Bridge Controller”设备，记住后面的“COM”串口号（每台电脑分配的COM号可能不同，我的电脑上是COM2），在软件操作时会用到。如图4.20所示。

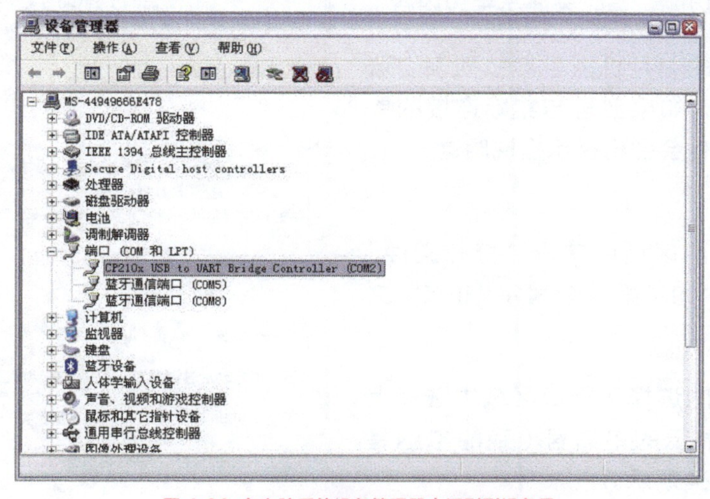

图 4.20 在电脑系统设备管理器中识别到设备号

软件开始

完成了硬件制作后，我心里多了几分忐忑，因为我们的硬件做你正确与否、能不能成功下载程序，都还是未知。这一部分，我们就来操作软件、下载程序，完成学习单片机最关键的一步。

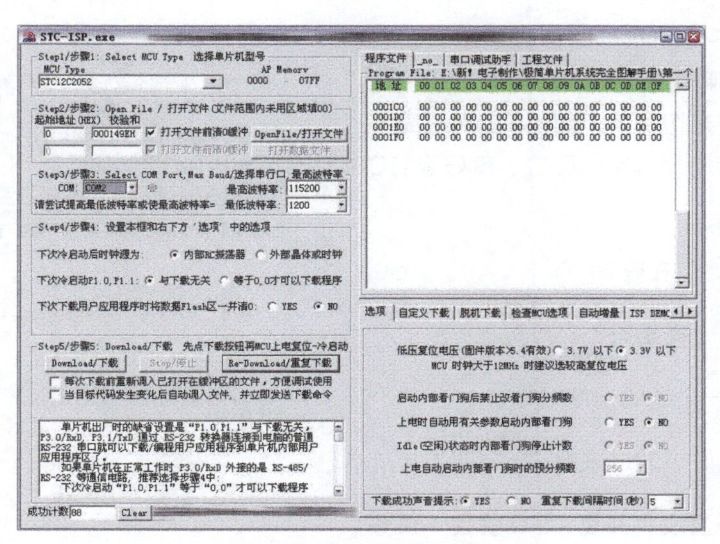

图 4.21 STC-ISP 软件界面

首先请你在本书的附带资料里找到STC-ISP.exe软件，你也可以到宏晶公司的官方网站上找到更新的版本。安装软件并打开（安装过程略），打开软件的界面，如图4.21所示。在窗口的左边是从第1步到第5步的下载步骤，右边是常用的辅助功能。重点关注左半边内容。

在“第1步”的单片机型号下拉列表中选择STC12C2052，如果型号与实际连接的单片机型号不符，软件会弹出提示框说明这一点，如图4.22所示。

在“第2步”的区域中单击“打开文件”并打开附带资料中的“第一个程序.HEX”文件。如图4.23所示。

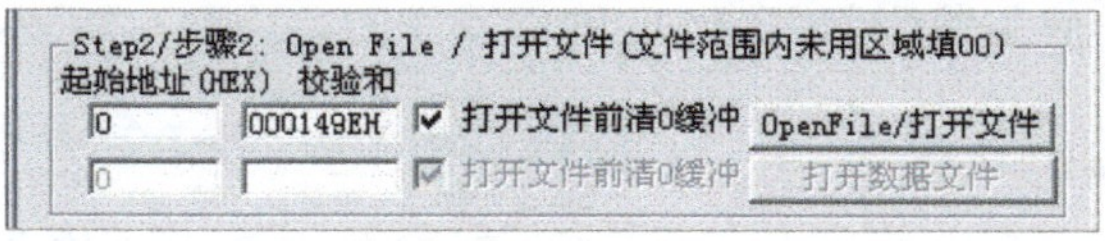

在“第3步”的选择串行口区域中选择上文设备管理器中显示的串口号（我的电脑是COM2），如图4.24所示。

在“第4步”中选择“内部RC振荡器”“与下载无关”和“NO”，如图4.25所示。

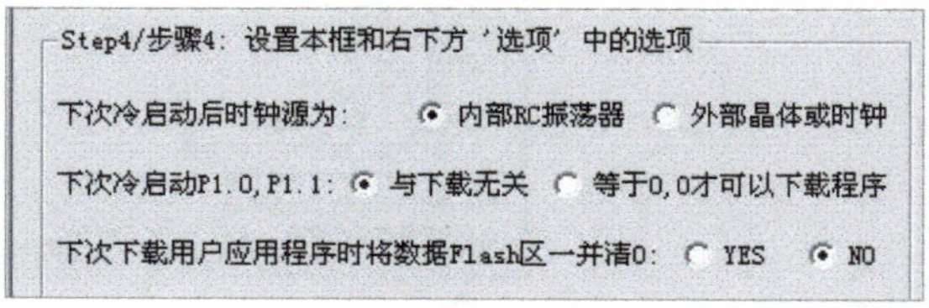

在“第5步”下载区域内单击“Download/下载”按钮，如图4.26所示。

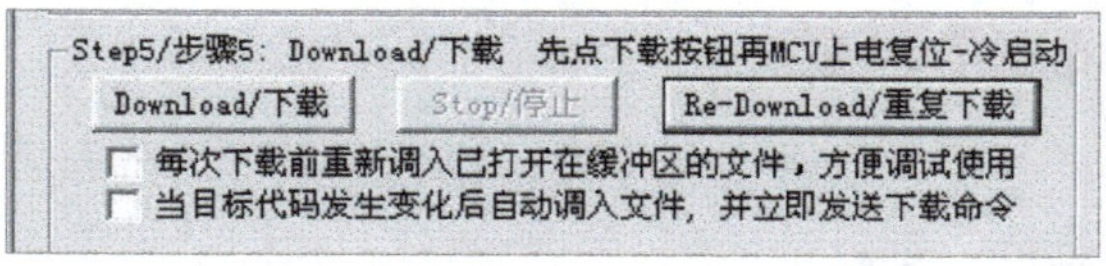

这时窗口左下方的状态窗口内显示“正在尝试与单片机握手连接…”，如图4.27所示。这并不是说它们要亲切握手，而说PC端已经准备就绪，正在等待单片机端的回应。就好像PC在和单片机聊天。

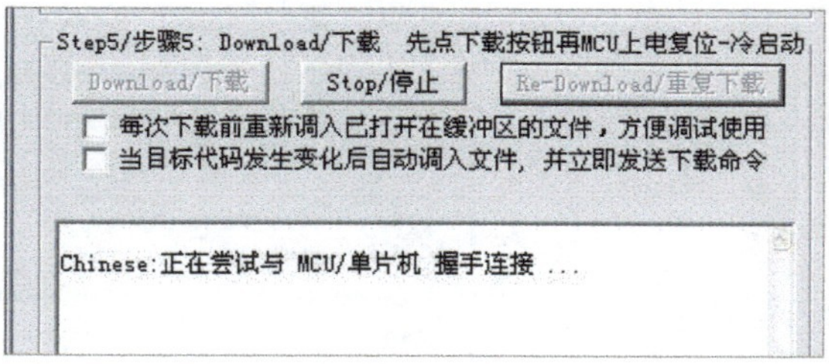

PC：单片机，你在吗?

单片机：你好，有事吗?

PC：我想发一个新的程序给你。

单片机：嗯，好，发过来吧。

如果单片机一直没有回复，PC就会一直等待。那我们的单片机为什么没有回复呢？因为

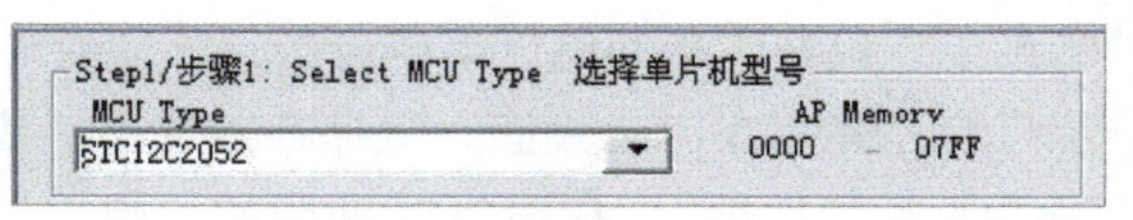

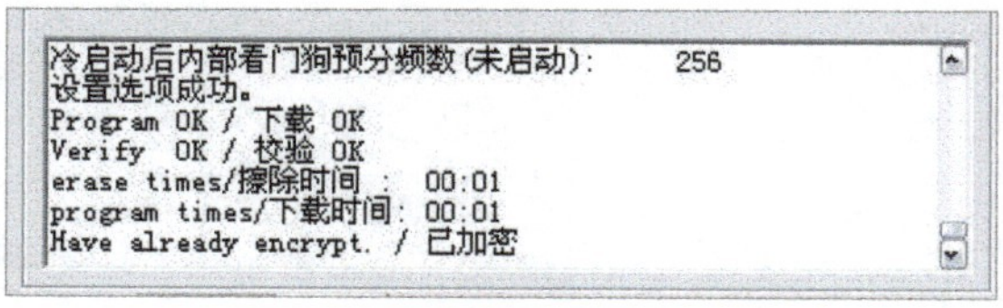

图 4.22 选择 STC12C2052

图 4.23 打开文件

图 4.24 选择串口号

图 4.25 步骤 4 选择

图 4.26 下载

图 4.27 显示“正在尝试与单片机握手连接…”

图 4.28 下载顺利完成的提示信息

图 4.29 下载成功之后，在面包板上呈现的效果

它还没有接通电源。如果你已经给单片机接通电源了，也要断开重新上电，这样单片机才会有响应。这是因为单片机只有在通上时的瞬间才能回应电脑的下载请求。如果发现电脑没有握手信号，则跳转到用户程序运行。如果有握手信号，则将电脑端的用户程序接收过来，写入单片机内并开始执行新的程序。只有冷启动才能运行引导程序，才能实现握手、完成下载。

现在你下载成功了吗？如果状态窗口中显示“OK”，如图4.28所示，则要恭喜你，我们的制作大获成功。面包板上的LED伴随我们激动的心跳快速地闪烁，如图4.29所示，虽然和之前实验中的闪烁类似，可是意义非比寻常。如果状态窗口出现由于这样或那样原因而导致下载不成功的字样，则说明我们还要走一段回头路，也许是我们一时马虎大意而犯下的小错误，也有重新阅读、反复检查的可能。注意检查电源是否正常、TXD和RXD有没有接反（USB模块的TXD连接单片机的P3.0，RXD连接P3.1）。注意看状态窗口的帮助信息，按照上面的提示也能快速找到原因。

4-4 制作流水灯与呼吸灯

面包板电路的制作在前面的章节里已经介绍了很多，这里就不再啰唆。我们使用USB模块为单片机供电，电路也得到了很大的简化。图4.30是完成本节实验要在面包板上搭建的电路，图4.31是该电路的原理图。LED实验中多了几个新元器件，其中一个是晶振，晶振的正式名称是晶体振荡器，但业内人士都习惯叫它晶振。它的种类很多，最常见的是石英晶体振荡器。石英晶体振荡器又分为无源晶体和有源晶振，结构上又分为普通振荡（TCXO）、电压控制式晶体振荡器（VCXO）、温度补偿式晶体振荡（TCXO）、恒温控制式晶体振荡（OCXO）、数字补偿式晶体振荡（DCXO）等一大堆，振荡频率也在0~100MHz。晶振的功能简单来说就是在电路中产生稳定的振荡频率，单片机可以使用这个频率作为自己的时间基准。这就相当于给单片机戴上一块高精度手表，让它很有时间观念，可以精确计算时间，处理我们给它的任务。现在我们用到的是12MHz普通无源石英晶体振荡器，电路中还要加入2个30pF的电容，帮助起振和达到精确度。晶振电路在面包板上的搭建如图4.32所示。

图 4.30 在面包板上搭建流水灯电路

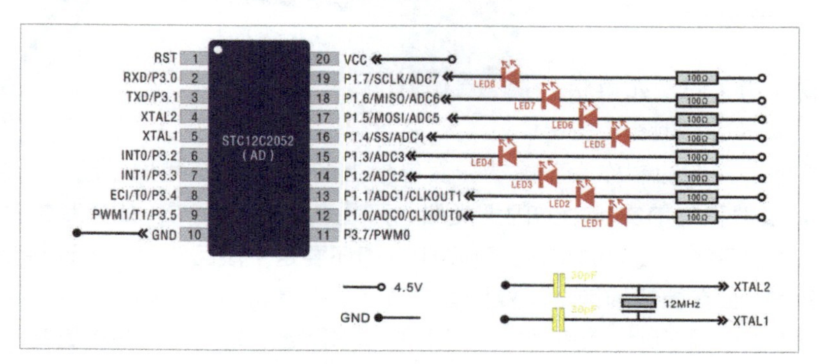

图 4.31 电路原理图

图 4.32 晶振电路

图 4.33 LED 和限流电阻

另一个新的电路部分是在每个LED上串联了一个100Ω的电阻，如图4.33所示。在每一个有LED的电路中都会发现一个与LED串联的电阻，这是为了保护LED不被过高的电流烧坏而设计的。普通的LED应保证其工作在最小驱动电压值以上，工作电流在10 ~ 30mA。所以严格来讲，限流电阻的阻值也是需要计算的。电阻值计算公式是：*R*=（*VCC*-*VF*）/*IF*，其中*VCC*为电源电压，*VF*为LED正向驱动电压，*IF*为LED正向工作电流。例如本节电路中用的5V电源驱动LED要用多大阻值的限流电阻呢？假定我们所用的LED正向驱动电压是3V，工作电流希望保持在20mA，则R=（5V−3V）/0.02A=100Ω。我们到市场上购买阻值为100Ω、功率在1/8W或1/4W的碳膜电阻就可以了。有朋友会问了，为什么你在前面的实验里没有使用限流电阻呢？说到这个问题，我倒吸一口凉气，出了一身冷汗。不接限流电阻是不对的，前面的实验完全是有惊无险。因为不接限流电阻时，LED和单片机都承受着较高的电流，你有没有注意到LED亮度过高呢，如果LED长时间点亮，将有可能烧毁单片机。幸好我们使用的是电池盒，又是LED闪烁实验，而且实验时间不会很长，所以二者安然无恙。我主要是为了最大限度简化电路、尽量减少元器件，让制作更简单，同时也是给大家做一个坏的榜样，也可以让大家印象深刻。表4.6为实验所需的元器件清单。

表4.6 元器件清单

品名	型号	数量（个）	参考价（元）	备注
电池盒	3节7号	1	2.00	可选择其他电池，保证输出电压在4.5~5V
单片机	STC12C2052	1	5.00	可用STC12C2052AD替换
晶振	12MHz	1	0.80	
电容	30pF	2	0.01	陶瓷片电容
LED	直插 ϕ 5mm	8	0.20	可选择各种其他颜色和型号的LED
电阻	100Ω 1/4W	8	0.01	
面包板	2.54mm间距	1	10.00	

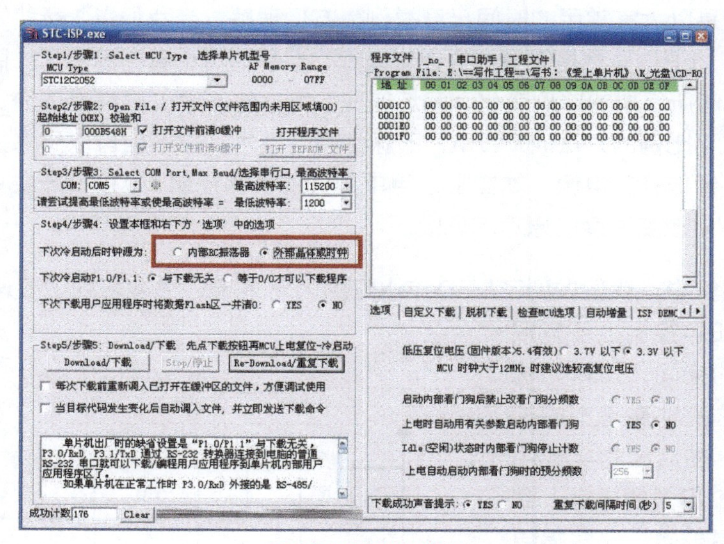

图4.34 时钟源的设置

如图4.34所示，在使用STC-ISP烧写软件时，注意将“步骤4”中的“下载冷启动后时钟源为：”选择为“外部晶体或时钟”。这样才会使用到我们外接的12MHz晶振。接下来我们将本书附带资料中的HEX程序文件写入单片机中看一下效果。

（1）LED流水灯（程序文件：LED流水灯.hex）

先下载一个普通的LED流水灯程序，硬件上对应的电路连接如图4.31所示。面包板上的8个LED在打开电源开关之后以一定速度来回流动着。当你使用多种颜色的LED时，流动的效果会很炫目。如果这些灯不是一字排开，而是组成心形或是五角星形，就更有艺术感了。如果排列成文字，还可以当作招牌用呢。

（2）渐明渐暗LED（程序文件：渐明渐暗LED.hex）

接着在如图4.31所示同样的电路中下载渐明渐暗LED程序。程序写入后，LED变成了亮度变化的精灵，可以慢慢地变亮，再慢慢地变暗。有朋友会问了，I/O接口不是只能输出高电平和低电平吗？怎么能控制亮度呢？控制亮度应该需要输出不同值的电压才行，比如1V、2V、3V、4V再到5V，这样亮度才可以因电压不同而改变呀！不错，你所说的原理确实可以在模拟电路上使用，但是有一个小错误，就是LED的驱动电压最低为3V，所以电压为1V、2V时LED应该不亮的。电压应该在3V到5V之间变化来控制亮度。

不过在单片机的电路里，有不需要改变电压的巧妙方法来实现渐变效果，简单说就是“障眼法”。当我们以1分钟为一个周期，在1分钟内让LED亮1分钟，就也是常亮（一直亮着），LED亮度达到最大。当我们在1分钟内只让前30秒点亮，后30秒钟熄灭，LED的亮度就只有原来亮度的一半。当我们在1分钟内只在前6秒点亮，LED的亮度就只有最大亮度的1/10，这就是亮度控制的基本原理。现在该有人暴跳如雷地说我骗人了，因为地球人都知道我上面说的现象实际上只会让LED慢慢地亮熄闪烁，怎么会是亮度的变化呢？是的，如果以1分钟为周期，LED确实只会闪烁，这仅是以大家常用的时间尺度举例，方便理解。当我们以1毫秒为周期时，由于眼睛的视觉暂留特性，LED虽然是以很快的速度闪烁，但我们再也看不出来了，眼睛所看到的只是在一个周期内亮与暗所组成的比例变化，闪烁变成了亮度的不同。眼睛骗了你。这种在一个周期时间内调节高低电平比例的方法叫PWM，即脉宽调制技术。它不但可以用来控制LED的亮度，还可以控制电机、制作开关电源。本实验是用单片机的程序控制I/O接口产生PWM脉冲的，图4.35所示就是PWM改变亮度的原理示意图。

在这一节的实验中，我们做到了LED流水灯的闪烁效果，也学习到了高速闪烁所达到的亮度变化。其实在LED控制上还有很多可以编程发挥的空间，但作为初学者，我们了解这两种最基本的控制原理就可以了。在后续的实验中我们还会涉及LED相关的内容，到时你也许能了解得更多，理解得更深刻。

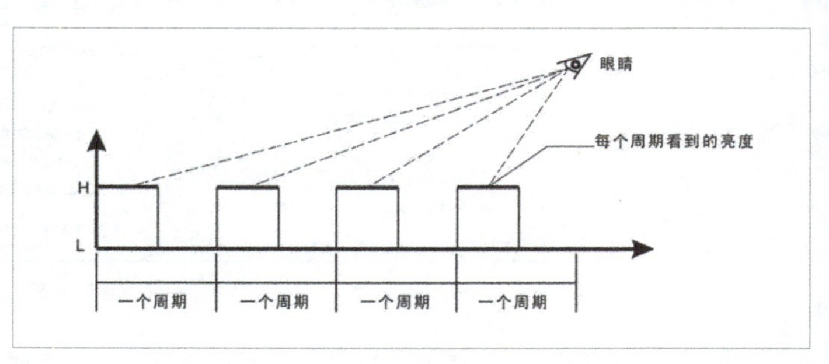

图4.35 PWM控制LED亮度示意图

4-5 制作按键控制彩灯

上一节的LED彩灯实验，只能用到I/O接口的输出功能来控制LED的亮灭。本节需要在面包板上搭建的电路如图4.36所示，电路原理如图4.37所示。这一节就要试着加入输入功能，让I/O接口读取按键的状态，新加入按键部分电路如图4.38所示。接下来要向单片机写入5个程序，观察5种不同的按键控制效果。前2个程序展示的是最基础的按键读取，I/O接口只要读到按键就点亮LED，只是有无锁存的区别。第3个程序复杂一些，它加入了按键的多种操作，包括单击、单击后长按、双击、双击后长按、长按。让你了解单片机还能做如此多的读取方式，对比之前讲过的数字电路的锁存按键设计，单片机可发挥的空间要大得多。最后2个效果是让LED彩灯功能与按键合并起来，达到更具实用性的彩灯应用。你可以用按键控制彩灯的花样，也能用2个按键调整LED亮度。你看，在硬件电路不变的情况下，程序的改变将会带来多大的变化。而你也可以自己写出这样的程序，达到你想要的个性化效果。这就是我的另一本书《爱上单片机》所要教你的编程技能了。表4.7为本次实验所需的元器件清单。

图 4.36 在面包板上搭建的电路

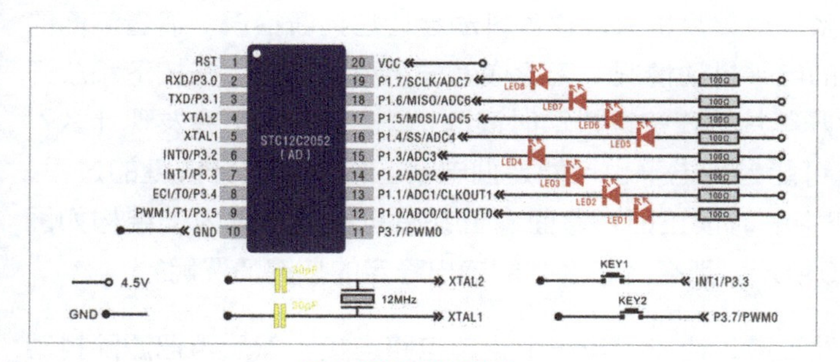

图 4.37 电路原理图

图 4.38 新加入的按键电路

表4.7 元器件清单

品名	型号	数量（个）	参考价（元）	备注
电池盒	3节7号	1	2.00	可选择其他电池，保证输出电压在4.5~5V
单片机	STC12C2052	1	5.00	可用STC12C2052AD替换
晶振	12MHz	1	0.80	
电容	30pF	2	0.01	陶瓷片电容
LED	直插 ϕ 5mm	8	0.20	可选择各种其他颜色和型号的LED
微动开关	6×6×5mm	2	0.30	可选择其他型号
电阻	100Ω 1/4W	8	0.01	
面包板	2.54mm间距	1	10.00	

（1）一键无锁开关（程序文件：一键无锁开关.hex）

一键无锁开关的实验比较简单，按下按键，LED点亮；不按键，LED不亮。程序上也只是读取按键连接的I/O接口电平，直接将电平送给与LED连接的I/O接口。

（2）一键锁定开关（程序文件：一键锁定开关.hex）

一键锁定开关，好像电脑机箱上的开关一样，按一次开，再按一次关。这样一来，单片机就可以实现传统数模电路中的双稳态电路了。大家可以用它来制作床头小灯，电路简单，可以扩展的东西也很多。

在一键锁定开关中有一个初学者必须了解的知识，这个知识可以教你以微秒级的时间尺度去考虑问题（上一节介绍的亮度控制已经让你想到了时间尺度的问题），这种思考方式也是学习单片机必备的技能之一。这个知识是什么呢？它就是按键去抖动处理。初听感觉很奇怪，我在按键的时候没有抖动呀！我稳稳地将它按下，不带出一丝抖动。我相信你没有抖，我也相信按键一定有抖。这要看我们在哪个时间尺度上看问题了，以人类的秒级尺度看，我们没有抖动；可是以单片机的微秒级尺度看，按键在两个金属片要接触还没接触、没接触却又接触上的临界状态时抖动得厉害。就好像你在地面上蹦蹦跳跳感觉不到大地在振动，可是地上的蚂蚁不这样想。有什么证据证明我说得对呢？很简单，请问你按键的时候有没有发出“咔嗒”的声音，再请问声音是怎么产生的呢？不正是因为振动才有了声音的吗，这种振动我们就称之为按键的抖动。抖动就抖动嘛，有什么关系呢？对你来说没有关系，对单片机来说这种抖动会让它判断错误。请看下面的示意图，图中一波三折的曲线便是按键的电平抖动情况。无论你怎样平稳地操作，在按下和放开按键时都会有类似的抖动波形。如果恰好单片机在按键抖动时读取I/O接口的电平会发现什么？在抖动的时候谁也不知道会读出什么，可能是高电平也可能是低电平。按下或放开按键的过程，就好像向天空投出一枚硬币，硬币在空中的时候正面、背面向上都有可能。按键内部结构如图4.39所示，按键抖动的示意图如图4.40所示。那么，怎么才能读出稳定的按键情况呢？

常用的方法有2种。一种是通过硬件改造，让按键与一个滤波电路连接，然后再把滤除抖动波后的平滑电平曲线输送给单片机的I/O接口，这种方法叫作硬件去抖动。硬件去抖动相当于把硬币绑在不倒翁上再投向空中，从头到尾硬币都没有旋转。另一种方法是先计算出大部分的按键抖动到稳定需要多长的时间，一般是10~20ms，然后写一段程序，当单片机发现有按键被按

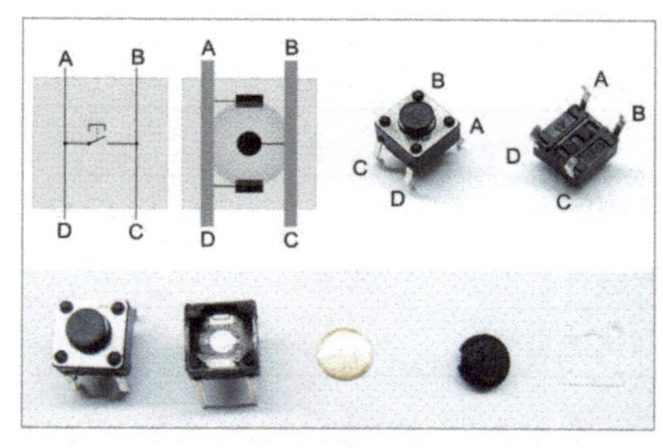

图4.39 微动开关按键结构

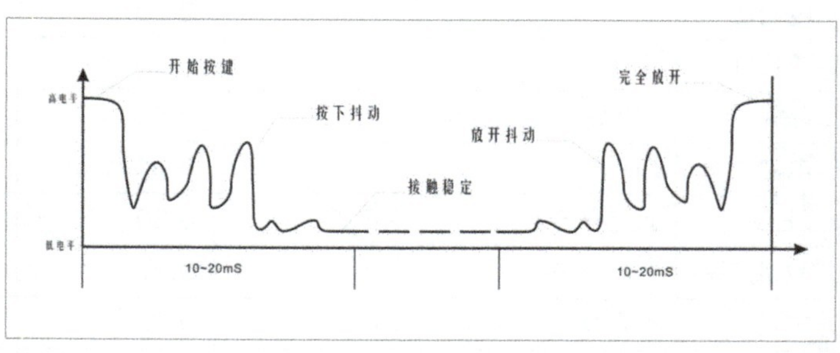

图4.40 按键抖动示意图

下时开始等待，等待10~20ms之后再读取按键的状态，这时读到的就是接触稳定时的按键状态了，这种方法叫作软件去抖动。其实软件去抖动并没有把抖动去除，只是让单片机躲过抖动的时期，所以我个人认为叫作“软件躲抖动”更贴切。软件去抖动就好像在投出硬币的时候闭上眼睛，等过一会硬币落地之后再看是正面还是背面向上。在单片机开发中常用的是软件去抖动，一键锁定开关的程序用到的就是软件去抖动。

有朋友会说了，我为什么要躲开抖动呢，因为抖动出现在按下和放开的两个时间，如果可以让单片机检查抖动，不就可以读出按键变化了吗？而且可以检测按键抖动的不同来判断这次按键是轻轻地按还是用力地按，是快速地按还是慢慢地按。如果你有这样的想法，我决不会认为你是在向我挑战，也不会认为你是不知深浅的初学者。因为这种想法非常好，是可以通过实验证明可能性的，这应该算是一种创新了。在技术面前没有人是权威，你不用以为我的书可以出版，就相信书里面所说的话是唯一正确的。按键抖动的特性和基本原理才是至高无上的，在此基础上任何人都能探索、发现、创新。

（3）一键多能开关（程序文件：键多能开关.hex）

想一想你经常使用的鼠标，你便对一键多能开关多一分熟悉了。单片机通过在1s内读取按键被按下的次数和状态来点亮对应的LED。这个实验发挥了单一按键的最大效能，虽然按键功能还可以扩展连击4次甚至更多，但对与操作来说太复杂了，有点像电报码。我们常用的便是单击、双击和长按，这些已经被应用在许多产品上，而且得到了认可。一键多能开关实验告诉你，许多种按键操作用单片机都可以轻松实现。这么多按键方式，单片机是如何处理并判断的呢？表4.8所示即为按键功能与LED灯的对应关系。

表4.8 按键功能与LED灯的对应关系

对应的LED	按键方式	备注
LED1（P1.0）	1秒内单击	程序正常工作时，LED8（P1.7）闪烁
LED2（P1.1）	1秒内双击	
LED3（P1.2）	1秒内按3次按键	
LED4（P1.3）	1秒内长按	
LED5（P1.4）	1秒内单击后长按	
LED6（P1.5）	1秒内双击后长按	

看上去复杂，其实简单。只要先设定一个时间长度，我这里设置1s为一个周期，从第一次按键按下开始计时，在这1s内看有几次按键放开的动作，最后在1s时间到时读一下当前的按键状态。如果1s内没有按键放开的动作，而且1s后按键的状态是按下的，则证明这次操作是长按。如果1s内有1次按键放开的动作，那么可能是单击，也可能是单击后长按，这时再读1s后按键的状态就可以区分了，其他的情况同理可证。这个实验可以制作出一键多功能的键盘，或是一台可以翻译电报码的机器。再扩展一些，如果按键的不是人，还是另一台单片机，是不是可以

通过第二个单片机的按键来控制第一个单片机，或者与之通信呢？这就是数字通信技术的基础原理了。

（4）一键控制多灯花样（程序文件：一键控制多灯花样.hex）

按一下按键切换一种彩灯的花样，从原理上没有什么可讲。因为市场上有这种按键控制花样的彩灯出售，所以这个实验可以直接用单片机制作一款花样彩灯来装点节日。

（5）两键控制亮度（程序文件：两键控制亮度.hex）

如图4.37所示，再加装一个键，我们可以控制LED的亮度，可以变亮、变暗，任意选择。使用白光LED，它可以改装成调光台灯；使用红、绿、蓝光LED，它可以改装成炫目的彩色光装饰灯。选择你喜欢，任由你想象！

4-6　制作八音盒与电子琴

LED是可视化的输出，你能通过LED亮、暗、灭的视觉变化来证明单片机的I/O接口在输出控制信号。除此之外，我们还能通过扬声器来达到听觉效果，用声音证明I/O接口的输出。本节要在面包板上搭建的电路如图4.41所示，电路原理如图4.42所示。发出声音所需要的元器件是无源蜂鸣器（扬声器的一种），它体积小巧却能发出很清脆的单音，蜂鸣器外观如图4.43所示。声音的输出可以用报警音的方式，也可以用音乐的方式。报警音过于单调，于是我们第1个程序选择了类似八音盒一样演奏音乐的方式，上电就播放一首歌曲。有了声音的输出，我们再把按键的输入融入进去，最好的设计就是电子琴啦，在面包板上安装8个按键，如图4.44所示。每个按键代表一个音，你可以自己弹奏音乐啦。最后我们创新性地把按键改成电平触摸的方式，这种方式可能在实际制作中会受到干扰，不一定达到如实体按键那么好的效果，却很有趣味性，大家可以感受更多可能性，认识到单片机的强大。表4.9所示是本次实验所需的元器件清单。

图 4.41　在面包板上搭建的八音盒与电子琴电路

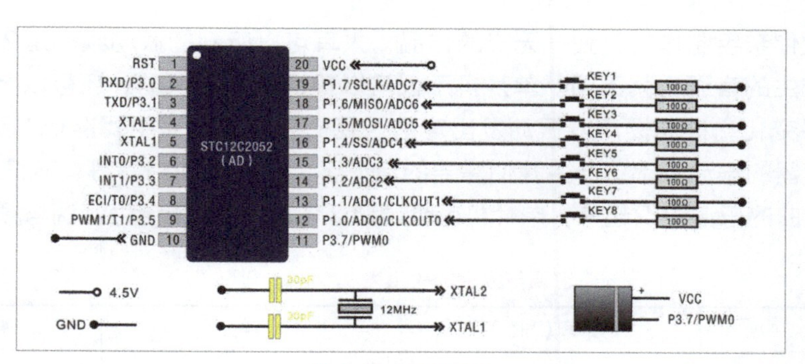

图 4.42 电路原理图

图 4.43 新增电路的无源蜂鸣器

图 4.44 新增电路的电子琴键盘

表4.9 元器件清单

品名	型号	数量（个）	参考价（元）	备注
电池盒	3节7号	1	2.00	可选择其他电池，保证输出电压在4.5~5V
单片机	STC12C2052	1	5.00	可用STC12C2052AD替换
晶振	12MHz	1	0.80	
电容	30pF	2	0.01	陶瓷片电容
扬声器	5V	1	1.00	也称无源蜂鸣器
电阻	100Ω、1/4W	1	0.01	
微动开关	6mm×6mm×5mm	8	0.30	可选择其他型号
面包板	2.54mm间距	1	10.00	

（1）演奏音乐（程序文件：老鼠爱大米.hex）

连接到电路并下载程序，扬声器里传出《老鼠爱大米》的乐曲，“我爱你，爱着你，就像老鼠爱大米”。单片机可以唱歌了，把它制作成精美的音乐盒，再把上文实验过的LED彩灯组合在一起，就是一款你亲手制作的、独一无二的作品。人耳可以听到的振动频率是20~200000Hz，频率不同，所产生的音调也就不同。单片机不仅可以躲避按键的振动，还可以产生振动。I/O接口产生高低电平变化，推动扬声器振动发出声音。我们只要在程序中找准I/O接口的变化频率，就可以控制扬声器的振动频率，产生我们需要的音符了。一首歌曲由音符、节拍组成，把这些音符和节拍按照歌曲的乐谱组织起来，单片机就会唱歌了。表4.10所示为音调与频率的关系。

表4.10 音调与频率的关系表

音符	频率（Hz）	音符	频率（Hz）
低 1 DO	262	中 5 SO	784
低 2 RE	294	中 6 LA	880
低 3 MI	330	中 7 SI	988
低 4 FA	349	高 1 DO	1046
低 5 SOL	392	高 2 RE	1175
低 6 LA	440	高 3 MI	1318
低 7 SI	494	高 4 FA	1397
中 1 DO	523	高 5 SOL	1568
中 2 RE	587	高 6 LA	1760
中 3 MI	659	高 7 SI	1967
中 4 FA	698		

（2）八键电子琴（程序文件：八键电子琴.hex）

写入电子琴的程序，面包板上的8个按键就变成了电子琴的琴键。用你那灵巧的双手，演绎美妙的音乐吧。和单片机演奏音乐的原理一样，单片机通过推动扬声器发出声音。不同的是演奏音乐是单片机读取程序中事前存好的乐谱，而八键电子琴则是把每一个音符分配给按键。从程序上讲，前者是按照存储的乐谱产生音符和节拍，后者是直接读取按键产生音符和节拍。

（3）触摸式八键电子琴（程序文件：触摸式八键电子琴.hex）

同样是八键电子琴，现在让你感受一下触摸按键的乐趣。把微动开关去掉，将电阻接I/O接口引出的导线端，电阻的另一端接在面包板的空位上，这样一来就露出了电阻的金属导线。按键更换为电阻的电路如图4.45所示，电路原理如图4.46所示。这些导线就当作我们临时用的触摸按键。同时另一只手要想办法触摸到电源正极（VCC）的金属部分，让身体导入5V电源电压（放心，这种操作是安全的，你不会触电受伤，单片机也不会受到你的干扰）。然后开始触摸电阻做的按键，现在你听到了什么？想一想为什么I/O接口可以对你触摸有反应。重新写入非触摸的八键电子琴程序（程序文件：键电子琴.hex），看看触摸操作还是否奏效？触摸式八键电子琴的程序有什么不同？

图 4.45 按键换成电阻组成的触摸键盘

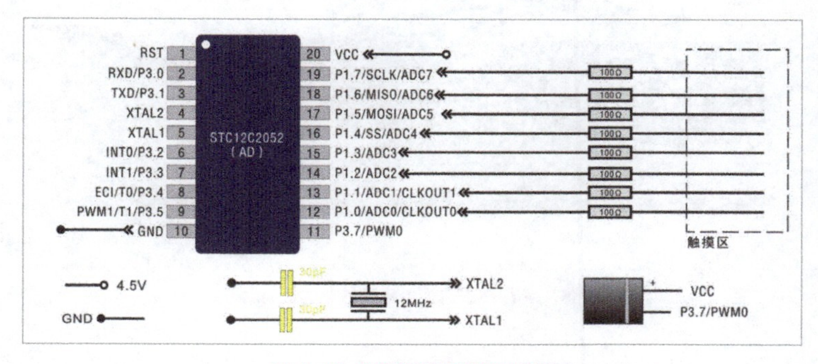

图 4.46 触摸电子琴电路原理图

触摸式按键不是采用普通的标准I/O接口功能，那样只会对微动开关有效。高阻态输入是I/O接口的另一种工作方式，高阻态输入让I/O接口既不为高电平，也不为低电平，而是保持本身没有任何电平状态，只是读取I/O接口上的电平。I/O接口悬空时，电平为0；当我们身体接入了电源电压时，再去触摸电阻的手就具有高电平，触摸到电阻时，对应的I/O接口变成了高电平。单片机读到高电平，便知道有按按键的操作了。

4-7 制作数码管计时器

单片机虽然可以控制LED的亮灭和亮度，但从表现内容上只有点亮和熄灭，如果我们要显示更多更复杂的信息，就要用到多个LED组合成图像，用图像的构成来传达信息。本节中在面包板上搭建的电路如图4.47所示，电路原理如图4.48所示。在单片机入门教学中最常见的信息显示器件是数码管。于是这一节，作为单片机入门实验的最后一项，我们就用数码管做结束吧。数码管外观和在面包板上显示的效果如图4.49所示。

图4.49中的数码管你一定很熟悉，许多有显示时钟和数字的地方都有它的身影。我小时候最早见过的数码管显示屏是在一台水泥搅拌机的控制面板上，一个会发光的数字吸引了我，我惊

奇地发现就在那7个亮光条所组成的“8”字上，可以显示出从“0”到“9”十位数字，发明这个东西的人简直太有才了。后来才知道，我看到的那种叫8段数码管（其中7段显示数字，一段显示小数点），除了数字之外还可以显示A、b、c、d、E、F等英文字母。通用的LED数码管从段码数量上分为7段、8段、15段和17段；从位数上分有1位、2位、4位、8位等；从极性上分为共阴极型和共阳极型，如图4.50所示；从显示方式上可以分为静态显示和动态显示；如图4.51所示；从颜色上分为单色、双色和三色等；从尺寸上分类更是各式各样，应有尽有。表4.11所示为本次实验所需的元器件清单。

图 4.47 在面包板上搭建的数码管电路

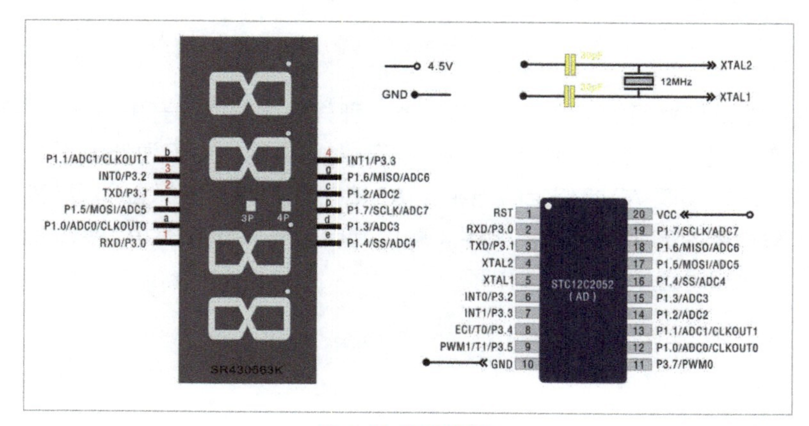

图 4.48 电路原理图

图 4.49 数码管外观和在面包板上显示的效果

表4.11 元器件清单

品名	型号	数量（个）	参考价（元）	备注
电池盒	3节7号	1	2.00	可选择其他电池，保证输出电压在4.5~5V
单片机	STC12C2052	1	5.00	可用STC12C2052AD替换
晶体振荡器	12MHz	1	0.80	
电容	30pF	2	0.01	
数码管	SR430563K	1	4.00	4位共阳极，数码管中间带冒号显示
面包板	2.54mm间距	1	10.00	

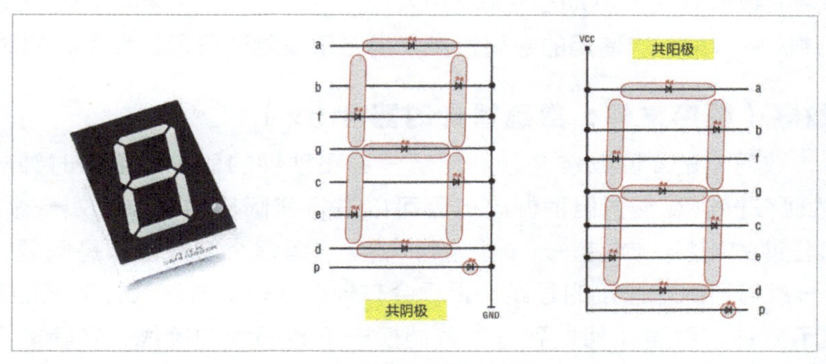

图4.50 数码管的极性

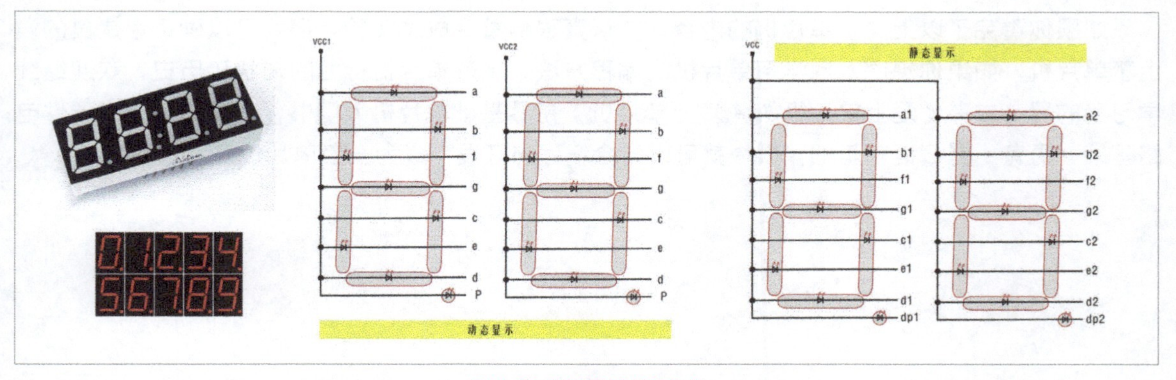

图4.51 数码管的驱动方式

数码管不论是多少位连在一起的，都会有共阳极或共阴极的问题。为了减少数码管模块的引脚数量，设计人员将每一个段码的所有阳极或阴极并联在一起，形成一个公共的阳极或阴极。在制作电路和购买元器件的时候一定要了解你所用的数码管是共阳极的还是共阴极的。如果购买2位或2位以上的数码管，除了极性问题外还要考虑驱动方式的问题。我们以共阳极的数码管为例，将2个共阳极数码管的阳极端并联在一起，把每个数码管的所有段码的阴极都引出来，这样就形成了静态显示所需要的数码管结构。静态显示方式适合在采用数字集成电路驱动显示的电路中使用，只要将共阳极接到电源上，然后分别用数字集成电路控制各段码的阴极接地，就可以实现数字的显示。还有一种显示方式，是将各对应段码的阴极并联在一起，将每个位码的公共端阳极分开（VCC1、VCC2）。当希望第1位数码管显示数字“3”的时候，只要在VCC1端加高电平（VCC2端断开），并将公共阴极端对应“3”的段码（a、b、c、d、g）接地即可。当希望第2位数码管显示数字“7”的时候，只要在VCC2端加高电平（VCC1端断开），并将公共阴极端对应“7”的段码（a、b、c）接地即可。当用单片机或其他处理器控制，将切换速度变得足够快时，我们的眼睛就会感觉“3”和“7”是同时显示的了。因为这种显示方式需要高速的切换显示，所以得名“动态显示”，与此相对，前一种方式被称为“静态显示”。采用动态显示方式，不论是多少位的数码管，在同一时间内只有其中一位被点亮，所以比较省电，但需要高速度的电路来驱动。不过在单片机技术盛行的今天，用单片机或是专用的动态显示驱动芯片来驱动数码管已经不是问题（常用的数码管显示驱动芯片有MAX7219、CH1640等）。注意在购买数码管时要问清数码管的公共极性，第一次使用的数码管应先用万用表测试各段码和引脚的对应关系。

数码管计数器（程序文件：数码管计时器.hex）

写入程序后，数码管的4位数字会分别显示分钟和秒钟的值，并且像时钟一样走时，如图4.49所示。虽然现在仅供观赏，但稍做改进就可以进行实际应用了。比如一个家用的计时器、一个显示小时和分钟的闹钟，或者一个计步器。学会了编程，这些都不是问题，只怕你眼高手低。试着拔掉某一条与数码管连接的导线，看看会有什么变化。试着让计时器的前面两位显示秒钟，后面两位显示分钟，看看如何做到。试着调换一下数码管的接线，看看能不能让显示旋转180°。尝试改变，带来新鲜感觉。

如果你看完了以上关于单片机的内容，并认真跟随着完成了实验。那我可以确定你是真的爱上了单片机，如果你想深入地学习单片机的编程方法，了解单片机行业的现状和历史，欢迎继续学习我的另一本书《爱上单片机》。《爱上单片机》是零基础单片机入门书，只要你有一点硬件电路基础，再有一些C语言基础，很快就可以学会编程与开发，成为一名单片机开发者。

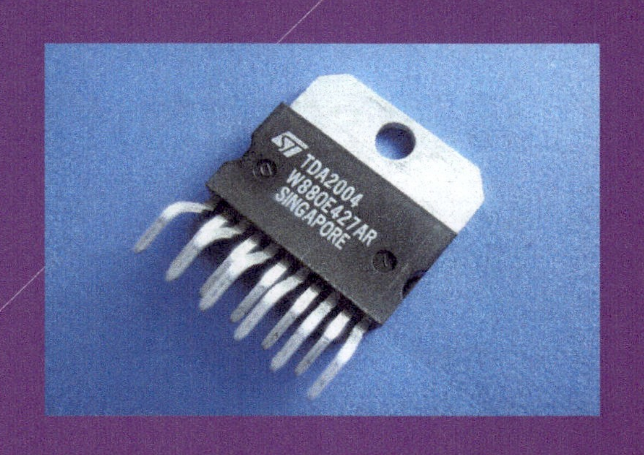

第五章　善问答

学完了第三章的内容，我们基本掌握了电路设计的内容，接下来要做的就是多加练习，在实践的过程中熟练应用。你可以继续阅读我写的《爱上单片机》，我会在里面加入更多电子技术的内容和启发性的设计。或者你也可以在网上找到喜欢的电子制作产品，如果能找到电路图和资料，就去实际制作吧。为了善始善终，本书结尾第五章专门解答大家在前四章学习过程中遇见的问题。随着本书的不断重印或再版，我会把读者反馈最多的问题不断添加进来，让新读者有所借鉴。我一直提倡让初学者自己寻找答案，寻找的过程也是学习的过程，所以有些解答只给出大概的方向，给你留下余地。除了技术问题外，我也关注大家思想上的问题，还有一些花边八卦问题。目的就是希望大家明白，本书的目标不是讲技术，而是满足你的好奇，解决你的困惑。技术只是工具，人才是根本。

5-1 元器件参数的计算

在认真阅读前四章之后，也许你会提出这样一个问题：电路设计虽然巧妙，也能按照上面的方法来制作。但电路中元器件的数值是怎么算出来的呢？当你提出这个问题的时候，就表明你已经有了自主设计电路的想法，你希望了解元器件选型方法、电路数值的计算方法，从而修改或创造电路。这个想法很棒，因为学习的目的不是模仿而是创新。学会电路中元器件数值的选择是走向自主设计的必经之路。

电路数值的计算方法其实非常简单，只利用了欧姆定律：$U=IR$。了解电压、电流和电阻的关系，并通过欧姆定律来计算，就能够精确地设计电路了。不过在通常情况下，有经验的设计人员能够直接选择数值，而不需要计算。比如LED的限流电阻通常在100Ω~1kΩ；驻极体话筒的上拉电阻通常在4.7~10kΩ，只要直接选择对应的数值即可。因为这些数值的范围通常来自经典电路，已经被很多前辈证实是稳定可靠的。在接下来的内容中，我需要说明哪些数值是用经验获得的，哪些数值是要计算获得的。

【经验得出的数值】

我在电路设计时很少计算，不是因为我把计算的结果烂熟于心，而是在很多情况下并不需要精确数值。最常见的例子是LED的限流电组。通常的电路设计当中它有专用的取值范围，只要在这个范围之内，数值大一点或小一点，LED亮一点和暗一点都没有多大关系，因为它只是起指示灯作用。在5V电压下，使用100Ω的限流电阻会得到一个很大的亮度，使用1kΩ会得到较小的亮度。只要你做过相关实验就能通过经验来判断。如果你非要计算，不仅白费了时间，也得不出阻值与亮度的直接关系。再如，三极管基极上的限流电阻也一样，如果仅是简单使用三极管的开关功能，选择1 ~ 10kΩ的电阻即可。大一点或小一点全无关系。在做光敏电阻、话筒输入电路时会用到偏置电阻，目的是给阻性元器件一个偏置电压，好让它能输出电压的变化。常用的电阻值是2.2 ~ 10kΩ。偏置电阻值的大小与采集到的信号并无多大关系。所以也无须特别计算，只要按照这个取值范围就可以了。还有就是在做CD4017电路时，会给每个按键加上拉和下拉电阻，这是由于CMOS电路引脚不能悬空，必须使用电阻把它固定在某个电平状态，这里使用的阻值通常定为10kΩ，这是很多前辈总结出来的经验，我也是这样沿用下来的，其中原理说简单也简单，说难也难。总之大家都这样用了，也都没什么问题。

说完电阻再说电容，电容的数值选择与电阻相同，最常见的是稳压及滤波电容。我们在做电路时，通常会考虑到市电电源波动对电路的干扰。另外，无线电波、振动、温度变化也会对电路产生影响。通常会在电源正、负极之间加几个滤波电容。之前讲过电容上的电压不易改变，把它并联在电源上能让电压不易波动，相当于把波动滤掉了，故名滤波电容。滤波电容一般是用0.1μF瓷片电容，滤掉电源中的中高频噪声（波动干扰）。还有47 ~ 220μF的滤波电容，可滤掉低频噪声，也有稳压作用。除了滤波电容，还有一种隔离电容也很常用。在三极管放大电路中，三极管基极上有0.1μF的隔离电容，将前端电路中的偏置电压滤掉，只通过信号波动部分。

这时的电容数值就有讲究了，容值越大，通过的频率越低。在制作音频放大的小音箱电路中，所使用的隔离电容是2.2μF的，能通过人耳音频的最佳频率。在声控开关灯的电路中，为了防止环境中低频声音的干扰，隔离电容是0.01~0.1μF的，能阻隔人耳高声及超声波频段。如果你想制作类似的电路，隔离电容的取值只要在这个区间就行，不用计算，也很难计算。

电路设计中还有很多经验之谈，这里不能一一列出。只要多多练习，多看多做，自然能从众多电路中发现规律，总结出自己的经验。自己的总结最不会忘，也最放心。别人公认的经验，也可以拿来就用。所以面对数值，不必处处计算，要知道电子专业不是数学专业，我们需要站在前人的基础上创建新的未来。

【实验得出的数值】

还有一些数值是计算不出来，即使算得出也未必与实际对应。若是自己设计的新电路，没有经典电路作参照，就需要通过实验得出数值。都说电子专业不是数学专业，电阻、电容的值只有那么几种标准的。比如电阻的阻值中只有4.7kΩ，没有4.6kΩ 和4.8kΩ，邻近的只有5.1kΩ。若是计算得出4.8kΩ 的数值，实际也只能用4.7kΩ 电阻代替。之所以会这样，正是电路设计中不需要如此精确的区别。4.7kΩ 和5.1kΩ 尚没有多大差异，更不用提中间的细分了。于是我们在很难计算和无法计算的场合，把常用的电阻值依次放入电路中调试，择优使用，既简单又快速。

例如延时关灯的电路中，三极管基极的电容与限流（放电）电阻都决定着LED点亮的时间。若想计算，要先知道电容自身的漏电特性，三极管在多大电压、电流时断开，还有LED的亮度会不会因为低到一个程度而感觉上是熄灭的。众多数据放在一起，便是个庞大的计算任务。如果这样，倒不如随便拿来一个电阻和电容，放入电路中测试，记下LED点亮时间，或长或短，更换数值再试，三番五次，定能得出需要的数值来。到时再记下电阻、电容的取值，日后再遇此事，也能有所参考。还有包括LED亮度、扬声器音量、NE555发生频率等都可用此方法调试。得到一手测试数据，做好记录，即可与网友分享，变成大家的经验。

【计算得出的数值】

通过计算得出数值在实际设计中并不多，但终归是有的。所用公式也无非是$U=IR$、$P=UI$等，全是初中课本上学过的。看似简单，实则也简单。比如你制作了一款光控自动开关的小夜灯，打算用太阳能电池板给电池充电。这时你就要知道太阳能电池板的输出电压、电流，再用$P=UI$计算出功率。然后再实际测量小夜灯电路的电压、电流，得出功率。再计算充电电池需要多久才能充满，又需要多久会用完。更为复杂的计算是在三极管放大电路当中，若想精确控制三极管的放大倍数，就需要计算其周围电路中的电阻值，特别是基极的上拉电阻。在高频自激振荡电路中，需要计算才能得出用多大的电容和电阻才能获得想要的振荡频率。想计算它们，你需要了解更多元器件的特性，学习更复杂公式的测算，并用示波器测量计算的误差。这些已超出入门学习的范畴，是属于专业技术人员的工作。

总之，在我对电路的学习和设计中，很少计算，最多也就是在$U=IR$、$P=UI$这两个公式中得出一些数值，而大部分数值是通过经典电路或凭经验得出的，就算有误差，也并不影响最终效果。之所以大家迫切地想学习计算，还是大家对电路设计有认识误区。现在的电路设计已经从数值计算上升到电路模块巧妙组合的创新，我们应该把精力更多地放在经典电路的组合上，如果还去死命地研究计算，那就本末倒置了。

5-2 常见问题与解答

【方法论】

【问】学习电子制作对学习和工作有什么帮助吗?

【答】这个问题多少有点功利性质，本书以兴趣爱好为主轴，让爱好成为老师，带你入门电子制作的世界，给你电路设计及思维创新的快感、成就感，我在写作之初并没太考虑会对学习、工作有什么帮助，但如果你有这方面的爱好，一定会从中得到收获。而对于学习和工作就因人而异了，如果你是电子技术相关的从业者，或有意向此方向发展，那本书可以帮助您在未来的工作中做一些基础准备。如果你是在校学生，学习电子制作可以活跃思维，让你对电子技术、对自然科学更有兴趣，在枯燥的传统教学之外，有更生动活泼的课外活动，未来学习相关知识时更有自信、更有兴趣，总之会让你变得更好。

【问】有了电子制作的爱好后，都应有哪些装备，要花多少钱?

【答】初步学习电子制作只需要准备本书中所使用的套件就行了。在面包板上插接元器件可方便拆装、重复使用，投入100元就够了。未来你如果学习焊接，那还需要一套工具，还有洞洞板、导线、焊锡丝、松香之类的耗材，大约300元。再加上未来可能会制作出的小作品，应该还要再花费一些。总体来说准备600元足够了。

【问】本书中所用元器件怎么这么少，为什么不多用一些?

【答】现在市场上有很多教学套件标榜元器件数量多、种类全，在我看来这不是好的学习方式。本书中涉及的元器件并不多，但都是最基础、最精华的，目的是用最少、最简单的元器件发挥最大的设计能力。好像用CD4017制作密码锁，若用传统的设计，需要很多芯片配合才能实现。大家完全可以照着传统的设计去做，可是学不到只用一片CD4017实现密码锁的巧妙设计。所以我认为，学习电子制作不要求大、求全，应该求精、求简。我们需要在前人的基础上突破创新，想人未想，做人未做，对自己有挑战，才会让你越来越会设计，越来越有经验。

【问】怎么成为电子制作的高手?

【答】我本人不是高手，所以这个问题还真不好回答。只能这么说，如果你能独立解决学习和制作中的问题，又能帮助别人解决问题（如果你愿意的话），就算是厉害的人了。如此看来解决问题是关键，绝大多数人在学习过程中会遇见问题，电子的世界太大、太杂，遇见问题也证明你正在迈入新的领域或高度（总做自己熟悉的东西是不会遇见问题的）。新的领域是陌生的，但如果你有一种电子制作的思维方式，又掌握了学习、搜索、解决问题的客观规律，那么前进的路上便没有阻碍。若你行走于电子世界如武林盟主行走于江湖，那还有什么是不能达成的呢？我想从那时起，别人会尊称你为“高手”。

【问】书中介绍的元器件要到哪里购买呢？

【答】书中套件可以在《无线电》杂志的官方微店里买到，这款配套套件是我为本书实践而专门设计的，选用上好品质的元器件，还做了30集的教学视频，视频里手把手给你展示制作过程，配合本书一起学习最佳。如果你想自己买元器件，也可以照着我们提供的元器件清单到电子市场或网上商店购买。如果你是对电子制作零基础的初学者，建议还是买现成的套件，因为自己买元器件可能因对型号、封装不了解而买错，影响学习。

【问】书中的内容和套件附送的教学视频内容有什么区别？

【答】购买配套的套件，会附送30集教学视频，视频以手把手的方式介绍制作的全过程。初学时照着视频制作能很直观地完成制作，学起来也更有趣。本书中的内容和视频的主线是一样的，不过书中的文字更关注原理分析和电路衍化过程，在理论分析方面要强于视频。总之，视频关注实践的细节，图书关注理论的分析。学习每一章节时，把书和视频的内容对照着一起看，可以达到一加一大于二的效果。不信你就试试喽！

【问】经常触摸导电部分会不会对身体健康有影响？

【答】科学证明，人体在长时间接触24V以上直流电源时才对身体有伤害，我们套件里使用的是2片3V纽扣电池，串联电压为6V，属于安全电压，就算长时间接触也是安全的。不过在未来，你可能会接触到高于24V的电压，特别是220V市电，那是有危险的。我希望大家都能体验到电的乐趣，不想任何人受到电的伤害。

【问】学习电子制作的过程很快乐，但总感觉自己不如别人做得好怎么办？

【答】过程快乐是最重要的，一件不能令你快乐的爱好，那还有什么意思。可是攀比总会让人看到差距，失去信心。其实差距是相对的、一直存在的。即使我现在做了很多东西出来，也会遇见比我更厉害的前辈。如果比较不能给你带来前进的动力，只会让你更没有自信的话，那就不要比较，不看别人的作品。别人的虽然好，但毕竟不是自己的。倒不如试着把自己当成参考，每天比较自己的作品，让今天比昨天好，明天比今天更好。每次都有进步，日积月累就会有长足的发展，自信与动力也应该随之而来。总之，一切为了让自己变得更好，找到对自己最有益的方式，积累正能量。

【实践者】

【问】面包板插孔松动了怎么办?

【答】面包板内部有很多组相连的钢片，结构和家用的电源插座相似。我们套件中使用的是质量较好的面包板，反复插拔也不会松动。但插入较粗的引脚是会让钢片变松的。如果只是一两处松动，可以避开它们，如果松动的孔多了，可以把面包板背面的胶贴揭下来，露出里面的钢片，再用镊子慢慢地夹着钢片取出，用尖嘴钳子在松动钢片的根部夹一夹，使钢片开口处紧实，最后放回钢片，贴回胶纸。需要注意的是，这种胶纸不能反复贴合，所以尽量减少揭开的次数。

【问】纽扣电池电量低了怎么办?

【答】为了让本教学套件适合各年龄层，我采用了安全性高的纽扣电池。不过这款电池的缺点就是电量较小。一片纽扣电池的容量为200mAh，两片串联也只有400mAh。如果你做好的小制作通电时间长了，就会没电了。电池电量低会导致电压下压，表现为LED不如以前亮，声控电路不如之前灵敏，就好像人老了，各种机能都不如年轻人一样。电压低到一定程度，电路就不工作了，这时要换用新的同型号的纽扣电池。如果你认为你对电路设计已经很熟悉，不容易错接、短路，也可以换用4节5号（AA）碱性电池。每节碱性电池的电压是1.5V，串联后总电压也是6V，制作的效果与用两片纽扣电池串联是一样的。碱性电池的输出电流大，在做音频放大电路时，可以达到更好的效果。市场上有专用于4节5号电池串联的电池盒，直接购买即可。

【问】按图制作完成，但上电后没有反应怎么办?

【答】这种情况在初学者身上很常见，也很正常，不用为此失去信心。你想啊，把那么多元器件装在一起，哪根线接错了、哪个元器件装反了或者哪个芯片是损坏的，各种可能性都有。而我们所谓的成功的效果只是千百种可能性中的一种。若是一次成功，那真是运气好；若没有成功，那不也是很正常的嘛。遇到这种情况，首先要做的就是断开电源（电池），因为有一种可能性是短路，万一电源正、负极短路，那电池本来不多的电量就被耗尽了，如果是大电流的电池还会损坏或发生危险。断开电源后，开始排查原因，初学者一般很快会发现是自己粗心把某个东西弄错了，改正后通电即正常。若还没效果，则马上断电，再排查，看来你马虎的地方不止这一处。如果最终没有发现问题，那可能是元器件接触不良或损坏，更换新的元器件再试。如果还是不行，也把导线更换一下，因为导线也是有可能损坏的。

【问】根据书中指导排查问题，可试了很久还是不成功怎么办?

有的时候我们会固化一些错误的认识，把一些本来错误的地方看成正确的。这就像在森林里迷了路，感觉自己在朝前走，其实是在兜圈子。最好的解决之道是先放弃它，先拍照片或视频记录下问题，然后全部拆掉重新做，或者先做书中的其他制作，等有了些经验再回来研究。我一直在强调，在学习的过程中要让自己保持兴趣和热情，千万不要和问题较劲。君子报仇十年不晚，先记下这笔账，以后再慢慢算吧。

【问】元器件的寿命有多久，什么情况下会损坏？

【答】这真是一位初学者问我的问题，在此之前，我从来没有想到元器件寿命的问题，就好像孩子总是能问出大人意想不到的问题一样。元器件寿命会有多久呢，我真的不知道，无论是官方数据手册还是电子技术相关的书上都没有提及这个常识性的问题。众所周知，任何东西都有寿命，之所以我们没关注这个问题，可能是现在电子产品更新换代的速度太快，还没等坏掉就换新的了。即使再常用的东西，好像用个几十年都没问题。小的时候，我家里有台SONY电视机，看了13年才坏掉。本来修一下还能看个几年，爸爸却正好借机换了新的。我查找了一些资料，说是元器件分很多种，每种的寿命不同，但都能用上很久（至少能用到你更新换代），平均算下来，如果你的电路每天工作8h，元器件品质好的话，没有发生意外或错误操作，电源稳定且环境温度、湿度都很好的话，应该可以正常使用30年，这是最理想的情况。如果你想问小制作的寿命，那应该会是很久很久，完全可以当传家宝留给你的子孙，只要你不常通电的话。

【问】照做实验后，却还是不会自己设计电路，怎么办？

【答】这个问题会发生在各行各业，比如：我看了很多小说还是不会写，我炒了很多菜可不会发明新菜，我看了很多电影可不会自己拍。要知道看和做是两回事，做和设计也是两回事。并不是说你照着我的电路设计做出作品，第二天就会自己设计电路了。若有这么好的事，人人都是工程师了。可是想设计必须先模仿，就好像写小说之前必须看过小说，发明菜之前必须炒过菜。只有先进入专业圈子，才能根据情况提出创新。一位没有入门的电子制作初学者，怎么可能会设计电路呢？我不信有这样的天才。所以说，踏实地学习别人的电路是自己设计、创新的前提。当你认真学会本书，你就已经达到此前提。接下来是感悟的时间，本书一直关注读者思维的发散，不仅引导你站在设计者的角度想问题，还会给你扩展创新的作业。这些都是为了让你在学成之后独立设计而准备的。只要你认真看过，就会有自己的领悟，对电子技术的看法、对电路设计的想法会自然涌上心头。多加练习之后，你会有设计的兴趣和勇气。师傅领进门，修行靠个人，我只能帮你到这儿了。

【问】完全掌握电子电路设计需要多长时间？

【答】其实学习知识的部分还是容易的，难的是“有感觉”。所谓感觉是指有了电子制作的思维方式，通过制作的过程有了体会，通过经验的积累有了直感。这个过程是把死知识变成活应用的过程。只有能把知识灵活运用，才算是掌握了电路设计。这个过程因人而异，少则3个月，多则30年。其实照我看，也不必在乎时间，只要你玩得开心，每天都有进步，时常有成功的喜悦和研究的快感，不就已经足够了吗？

【问】学习电子电路设计会不会受学历水平的影响？

【答】我可以很明确地说：不会。曾有很多人问我是不是哈尔滨工业大学的研究生，因为总感觉有点水平的人一定受过高等教育。当我告诉他我是一名专科生，且有两科毕业考试没及格时，他非常感叹。这可不是我的错，是他自己保守的思想自找没趣。学历不高而成就很高的人非常之多（不包括我），就不一一列举。当你认为他的成功是因为学历高时，只是你想帮他镀一层金。如果你认为自己学历不高而不能进步，其实是给自己的懒惰找借口。类似的借口还有英文不好、数学不好、没有钱、脑子笨等。我上中学的时候，老师常常告诉我们：勤能补拙。学习电子真的不受学历影响吗？希望你来现身说法。

【问】要怎么知道我的制作在实际使用中的功率是多少?

【答】这个问题涉及测量技术，需要使用电压表和电流表。好像在高中物理课上做过类似的实验，用$P=UI$算出功率。你可以买一台万用表，上面会有电流测量功能，把万用表串联到电路中，测得电流，然后测一下电压，便可得到功率了。另外，万用表还能做很多事，比如电阻值的测量，电路短路、断路的测试。如果你经济条件允许，买一台百元以上的万用表是很好的。

【问】学完本书，下一步要学习什么?

【答】学完本书，最好还要再巩固一下，把书中的制作重新设计一下，达到你自己的风格。这些都完成了，还有以下几个方向可以选择。如果你学成之后感觉发挥的空间太小，想玩更复杂的电子制作，那推荐你学习单片机技术，单片机是一种可以编程的芯片，你对电路设计的想法能通过编程实现。比如用CD4017制作的流水灯只有一种流动效果，而用单片机可以实现以各种方向、各种速度流动，还能变亮度、变花样，无须改变电路，只要改程序就行。推荐给你一本我写的单片机兴趣入门书《爱上单片机》，相信轻松的方式、边做边学的方法，定会让你爱上单片机。如果你想探索电子制作为什么能达到如此效果，那你可以学习电子技术理论，从中发现深层原理。推荐你学习《电子学》一书，里面的内容非常全面，但这是很严肃的书，看起来比较枯燥。如果你想把自己的元器件做在电路板上，变成真正实用的产品，那推荐你学习焊接技术。市场上有很多相关的图书，我也有一套教学视频是讲强电焊接的。

【问】看过以上依然没有解决问题，怎么办?

【答】学习中的问题万万千，有问题不是坏事，独立解决它可以换来经验。建议你尽量自己想办法解决，可以用百度搜索或者找身边的高手出马。实在不行的话，可以与我联系，为你提供免费的技术指导和帮助。哇，买一本书就有免费的技术帮助，好像请了一道护身符，太超值了吧。我的联系方式有很多，可以发电子邮件或在微信公众号上留言。如果想全面无死角地了解我的教学和电子制作，那登录我的官网是最明智的选择。

杜洋工作室官方微信公众号：杜洋工作室

杜洋电邮：346551200@qq.com

杜洋工作室官网：www.doyoung.net

欢乐的时光总是过得很快，如流星划过夜空。

我在时间和空间的远方止笔，愿这文字伴你前行。

结束语

我用了一年的时间把数字电路和模拟电路中最好玩、最有启发性的一批电子制作分享给大家。因为我个人也曾对这些电路着迷，它们的设计实在太巧妙了。只是一些简单的三极管、电容、电阻，让它们单独工作，什么也干不了。可是一旦它们发挥团结的力量，在设计者的聪明才智之下，竟能拥有千百万般变化，满足我们各位的好奇心和成就感。教授电路设计的书有很多，我不想写一些陈词滥调以求保险。我希望在电子电路的教学上有所创新，以兴趣引导学习，用美感提升层次。所以我把重点放在“发现电路设计之妙”上。想让大家不仅学会电子制作，还能发现制作中的美感，让制作产生全新的、艺术性的体验。如今整本书已经结束，也不知道是否达到了这样的效果，有多少读者关注制作，有多少读者发现了美妙。无论如何，我都希望得到大家的反馈意见，以使我明白自己的现状，确定未来努力的方向。可以的话，请把你的意见或建议告诉我，我会再做修正和新增。谢谢！

故事是我的，也是你的，但归根结底还是你的。我的故事从邂逅电子制作开始，到完成本书结束。你的故事从邂逅本书开始，之后的事情请写在下面的横线上。无论结果是圆满还是挫败，是欢喜还是悲份，你所书写的结局会是本书最完美的句号。

本书配套套件

“面包板入门电子制作”盒装套件

特点：以六宫格元件盒包装，内含面包板、电池与电池盒、插接面包板专用线、LED、数码管、扬声器、电阻、磁铁、电容、蜂鸣器、电位器、话筒、干簧管、二极管、光敏电阻、微动开关等。可在面包板上完成数十个基础电路的搭建和设计，并配有高清教学视频，适合单片机爱好者的电路基础入门及中小学生的电子技术兴趣入门。

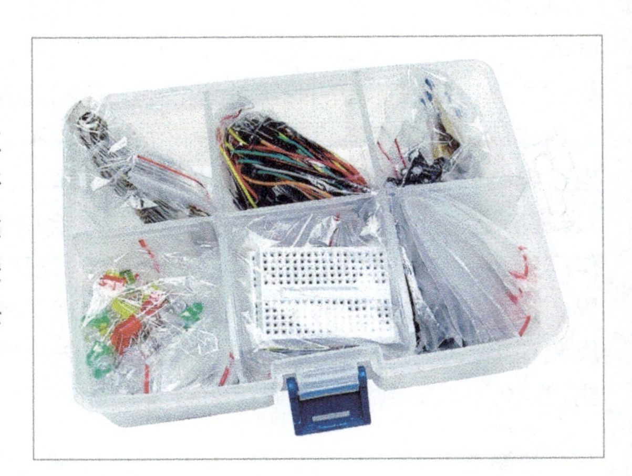

DoWatch手表套件

特点：DoWatch手表是真实具有DIY特性和实用性的电子手表。它拥有128像素×64像素分辨率的OLED蓝色显示屏，能显示时间、日期、温度、节日等信息，具有计时和计步功能，内置可充电的锂电池，配有磁吸式充电器套件。前所未的有PCB层叠外壳设计，给制作带来更多乐趣和想象力。购买套件可得到源程序文件，可自由修改显示内容，增加纪念日提醒和特殊功能。DoWatch是专为电子爱好者和技术型创客打造的精致创新的可穿戴设备。

（本商品为制作套件，需要有一定贴片元器件焊接能力者才能制作完成。）

制作方法详见《无线电》2014年第12期杂志